启航教育 云图 YUN TU

启航经综数学系列——书课包

经济类综合能力数学10讲

主编 张宇 杨晶

编委（按姓氏拼音排序）
方夕 李丹丹 吕倩 王慧珍 王晓彤
吴丽晨 杨晶 张青云 张宇 郑利娜

北京理工大学出版社

图书在版编目（CIP）数据

经济类综合能力数学10讲 / 张宇，杨晶主编.
北京：北京理工大学出版社，2025. 3.
ISBN 978-7-5763-5240-5
Ⅰ. O13
中国国家版本馆CIP数据核字第2025TY5495号

责任编辑：多海鹏　　文案编辑：多海鹏
责任校对：周瑞红　　责任印制：李志强

出版发行 / 北京理工大学出版社有限责任公司
社　　址 / 北京市丰台区四合庄路 6 号
邮　　编 / 100070
电　　话 /（010）68944451（大众售后服务热线）
（010）68912824（大众售后服务热线）
网　　址 / http：//www. bitpress. com. cn

版 印 次 / 2025 年 3 月第 1 版第 1 次印刷
印　　刷 / 三河市文阁印刷有限公司
开　　本 / 787 mm × 1092 mm　1/16
印　　张 / 13.5
字　　数 / 337 千字
定　　价 / 55. 80 元

前 言

《经济类综合能力数学10讲》是专门为备考396经济类综合能力考试数学强化阶段的考生精心编写的知识点辅导用书．本书的定位是强化题型总结阶段，书中知识点以模块形式呈现，更加具有系统性，对考纲中要求的所有核心知识点进行了系统的梳理和总结．在考研的旅程中，经济类综合能力考试数学部分的重要性不言而喻，于是在基础阶段提供了《经济类综合能力核心笔记·数学》与《经济类综合能力60天攻克800题·数学》，帮助大家筑牢根基．在强化阶段将《经济类综合能力数学10讲》与《张宇经济类综合能力数学通关优题库》搭配使用，学练结合，是助力大家从基础迈向高分的关键阶梯．

一、承上启下，专为强化

经过基础阶段的学习，考生对基本概念和公式有了一定的了解，但要在396经济类综合能力考试数学中脱颖而出，还需更深入的知识拓展与能力提升．《经济类综合能力数学10讲》紧密衔接基础阶段的学习成果，注重知识点之间的联系和综合应用，将多个知识点融合在一道题目中，帮助考生提高分析和解决问题的能力，精准把握强化阶段的学习重点．针对396经济类综合能力考试数学的命题特点和趋势，本书将进一步挖掘考点深度，拓宽解题思路，为考生提供更具针对性的强化训练．

二、精准剖析，全面覆盖

经济类综合能力考试数学考点众多且灵活多变，本书对考纲进行了深入解读，将微积分、线性代数和概率论的核心内容按照强化阶段的复习节奏精心编排为10讲，每讲不仅对重要考点进行深度剖析，还对命题思路和解题技巧进行提炼总结．本书通过"本讲解读"板块，对每讲涉及的重要知识点和命题角度进行系统梳理，考生可以清晰了解各讲在考试中的地位、重点以及必须掌握的解题方法，做到对考点的精准把握．

三、题型精炼，方法升华

本书加强了对计算能力的训练，题型丰富，难度中等偏上，具有拔高性、延伸性，更加贴合真题特点．其中，微积分部分的知识更深入，并且题目难度更大．

本书以"考向 – 考点 –题型– 解法"的模式，帮助考生建立完整的解题思维体系．同时，通过对大量真题和经典模拟题的研究，总结出各类题型的通用解法和快速解题技巧，让考生在面对复杂多变的考试题目时，能够举一反三、游刃有余．

四、梯度训练，稳步提升

为了满足不同水平考生的需求，本书各题型下的典型例题均按照从基础巩固到能力提升，再到拓展拔高的梯度设置，并配有详细的解析，有难度的题目在解析中还配有思路点拨，帮助考生逐步掌握解题技巧，提升解题能力．通过有针对性的梯度训练，考生可以在强化阶段实现从“会做”到“巧做”，再到“快做”的转变，为考试中的高效答题奠定坚实基础．

考研是一场漫长而艰辛的旅程，而一本好的辅导书是考生在这段旅程中不可或缺的伙伴．愿《经济类综合能力数学10讲》成为您考研路上的助力神器，帮助您在396经济类综合能力考试数学中突破自我，取得优异成绩．希望考生在使用本书时，认真研读，多做练习，善于总结，将书中的知识真正转化为自己的能力．相信在本书的陪伴下，您一定能够实现考研梦想，迈向成功的新旅程．

目　录

第一部分

微积分

第1讲　函数、极限与连续

本讲解读

本讲从内容上划分为函数、极限、连续三个部分，共计5个考向、18个考点、7个题型．从真题对考试大纲的实践来看，本讲在考试中大约占3道题(试卷数学部分共 35道题)，约占微积分部分的14%、数学部分的9%.

真题在该部分重点围绕极限与连续的计算进行考查，考生不仅要掌握基本初等函数的性质、极限的四则运算法则、等价无穷小替换、泰勒公式、洛必达法则等常见的极限计算方法，还需理解函数的运算、左右极限与极限的关系、数列极限、无穷小与无穷大的概念、函数连续与间断的概念等相关理论．

真题分析

考试清单 \ 数量 \ 年份		2021年	2022年	2023年	2024年	2025年
极限的定义及性质		1				
数列极限					1	
无穷小比阶		1	1			
函数极限的计算	等价无穷小	1	1		1	
	“1^{∞}”型极限	1			1	
	已知极限存在求参数		1	1		1
	综合类型			1		1
函数的连续和间断	分段函数的连续性		1			1
	函数的间断			1		

考向一：函数极限的定义及性质

考点1：自变量趋于有限值时函数的极限

$\lim\limits_{x\to x_0} f(x)=A \Leftrightarrow \forall\varepsilon>0$，$\exists\delta>0$，当 $0<|x-x_0|<\delta$时，有 $|f(x)-A|<\varepsilon$；

$\lim\limits_{x\to x_0^-} f(x)=A \Leftrightarrow \forall\varepsilon>0$，$\exists\delta>0$，当 $-\delta<x-x_0<0$ 时，有 $|f(x)-A|<\varepsilon$；

$\lim\limits_{x\to x_0^+} f(x)=A \Leftrightarrow \forall\varepsilon>0$，$\exists\delta>0$，当 $0<x-x_0<\delta$时，有 $|f(x)-A|<\varepsilon$.

考点2：自变量趋于无穷大时函数的极限

$\lim\limits_{x\to\infty} f(x)=A \Leftrightarrow \forall\varepsilon>0$，$\exists X>0$，当 $|x|>X$时，有 $|f(x)-A|<\varepsilon$；

$\lim\limits_{x\to-\infty} f(x)=A \Leftrightarrow \forall\varepsilon>0$，$\exists X>0$，当 $x<-X$时，有 $|f(x)-A|<\varepsilon$；

$\lim\limits_{x\to+\infty} f(x)=A \Leftrightarrow \forall\varepsilon>0$，$\exists X>0$，当 $x>X$时，有 $|f(x)-A|<\varepsilon$.

考点3：性质

（1）是常数：若 $\lim\limits_{x\to x_0} f(x)=A$，则 A 是一个常数.

（2）唯一性：若 $\lim\limits_{x\to x_0} f(x)=A$，则 A 是唯一的.

（3）极限局部有界性及函数有界性判定：

①利用函数有界性的定义；

②若极限 $\lim\limits_{x\to x_0} f(x)=A$，则 $f(x)$ 在 $x=x_0$ 的某去心邻域内有界；

③若极限 $\lim\limits_{x\to x_0} f(x)=\infty$，则 $f(x)$ 在 $x=x_0$ 的某去心邻域内无界；

④若 $f(x)$ 是区间 $[a,b]$ 上的连续函数，则 $f(x)$ 必在 $[a,b]$ 上有界；

⑤若 $f(x)$ 在区间 (a,b) 上连续，并且 $\lim\limits_{x\to a^+} f(x)$ 与 $\lim\limits_{x\to b^-} f(x)$ 都存在，则 $f(x)$ 在区间 (a,b) 内有界.

（4）局部保号性：

假设 $\lim\limits_{x\to x_0} f(x)=A>0$，则当 x 在 x_0 的某去心邻域内时，有 $f(x)>0$；

假设 $\lim\limits_{x\to x_0} f(x)=A<0$，则当 x 在 x_0 的某去心邻域内时，有 $f(x)<0$.

(5)等式脱帽性:

若 $\lim_{x\to x_0} f(x)=A$, 则 $f(x)=A+\alpha(x)$, 其中 $\lim_{x\to x_0}\alpha(x)=0$.

题型一:函数极限性质的应用

【解题方法】

理解函数极限的定义,熟记函数极限的性质.

【例 1】

设 $f(x)=\dfrac{2x-\sin x}{x+\sin 2x}-\lim_{x\to\infty} f(x)$, 其中 $\lim_{x\to\infty} f(x)$ 存在, 则 $\lim_{x\to 0} f(x)=($　　$)$.

(A) $-\dfrac{2}{3}$　　(B) $-\dfrac{1}{3}$　　(C) $-\dfrac{1}{6}$　　(D) 0　　(E) 1

【答案】(A)

【解析】

本题考查函数极限的性质,极限是一个常数.令 $\lim_{x\to\infty} f(x)=a$, 则 $f(x)=\dfrac{2x-\sin x}{x+\sin 2x}-a$, 此式两边取极限,令 $x\to\infty$, 得

$$a=\lim_{x\to\infty}\frac{2x-\sin x}{x+\sin 2x}-a=\lim_{x\to\infty}\frac{2-\frac{1}{x}\sin x}{1+\frac{1}{x}\sin 2x}-a=2-a,$$

故 $\lim_{x\to\infty} f(x)=a=1$.于是, $\lim_{x\to 0} f(x)=\lim_{x\to 0}\dfrac{2x-\sin x}{x+\sin 2x}-1=\lim_{x\to 0}\dfrac{2-\frac{\sin x}{x}}{1+\frac{\sin 2x}{x}}-1=-\dfrac{2}{3}$.

【例 2】

已知 $\lim_{x\to 0}\left[a\arctan\dfrac{1}{x}+(1+|x|)^{\frac{1}{x}}\right]$ 存在, 则 $a=($　　$)$.

(A) $\dfrac{e-e^{-1}}{\pi}$　　(B) $\dfrac{e^{-1}-e}{\pi}$　　(C) $\dfrac{-2e}{\pi}$

(D) $\dfrac{e^{-1}-e}{2\pi}$　　(E) $\dfrac{e^{-1}+e}{2\pi}$

【答案】(B)

【解析】

$$\lim_{x\to0^+}\left[a\arctan\frac{1}{x}+(1+|x|)^{\frac{1}{x}}\right]=\lim_{x\to0^+}\left[a\arctan\frac{1}{x}+e^{\frac{1}{x}\ln(1+x)}\right]$$

$$=\frac{\pi}{2}a+\lim_{x\to0^+}e^{\frac{1}{x}\ln(1+x)}=\frac{\pi}{2}a+e,$$

$$\lim_{x\to0^-}\left[a\arctan\frac{1}{x}+(1+|x|)^{\frac{1}{x}}\right]=\lim_{x\to0^-}\left[a\arctan\frac{1}{x}+e^{\frac{1}{x}\ln(1-x)}\right]$$

$$=-\frac{\pi}{2}a+\lim_{x\to0^-}e^{\frac{1}{x}\ln(1-x)}=-\frac{\pi}{2}a+e^{-1},$$

所以$\frac{\pi}{2}a+e=-\frac{\pi}{2}a+e^{-1}$，解得$a=\frac{e^{-1}-e}{\pi}$.

【例 3】

下列区间中，使函数$f(x)=\frac{|x|\sin(x-2)}{x(x-1)(x-2)^2}$有界的是(　　).

(A)(−1,0)　　(B)(0,1)　　(C)(1,2)　　(D)(2,3)　　(E)以上均不正确

【答案】(A)

【解析】

若$f(x)$在区间(a,b)内连续，且$\lim\limits_{x\to a^+}f(x)$与$\lim\limits_{x\to b^-}f(x)$都存在，则函数$f(x)$在区间$(a,b)$内有界，所以当$x\neq0,1,2$时，$f(x)$连续，则$f(x)$在区间$(-1,0),(0,1),(1,2),(2,3)$内都连续.

又因为

$$\lim_{x\to-1^+}f(x)=\frac{-\sin3}{18},\ \lim_{x\to0^-}f(x)=\frac{-\sin2}{4},$$

$$\lim_{x\to0^+}f(x)=\frac{\sin2}{4},\ \lim_{x\to1^-}f(x)=+\infty,$$

$$\lim_{x\to1^+}f(x)=-\infty,\ \lim_{x\to2^-}f(x)=-\infty,$$

$$\lim_{x\to2^+}f(x)=+\infty,\ \lim_{x\to3^-}f(x)=\frac{\sin1}{2},$$

则函数$f(x)$在$(-1,0)$内有界，而在$(0,1),(1,2),(2,3)$内无界.

【例 4】

设$\lim\limits_{x\to0}\frac{f(x)-x}{\tan x-x}=2$，则$\lim\limits_{x\to0}\frac{f(x)-\sin x}{x-\sin x}=$(　　).

(A)2 (B)3 (C)4 (D)5 (E)6

【答案】(D)

【解析】

由函数极限的性质“等式脱帽性”可以得到$f(x)$表达式，有了$f(x)$的表达式即可求解本题.

由
$$\lim_{x\to 0}\frac{f(x)-x}{\tan x-x}=2,$$

化简可得
$$\lim_{x\to 0}\frac{f(x)-x}{\frac{1}{3}x^3}=2,$$

再由“等式脱帽性”可得
$$\frac{f(x)-x}{\frac{1}{3}x^3}=2+\alpha,$$

其中$\lim\limits_{x\to 0}\alpha=0$，则

$$f(x)=\frac{2}{3}x^3+o(x^3)+x,$$

故
$$\lim_{x\to 0}\frac{f(x)-\sin x}{x-\sin x}=\lim_{x\to 0}\frac{\frac{2}{3}x^3+o(x^3)+x-\sin x}{\frac{1}{6}x^3}$$

$$=4+\lim_{x\to 0}\frac{x-\sin x}{\frac{1}{6}x^3}=5.$$

考向二：函数极限的计算

函数极限的计算是每年必考的一个题型，计算极限的步骤可以概括为三步，第一步：判类型；第二步：化简；第三步：计算.

极限化简常用的方法如下.

1.利用四则运算法则推广

若$\lim f(x)=A$，则$\lim[f(x)+g(x)]=A+\lim g(x)$；

若$\lim f(x)=A\neq 0$，则$\lim[f(x)\cdot g(x)]=A\cdot\lim g(x)$.

2.等价无穷小替换

当$x\to 0$时，

$e^x-1\sim x$；

$a^x-1=e^{x\ln a}-1\sim x\ln a$（$a>0$ 且 $a\neq 1$）；

$\ln(1+x)\sim x$；

$\sqrt{1+x}-1\sim\frac{1}{2}x$；

$(1+x)^\alpha-1\sim\alpha x(\alpha\neq 0)$；

$\ln(x+\sqrt{1+x^2})\sim x$；

$\sin x\sim x$；

$\tan x\sim x$；

$\arcsin x\sim x$；

$\arctan x\sim x$；

$1-\cos x\sim\frac{x^2}{2}$；

$\ln\cos x\sim-\frac{1}{2}x^2$；

$\sqrt[n]{\cos x}-1\sim\frac{1}{n}\left(-\frac{1}{2}x^2\right)$.

当 $f(x)\to 1$ 且 $f(x)\neq 1$ 时，$\ln f(x)\sim f(x)-1$，$[f(x)]^\alpha-1\sim\alpha[f(x)-1](\alpha\neq 0)$.

差函数中常用的等价无穷小代换：当 $x\to 0$ 时，

$\tan x-x\sim\frac{x^3}{3}$；

$x-\sin x\sim\frac{x^3}{6}$；

$\tan x-\sin x\sim\frac{x^3}{2}$；

$x-\arctan x\sim\frac{x^3}{3}$；

$\arcsin x-x\sim\frac{x^3}{6}$；

$\arcsin x-\arctan x\sim\frac{x^3}{2}$；

$x-\ln(1+x)\sim\frac{x^2}{2}$；

$\sqrt{1+x}-\sqrt{1-x}\sim x$.

3.恒等变形

①分式－分式：通分.

②$\sqrt{a}-\sqrt{b}$：有理化.

③倒代换：令 $x=\frac{1}{t}$.

④因式分解法：

$a^2-b^2=(a+b)(a-b)$;

$a^3-b^3=(a-b)(a^2+ab+b^2)$;

$a^3+b^3=(a+b)(a^2-ab+b^2)$;

$(a+b)^2=a^2+2ab+b^2$.

⑤ $u(x)^{v(x)}=e^{v(x)\ln u(x)}$.

4.非零因子先算

及时提出极限存在且不为0的因式.

考点1:函数七种未定式求极限$\left(\frac{0}{0},\frac{\infty}{\infty},0\cdot\infty,\infty-\infty,0^0,\infty^0,1^\infty\right)$

函数七种未定式求极限的解题思路如表所示.

未定式	解题思路
$\frac{0}{0}$	等价无穷小替换,洛必达法则,泰勒公式,导数定义,四则运算法则
$\frac{\infty}{\infty}$	洛必达法则,抓大头
$0\cdot\infty$	$0\cdot\infty=\frac{0}{1/\infty}=\frac{0}{0}$或$0\cdot\infty=\frac{\infty}{1/0}=\frac{\infty}{\infty}$或倒代换$\left(令x=\frac{1}{t}\right)$
$\infty-\infty$	通分,有理化,倒代换$\left(令x=\frac{1}{t}\right)$
$0^0,\infty^0$	幂指转换法,$\lim u(x)^{v(x)}=e^{\lim v(x)\ln u(x)}$
1^∞	幂指转换法,$\lim u(x)^{v(x)}=e^{\lim v(x)[u(x)-1]}$

考点2:泰勒公式

(1)熟记常见的公式$(x\to 0)$.

$$\sin x=x-\frac{x^3}{3!}+o(x^3),$$

$$\cos x=1-\frac{x^2}{2!}+\frac{x^4}{4!}+o(x^4),$$

$$\arcsin x=x+\frac{x^3}{6}+o(x^3),$$

$$\tan x=x+\frac{x^3}{3}+o(x^3),$$

$$\arctan x=x-\frac{x^3}{3}+o(x^3),$$

$$e^x=1+x+\frac{x^2}{2!}+\frac{x^3}{3!}+o(x^3),$$

$$\ln(1+x)=x-\frac{x^2}{2}+\frac{x^3}{3}+o(x^3),$$

$$(1+x)^\alpha=1+\alpha x+\frac{\alpha(\alpha-1)}{2!}x^2+o(x^2).$$

（2）展开原则.

①$A-B$: 相消不为0原则;

②$\frac{A}{B}$: 上下同阶原则.

考点3: 洛必达法则

（1）$x\to a$时的情况.

设$f(x),g(x)$满足

①$\lim\limits_{x\to a}f(x)=\lim\limits_{x\to a}g(x)=0$或$\lim\limits_{x\to a}f(x)=\lim\limits_{x\to a}g(x)=\infty$;

②$f(x),g(x)$在$x=a$的某去心邻域内可导, 且$g'(x)\neq 0$;

③$\lim\limits_{x\to a}\frac{f'(x)}{g'(x)}$存在或为$\infty$.

则有$\lim\limits_{x\to a}\frac{f(x)}{g(x)}=\lim\limits_{x\to a}\frac{f'(x)}{g'(x)}$.

（2）$x\to\infty$时的情况.

设$f(x),g(x)$满足

①$\lim\limits_{x\to\infty}f(x)=\lim\limits_{x\to\infty}g(x)=0$或$\lim\limits_{x\to\infty}f(x)=\lim\limits_{x\to\infty}g(x)=\infty$;

②存在一个正数X, 当$|x|>X$时, 有$f(x),g(x)$可导, 且$g'(x)\neq 0$;

③$\lim\limits_{x\to\infty}\frac{f'(x)}{g'(x)}$存在或为$\infty$.

则有$\lim\limits_{x\to\infty}\frac{f(x)}{g(x)}=\lim\limits_{x\to\infty}\frac{f'(x)}{g'(x)}$.

考点4: 变限积分函数求极限

$$\lim_{x\to x_0}\frac{\int_{x_0}^{x}f(t)\mathrm{d}t}{\int_{x_0}^{x}g(t)\mathrm{d}t}=\lim_{x\to x_0}\frac{f(x)}{g(x)},$$

$$\lim_{x\to x_0}\frac{\int_a^{\varphi(x)}f(t)\mathrm{d}t}{\int_a^{\psi(x)}g(t)\mathrm{d}t}=\lim_{x\to x_0}\frac{f[\varphi(x)]\varphi'(x)}{g[\psi(x)]\psi'(x)}\left(\lim_{x\to x_0}\varphi(x)=\lim_{x\to x_0}\psi(x)=a\right).$$

(1)变限积分函数的基本求导公式.

$$\left[\int_{v(x)}^{u(x)}f(t)\mathrm{d}t\right]'=f[u(x)]u'(x)-f[v(x)]v'(x).$$

(2)积分号下含有 x 的三种处理方式.

①$\left[\int_0^x xf(t)\mathrm{d}t\right]'=\left[x\int_0^x f(t)\mathrm{d}t\right]'=\int_0^x f(t)\mathrm{d}t+xf(x)$;

②$\left[\int_a^x (x-t)f(t)\mathrm{d}t\right]'=\left[x\int_a^x f(t)\mathrm{d}t-\int_a^x tf(t)\mathrm{d}t\right]'=\int_a^x f(t)\mathrm{d}t$;

③$\left[\int_0^x f(x-t)\mathrm{d}t\right]'\xlongequal{u=x-t}\left[\int_x^0 f(u)\mathrm{d}(-u)\right]'=\left[\int_0^x f(u)\mathrm{d}u\right]'=f(x)$.

考点5:利用导数定义求极限

已知 $f(x)$ 在 $x=x_0$ 的某邻域内有定义, 则 $\lim\limits_{\Delta x\to 0}\frac{f(x_0+\Delta x)-f(x_0)}{\Delta x}=f'(x_0)$;

已知 $f(x)$ 在 $x=x_0$ 的某邻域内有定义, 则 $\lim\limits_{x\to x_0}\frac{f(x)-f(x_0)}{x-x_0}=f'(x_0)$;

已知 $f(x)$ 在 $x=x_0$ 处可导, 则 $\lim\limits_{\Delta x\to 0}\frac{f(x_0+a\Delta x)-f(x_0+b\Delta x)}{c\Delta x}=\frac{a-b}{c}f'(x_0)$.

考点6:计算极限的几个重要结论

$$\lim_{x\to\infty}\frac{a_nx^n+a_{n-1}x^{n-1}+\cdots+a_1x+a_0}{b_mx^m+b_{m-1}x^{m-1}+\cdots+b_1x+b_0}=\begin{cases}\frac{a_n}{b_m}, & n=m,\\ \infty, & n>m,\\ 0, & n<m.\end{cases}$$

当 $x\to+\infty$ 时, $\ln^\alpha x<<x^\beta<<a^x$, 其中 $\alpha,\beta>0,a>1$.

$\lim\limits_{x\to 0}x^p\ln^q|x|=0(p>0,q>0)$, 特别地, $\lim\limits_{x\to 0}x\ln|x|=0$.

$\lim\limits_{x\to 0^+}x^p\ln^q x=0(p>0,q>0)$, 特别地, $\lim\limits_{x\to 0^+}x\ln x=0$.

题型二：函数极限计算

【解题方法】

分析极限类型$\left(七种未定式：\frac{0}{0}，\frac{\infty}{\infty}，0\cdot\infty，\infty-\infty，0^0，\infty^0，1^\infty\right)$.

(1)若为“$\frac{0}{0}$”“$\frac{\infty}{\infty}$”型极限，一般先用四则运算法则和等价无穷小替换化简，然后用洛必达法则或者泰勒公式；

(2)若为“$0\cdot\infty$”型极限，一般先化成“$\frac{0}{0}$”或“$\frac{\infty}{\infty}$”型，然后用(1)的方法即可；

(3)若为“$\infty-\infty$”型极限，一般先用根式有理化或通分化成“$\frac{\infty}{\infty}$”或“$\frac{0}{0}$”型，然后用(1)的方法即可；

(4)若为“0^0”“∞^0”型极限，可以利用对数恒等式$\lim u(x)^{v(x)}=\lim e^{\ln u(x)^{v(x)}}=e^{\lim v(x)\ln u(x)}$，然后用(2)的方法即可；

(5)若为“1^∞”型极限，可以直接利用公式$\lim u(x)^{v(x)}=e^{\lim[u(x)-1]v(x)}$，然后用(2)的方法即可；

(6)对变限积分函数求导求极限；

(7)利用导数定义求极限.

【例 1】

极限$\lim\limits_{x\to0}\frac{[\sin x-\sin(\sin x)]\sin x}{x^4}=(\quad)$.

(A) $\frac{1}{6}$　　(B) $\frac{1}{3}$　　(C) $\frac{1}{5}$　　(D) $\frac{1}{2}$　　(E) $\frac{1}{4}$

【答案】(A)

【解析】

$$\lim_{x\to0}\frac{[\sin x-\sin(\sin x)]\sin x}{x^4}=\lim_{x\to0}\frac{\sin x-\sin(\sin x)}{x^3}=\lim_{x\to0}\frac{1}{6}\frac{\sin^3x}{x^3}=\frac{1}{6}.$$

【例 2】

极限$\lim\limits_{x\to0}\frac{\sqrt{1+\tan x}-\sqrt{1+\sin x}}{x\sqrt{1+\sin^2x}-x}=(\quad)$.

(A) $\frac{1}{6}$　　(B) $\frac{1}{3}$　　(C) $\frac{1}{5}$　　(D) $\frac{1}{2}$　　(E) $\frac{1}{4}$

【答案】(D)

【解析】

$$
\begin{aligned}
\text{原式} &= \lim_{x\to 0}\frac{\tan x-\sin x}{x(\sqrt{1+\sin^2 x}-1)(\sqrt{1+\tan x}+\sqrt{1+\sin x})}\\
&= \lim_{x\to 0}\left(\frac{\sin x}{x}\cdot\frac{\sec x-1}{\sqrt{1+\sin^2 x}-1}\cdot\frac{1}{\sqrt{1+\tan x}+\sqrt{1+\sin x}}\right)\\
&= \lim_{x\to 0}\frac{\sin x}{x}\cdot\lim_{x\to 0}\frac{\frac{1}{2}x^2}{\frac{1}{2}\sin^2 x}\cdot\lim_{x\to 0}\frac{1}{\sqrt{1+\tan x}+\sqrt{1+\sin x}}\\
&= 1\cdot 1\cdot\frac{1}{2}=\frac{1}{2}.
\end{aligned}
$$

【例 3】

极限 $\lim_{x\to 0}\left(\frac{e^x+xe^x}{e^x-1}-\frac{1}{x}\right)=$ (　　).

(A) $\frac{1}{6}$　　(B) $\frac{3}{2}$　　(C) $\frac{1}{5}$　　(D) $\frac{1}{2}$　　(E) $\frac{1}{4}$

【答案】(B)

【解析】

此为“$\infty-\infty$”型未定式极限，首先通分变成“$\frac{0}{0}$”或“$\frac{\infty}{\infty}$”型未定式，然后使用洛必达法则求极限.

$$
\lim_{x\to 0}\left(\frac{e^x+xe^x}{e^x-1}-\frac{1}{x}\right)=\lim_{x\to 0}\frac{xe^x(1+x)+1-e^x}{x(e^x-1)}
$$

$$
=\lim_{x\to 0}\frac{3xe^x+x^2e^x}{e^x+xe^x-1}=\lim_{x\to 0}\frac{3e^x+5xe^x+x^2e^x}{2e^x+xe^x}=\frac{3}{2}.
$$

【例 4】

极限 $\lim_{x\to 0}\frac{1}{x^3}\left[\left(\frac{2+\cos x}{3}\right)^x-1\right]=$ (　　).

(A) $-\frac{1}{6}$　　(B) $\frac{4}{3}$　　(C) $\frac{1}{5}$　　(D) $\frac{1}{2}$　　(E) $\frac{1}{4}$

【答案】(A)

【解析】

因为当 $x \to 0$ 时,

$$\left(\frac{2+\cos x}{3}\right)^x - 1 = e^{x\ln\frac{2+\cos x}{3}} - 1 \sim x\ln\frac{2+\cos x}{3},$$

其中, $$\ln\frac{2+\cos x}{3} = \ln\left(1+\frac{\cos x - 1}{3}\right) \sim \frac{\cos x - 1}{3} \sim \frac{-\frac{1}{2}x^2}{3} = -\frac{1}{6}x^2,$$

所以 $$\lim_{x\to 0}\frac{1}{x^3}\left[\left(\frac{2+\cos x}{3}\right)^x - 1\right] = \lim_{x\to 0}\frac{-\frac{1}{6}x^3}{x^3} = -\frac{1}{6}.$$

【例 5】

极限 $\lim\limits_{x\to+\infty}\left(x^{\frac{1}{x}}-1\right)^{\frac{1}{\ln x}} =$ (　　).

(A) e^{-1}　　(B) $e^{-\frac{4}{3}}$　　(C) $e^{-\frac{1}{3}}$　　(D) e　　(E) $e^{\frac{1}{4}}$

【答案】(A)

【解析】

因为 $$\lim_{x\to+\infty}\frac{\ln\left(e^{\frac{\ln x}{x}}-1\right)}{\ln x} = \lim_{x\to+\infty}\frac{xe^{\frac{\ln x}{x}}}{e^{\frac{\ln x}{x}}-1}\cdot\frac{1-\ln x}{x^2},$$

而当 $x \to +\infty$ 时, $\frac{\ln x}{x} \to 0, e^{\frac{\ln x}{x}} - 1 \sim \frac{\ln x}{x}$, 故

$$\lim_{x\to+\infty}\frac{\ln\left(e^{\frac{\ln x}{x}}-1\right)}{\ln x} = \lim_{x\to+\infty}\frac{xe^{\frac{\ln x}{x}}}{e^{\frac{\ln x}{x}}-1}\cdot\frac{1-\ln x}{x^2} = \lim_{x\to+\infty}\frac{e^{\frac{\ln x}{x}}}{\frac{\ln x}{x}}\cdot\frac{1-\ln x}{x} = \lim_{x\to+\infty}\frac{1-\ln x}{\ln x} = -1,$$

所以 $\lim\limits_{x\to+\infty}\left(x^{\frac{1}{x}}-1\right)^{\frac{1}{\ln x}} = e^{-1}$.

【例 6】

极限 $\lim\limits_{x\to+\infty}(x+\sqrt{1+x^2})^{\frac{1}{x}} =$ (　　).

(A) $\frac{1}{6}$　　(B) $\frac{3}{2}$　　(C) $\frac{1}{5}$　　(D) 1　　(E) $\frac{1}{4}$

【答案】(D)

【解析】

$$\lim_{x\to+\infty}(x+\sqrt{1+x^2})^{\frac{1}{x}}=\exp\left\{\lim_{x\to+\infty}\frac{\ln(x+\sqrt{1+x^2})}{x}\right\}$$

$$=\exp\left\{\lim_{x\to+\infty}\frac{1}{x+\sqrt{1+x^2}}\left(1+\frac{x}{\sqrt{1+x^2}}\right)\right\}=e^0=1.$$

【例 7】

极限 $\lim\limits_{x\to\infty}\left(\sin\frac{1}{x}+\cos\frac{1}{x}\right)^x=($ $)$.

(A)e (B) $e^{\frac{4}{3}}$ (C) $e^{\frac{1}{3}}$ (D) e^2 (E) $e^{\frac{1}{4}}$

【答案】(A)

【解析】

这是“1^∞”型未定式极限.

设 $u=\frac{1}{x}$，则当 $x\to\infty$ 时，$u\to 0$. 于是

$$\lim_{x\to\infty}\left(\sin\frac{1}{x}+\cos\frac{1}{x}\right)^x=\lim_{u\to 0}(\sin u+\cos u)^{\frac{1}{u}}$$

$$=\lim_{u\to 0}(1+\sin u+\cos u-1)^{\frac{1}{\sin u+\cos u-1}\cdot\frac{\sin u+\cos u-1}{u}},$$

其中，

$$\lim_{u\to 0}\frac{\sin u+\cos u-1}{u}\xlongequal{\text{洛必达法则}}\lim_{u\to 0}\frac{\cos u-\sin u}{1}=1,$$

所以

$$\lim_{x\to\infty}\left(\sin\frac{1}{x}+\cos\frac{1}{x}\right)^x=e^1=e.$$

【例 8】

若当 $x\to 0$ 时，有 $\ln\frac{1-ax^2}{1+ax^2}\sim\frac{1}{10\ 000}x^4+\sin^2(\sqrt{6}x)$，则 $a=($ $)$.

(A)-3 (B)2 (C)1 (D)3 (E)4

【答案】(A)

【解析】

当 $x\to 0$ 时，

$$\ln\frac{1-ax^2}{1+ax^2}=\ln\left(1-\frac{2ax^2}{1+ax^2}\right)\sim-\frac{2ax^2}{1+ax^2}\sim-2ax^2,$$

$$\frac{1}{10\ 000}x^4+\sin^2(\sqrt{6}x)\sim\sin^2(\sqrt{6}x)\sim 6x^2,$$

则 $a=-3$.

【例 9】

设函数 $f(x)=a^x(a>0,\text{且 } a\neq 1)$，$\lim\limits_{n\to\infty}\frac{1}{n^2}\ln[f(1)f(2)\cdots f(n)]=(\qquad)$.

(A) $\ln a$　　(B) $\frac{1}{3}\ln a$　　(C) $\frac{1}{5}\ln a$

(D) $\frac{1}{2}\ln a$　　(E) $\frac{1}{4}\ln a$

【答案】(D)

【解析】

由 $f(x)=a^x(a>0,\text{且 } a\neq 1)$ 得

$$\lim_{n\to\infty}\frac{1}{n^2}\ln[f(1)f(2)\cdots f(n)]=\lim_{n\to\infty}\frac{\ln(a^1a^2a^3\cdots a^n)}{n^2}=\lim_{n\to\infty}\frac{\ln a^{\frac{n(n+1)}{2}}}{n^2}$$

$$=\lim_{n\to\infty}\frac{\frac{n(n+1)}{2}\bullet\ln a}{n^2}=\lim_{n\to\infty}\frac{n(n+1)}{2n^2}\bullet\ln a=\frac{1}{2}\ln a.$$

【例 10】

极限 $\lim\limits_{x\to 0}\dfrac{2\int_0^x\left(3\sin t+t^2\cos\frac{1}{t}\right)\mathrm{d}t}{(1+\cos x)\int_0^x\ln(1+t)\mathrm{d}t}=(\qquad)$.

(A)1　　(B)2　　(C)3　　(D)4　　(E)5

【答案】(C)

【解析】

$$\lim_{x\to 0}\frac{2\int_0^x\left(3\sin t+t^2\cos\frac{1}{t}\right)\mathrm{d}t}{(1+\cos x)\int_0^x\ln(1+t)\mathrm{d}t}=\lim_{x\to 0}\frac{\left[\int_0^x\left(3\sin t+t^2\cos\frac{1}{t}\right)\mathrm{d}t\right]'}{\left[\int_0^x\ln(1+t)\mathrm{d}t\right]'}$$

$$=\lim_{x\to 0}\frac{3\sin x+x^2\cos\frac{1}{x}}{\ln(1+x)}=3.$$

【例 11】

极限 $\lim_{x\to 0}\frac{\int_0^{\sin x}\sin t^2\mathrm{d}t}{x^3+x^4}=($　　$)$.

(A) 1　　(B) $\frac{1}{3}$　　(C) $\frac{1}{5}$　　(D) $\frac{1}{2}$　　(E) $\frac{1}{4}$

【答案】(B)

【解析】

$$\begin{aligned}\lim_{x\to 0}\frac{\int_0^{\sin x}\sin t^2\mathrm{d}t}{x^3+x^4}&=\lim_{x\to 0}\frac{\left(\int_0^{\sin x}\sin t^2\mathrm{d}t\right)'}{(x^3+x^4)'}\\&=\lim_{x\to 0}\frac{\sin(\sin x)^2\cdot\cos x}{3x^2+4x^3}\\&=\lim_{x\to 0}\frac{\sin^2 x}{3x^2+4x^3}\\&=\frac{1}{3}.\end{aligned}$$

【例 12】

若 $f(x)$ 有连续导数，且满足 $f(0)=0, f'(0)\neq 0$，设 $F(x)=\int_0^x(x^2-t^2)f(t)\mathrm{d}t$，则 $\lim_{x\to 0}\frac{F(x)}{x^4}=$ (　　).

(A) $f'(0)$　　(B) $\frac{1}{3}f'(0)$　　(C) $\frac{1}{5}f'(0)$　　(D) $\frac{1}{2}f'(0)$　　(E) $\frac{1}{4}f'(0)$

【答案】(E)

【解析】

$$\begin{aligned}\lim_{x\to 0}\frac{F(x)}{x^4}&=\lim_{x\to 0}\frac{\int_0^x(x^2-t^2)f(t)\mathrm{d}t}{x^4}\\&=\lim_{x\to 0}\frac{x^2\int_0^x f(t)\mathrm{d}t-\int_0^x t^2f(t)\mathrm{d}t}{x^4}\\&\xlongequal{\text{洛必达法则}}\lim_{x\to 0}\frac{2x\int_0^x f(t)\mathrm{d}t}{4x^3}\end{aligned}$$

$$=\lim_{x\to 0}\frac{\int_0^x f(t)\mathrm{d}t}{2x^2}$$

$$\xlongequal{\text{洛必达法则}}\lim_{x\to 0}\frac{f(x)}{4x}$$

$$=\frac{f'(0)}{4}.$$

【例 13】

设$f'(x_0)$存在，$x_0\neq 0$，则 $\lim\limits_{x\to x_0}\dfrac{x^2f(x_0)-x_0^2f(x)}{x^2-x_0^2}=$(　　).

(A) $f(x_0)-\dfrac{1}{2}x_0f'(x_0)$　　(B) $f(x_0)-x_0f'(x_0)$

(C) $f(x_0)-2x_0f'(x_0)$　　(D) $2x_0f(x_0)-x_0f'(x_0)$

(E) $x_0f(x_0)-f'(x_0)$

【答案】(A)

【解析】

$$\lim_{x\to x_0}\frac{x^2f(x_0)-x_0^2f(x)}{x^2-x_0^2}$$

$$=\lim_{x\to x_0}\frac{(x^2-x_0^2)f(x_0)-x_0^2[f(x)-f(x_0)]}{x^2-x_0^2}$$

$$=f(x_0)-\lim_{x\to x_0}\frac{x_0^2}{x+x_0}\cdot\lim_{x\to x_0}\frac{f(x)-f(x_0)}{x-x_0}$$

$$=f(x_0)-\frac{1}{2}x_0f'(x_0).$$

题型三：已知极限存在求参数

【解题方法】

若 $\lim\limits_{x\to x_0}g(x)=0,g(x)\neq 0$ 且 $\lim\limits_{x\to x_0}\dfrac{f(x)}{g(x)}=A$，则 $\lim\limits_{x\to x_0}f(x)=0$；

若 $\lim\limits_{x\to x_0}f(x)=0$，且 $\lim\limits_{x\to x_0}\dfrac{f(x)}{g(x)}=A(A\neq 0)$，则 $\lim\limits_{x\to x_0}g(x)=0$.

【例 14】

已知非零常数a,b满足 $\lim\limits_{x\to 1}\left(\dfrac{x}{x-1}-\dfrac{a}{\ln x}\right)=b$，则(　　).

(A) $a=1,b=\frac{1}{2}$ (B) $a=-1,b=\frac{1}{2}$ (C) $a=1,b=-\frac{1}{2}$

(D) $a=-1,b=-\frac{1}{2}$ (E) $a=1,b=-1$

【答案】(A)

【解析】

$$\lim_{x\to1}\left(\frac{x}{x-1}-\frac{a}{\ln x}\right)=\lim_{x\to1}\frac{x\ln x-ax+a}{(x-1)\ln x}=\lim_{x\to1}\frac{x\ln x-ax+a}{(x-1)^2}$$
$$=\lim_{x\to1}\frac{\ln x+1-a}{2(x-1)}=b,$$

则 $\lim\limits_{x\to1}(\ln x+1-a)=1-a=0$，故 $a=1$，

$$\lim_{x\to1}\left(\frac{x}{x-1}-\frac{a}{\ln x}\right)=\lim_{x\to1}\frac{\ln x}{2(x-1)}=\lim_{x\to1}\frac{1}{2x}=\frac{1}{2}=b.$$

【例 15】

已知 $\lim\limits_{x\to\infty}\left(\frac{x^2}{x+1}-ax-b\right)=0$，其中 a,b 是常数，则(　　).

(A) $a=1,b=1$ (B) $a=-1,b=1$ (C) $a=1,b=-1$

(D) $a=-1,b=-1$ (E) 以上均不正确

【答案】(C)

【解析】

$$\lim_{x\to\infty}\left(\frac{x^2}{x+1}-ax-b\right)=\lim_{x\to\infty}\frac{(1-a)x^2-(a+b)x-b}{x+1}=0,$$

分析应有 $\begin{cases}1-a=0,\\a+b=0,\end{cases}$ 否则 $\lim\limits_{x\to\infty}\frac{(1-a)x^2-(a+b)x-b}{x+1}\neq0$. 所以解得 $a=1,b=-1$.

考向三：无穷小比阶

考点：无穷小比阶的定义

设在某极限过程 $x\to\square$ 中，函数 $\alpha(x),\beta(x)$ 都为无穷小量，且 $\beta(x)\neq0$.

若 $\lim\limits_{x\to\square}\frac{\alpha(x)}{\beta(x)}=0$，则称当 $x\to\square$ 时，$\alpha(x)$ 为 $\beta(x)$ 的**高阶无穷小**，记作 $\alpha(x)=o(\beta(x))$；

若 $\lim\limits_{x\to\square}\dfrac{\alpha(x)}{\beta(x)}=C\neq 0$，则称当 $x\to\square$ 时，$\alpha(x)$ 与 $\beta(x)$ 为**同阶无穷小**；

若 $\lim\limits_{x\to\square}\dfrac{\alpha(x)}{\beta(x)}=1$，则称当 $x\to\square$ 时，$\alpha(x)$ 与 $\beta(x)$ 为**等价无穷小**，记作 $\alpha(x)\sim\beta(x)$；

若 $\lim\limits_{x\to\square}\dfrac{\alpha(x)}{[\beta(x)]^k}=C\neq 0$，$k>0$，则称当 $x\to\square$ 时，$\alpha(x)$ 为 $\beta(x)$ 的 k **阶无穷小**.

题型四：无穷小比阶问题

【解题方法】

（1）利用无穷小比阶的定义；

（2）将 $\alpha(x),\beta(x)$ 转化为 Ax^k；

（3）$\alpha(x),\beta(x)$ 相除求极限.

【例 1】

设当 $x\to 0$ 时，$1-\cos(1-\cos x)$ 与 $(1+x^n)^a-1$ 是等价无穷小，则 $an=$（　　）.

(A) $\dfrac{1}{8}$　　(B) $\dfrac{1}{4}$　　(C) $\dfrac{1}{2}$　　(D) 1　　(E) 2

【答案】(C)

【解析】

因为当 $x\to 0$ 时，

$$1-\cos(1-\cos x)\sim\frac{1}{2}(1-\cos x)^2\sim\frac{1}{2}\left(\frac{1}{2}x^2\right)^2=\frac{1}{8}x^4,$$

$$(1+x^n)^a-1\sim ax^n,$$

二者为等价无穷小，所以 $a=\dfrac{1}{8}, n=4$，从而 $an=\dfrac{1}{2}$.

【例 2】

设 $p(x)=a+bx+cx^2+dx^3$，若当 $x\to 0$ 时，$p(x)-\tan x$ 是比 x^3 高阶的无穷小量，则下列选项中错误的是（　　）.

(A) $a=0,b=1$　　(B) $b=1,c=0$　　(C) $c=0,d=\dfrac{1}{3}$

(D) $a=0,d=\dfrac{1}{3}$　　(E) $b=1,d=\dfrac{1}{6}$

【答案】(E)

【解析】

由已知可得，当 $x\to 0$ 时，$p(x)=a+bx+cx^2+dx^3$ 是无穷小量，所以 $a=0$．又

$$\lim_{x\to 0}\frac{p(x)-\tan x}{x^3}=\lim_{x\to 0}\frac{bx+cx^2+dx^3-\tan x}{x^3}=\lim_{x\to 0}\frac{b+2cx-\sec^2 x}{3x^2}+d,$$

则 $\lim\limits_{x\to 0}(b+2cx-\sec^2 x)=0$，即 $b=1$，所以

$$\lim_{x\to 0}\frac{b+2cx-\sec^2 x}{3x^2}+d=\lim_{x\to 0}\frac{2c}{3x}-\frac{1}{3}+d=0,$$

解得 $c=0,d=\frac{1}{3}$.

【例3】

设 $\cos x-1=x\sin\alpha(x)$，其中 $|\alpha(x)|<\frac{\pi}{2}$，则当 $x\to 0$ 时，$\alpha(x)$ 是(　　).

(A) 比 x 高阶的无穷小量　　(B) 比 x 低阶的无穷小量

(C) 与 x 同阶但不等价的无穷小量　　(D) 与 x 等价的无穷小量

(E) 以上均不正确

【答案】(C)

【解析】

因 $\cos x-1=x\sin\alpha(x)$，故

$$\lim_{x\to 0}\frac{\sin\alpha(x)}{x}=\lim_{x\to 0}\frac{\cos x-1}{x^2}=\lim_{x\to 0}\frac{-\frac{1}{2}x^2}{x^2}=-\frac{1}{2},$$

可见 $\lim\limits_{x\to 0}\sin\alpha(x)=0$，于是由 $|\alpha(x)|<\frac{\pi}{2}$ 知，$\lim\limits_{x\to 0}\alpha(x)=0$，因而 $\lim\limits_{x\to 0}\frac{\sin\alpha(x)}{\alpha(x)}=1$，所以

$$\lim_{x\to 0}\frac{\alpha(x)}{x}=\lim_{x\to 0}\frac{\sin\alpha(x)}{x}=-\frac{1}{2}.$$

考向四：数列极限

考点1：定义

$\lim\limits_{n\to\infty}x_n=a\Leftrightarrow\forall\varepsilon>0$，$\exists N\in\mathbf{N}^*$，当 $n>N$ 时，有 $|x_n-a|<\varepsilon$.

考点2：性质

（1）是常数：若 $\lim\limits_{n\to\infty}x_n=A$，则 A 是一个常数.

（2）唯一性：若 $\lim\limits_{n\to\infty}x_n=A$，则 A 是唯一的.

（3）有界性：假设数列 $\{x_n\}$ 的极限存在，则数列 $\{x_n\}$ 有界.

（4）保号性：假设 $\lim\limits_{n\to\infty}x_n=A>0$（或 $A<0$），则存在正整数 $N>0$，使得当 $n>N$ 时，有 $x_n>0$（或 $x_n<0$）.

考点3：重要的极限

（1）$\lim\limits_{n\to\infty}x_n=a\Leftrightarrow\lim\limits_{n\to\infty}x_{n+k}=a$（$k$ 为任意正整数）；

（2）$\lim\limits_{n\to\infty}x_n=a\Leftrightarrow\lim\limits_{n\to\infty}x_{2n}=\lim\limits_{n\to\infty}x_{2n+1}=a$；

（3）$\lim\limits_{n\to\infty}x^n=\begin{cases}\infty, & |x|>1,\\ 0, & |x|<1,\\ \text{讨论}, & |x|=1,\end{cases}$ $\lim\limits_{n\to\infty}x^{2n}=\begin{cases}+\infty, & |x|>1,\\ 0, & |x|<1,\\ 1, & |x|=1;\end{cases}$

（4）$\lim\limits_{n\to\infty}\sqrt[n]{a^n+b^n+c^n}=\max\{a,b,c\}(a\geqslant0,b\geqslant0,c\geqslant0)$.

考点4：计算

（1）夹逼准则.

①若存在正整数 $N>0$，使得当 $n>N$ 时，有 $x_n\leqslant y_n\leqslant z_n$ 成立，且 $\lim\limits_{n\to\infty}x_n=\lim\limits_{n\to\infty}z_n=a$，则 $\lim\limits_{n\to\infty}y_n=a$.

②对和式 $\sum\limits_{i=1}^{n}u_i=u_1+u_2+\cdots+u_n$ 进行放缩有两种方法.

a.当 n 为无穷大，且 u_i 为无穷小时，则

$$n\cdot u_{\min}\leqslant\sum_{i=1}^{n}u_i\leqslant n\cdot u_{\max}.$$

b.当 n 为有限数，且 $u_i\geqslant0$ 时，则

$$1\cdot u_{\max}\leqslant\sum_{i=1}^{n}u_i\leqslant n\cdot u_{\max}.$$

(2)复合数列求极限.

利用复合函数的连续性的结论.

对于连续函数,极限号可以提到函数内部.

若复合函数 $f[g(x)]$ 是由函数 $u=g(x)$ 与函数 $y=f(u)$ 复合而成,且函数 $u=g(x)$ 有 $\lim\limits_{x\to x_0}g(x)=u_0$,函数 $y=f(u)$ 在 $u=u_0$ 处连续,则有

$$\lim_{x\to x_0}f[g(x)]=f[\lim_{x\to x_0}g(x)]=f(u_0).$$

将该结论中的函数 $g(x)$ 换成数列 x_n,$x\to x_0$ 换成 $n\to\infty$,可得:若数列 $\{f(x_n)\}$ 在 n 充分大时有定义,$\lim\limits_{n\to\infty}x_n=u_0$,函数 $f(u)$ 在 $u=u_0$ 处连续,则

$$\lim_{n\to\infty}f(x_n)=f(\lim_{n\to\infty}x_n)=f(u_0).$$

(3)利用定积分定义求数列和式极限.

$$\int_0^1 f(x)\mathrm{d}x=\lim_{n\to\infty}\frac{1}{n}\sum_{i=1}^{n}f\left(\frac{i}{n}\right)=\lim_{n\to\infty}\frac{1}{n}\sum_{i=1}^{n}f\left(\frac{i-1}{n}\right)=\lim_{n\to\infty}\frac{1}{n}\sum_{i=1}^{n}f\left(\frac{2i-1}{2n}\right).$$

题型五:数列极限的计算

【解题方法】

(1)数列极限的计算可以参考函数极限的计算方法;

(2)用夹逼准则求解数列极限;

(3)利用定积分的定义求解数列极限;

(4)利用复合函数的连续性求复合数列极限.

【例1】

对于数列 $\{a_n\}$,考虑下列命题:

①若 $0<a_n<1$ ($\forall n\in\mathbf{N}^*$),则 $\lim\limits_{n\to\infty}a_n^n=0$;

②若 $a_n>1$ ($\forall n\in\mathbf{N}^*$),则 $\lim\limits_{n\to\infty}a_n^n=+\infty$;

③若 $a_n>0$ ($\forall n\in\mathbf{N}^*$),且 $\lim\limits_{n\to\infty}\sqrt[n]{a_n}=1$,则 $\lim\limits_{n\to\infty}a_n$ 必存在;

④若 $a_n>0$ ($\forall n\in\mathbf{N}^*$),且 $\lim\limits_{n\to\infty}a_n=a>0$,则 $\lim\limits_{n\to\infty}\sqrt[n]{a_n}=1$.

其中所有真命题的序号为(　　).

(A)① (B)② (C)③ (D)④ (E)①④

【答案】(D)

【解析】

取 $a_n=1-\dfrac{1}{n+1}$，则 $0<a_n<1$，但 $\lim\limits_{n\to\infty}a_n^n=\lim\limits_{n\to\infty}\left(1-\dfrac{1}{n+1}\right)^n=\mathrm{e}^{-1}\neq 0$，故命题①不真.

取 $a_n=1+\dfrac{1}{n}$，则 $a_n>1$，但 $\lim\limits_{n\to\infty}a_n^n=\lim\limits_{n\to\infty}\left(1+\dfrac{1}{n}\right)^n=\mathrm{e}\neq+\infty$，故命题②不真.

取 $a_n=n$，则 $a_n>0$，且 $\lim\limits_{n\to\infty}\sqrt[n]{a_n}=\lim\limits_{n\to\infty}\sqrt[n]{n}$，又 $\lim\limits_{x\to+\infty}x^{\frac{1}{x}}=\mathrm{e}^{\lim\limits_{x\to+\infty}\frac{\ln x}{x}}=\mathrm{e}^{\lim\limits_{x\to+\infty}\frac{1}{x}}=\mathrm{e}^0=1$，所以 $\lim\limits_{n\to\infty}\sqrt[n]{n}=1$，但 $\lim\limits_{n\to\infty}a_n=\lim\limits_{n\to\infty}n=+\infty$，故命题③不真.

因此，选项(A)，(B)，(C)，(E)都应排除，从而应选(D).

事实上，由 $a_n>0$，$\lim\limits_{n\to\infty}a_n=a>0$ 可得 $\lim\limits_{n\to\infty}\sqrt[n]{a_n}=\mathrm{e}^{\lim\limits_{n\to\infty}\frac{1}{n}\ln a_n}=\mathrm{e}^0=1$，故④为真命题.

【例 2】

设 $a>1,b>1$，则 $\lim\limits_{n\to\infty}\dfrac{a^{\frac{1}{n}}-a^{\frac{1}{n+a}}}{b^{\frac{1}{n}}-b^{\frac{1}{n+b}}}=($　　$)$.

(A) $\dfrac{a}{b}$ (B) $\ln\dfrac{a}{b}$ (C) $\dfrac{\ln a}{\ln b}$ (D) $\dfrac{b\ln a}{a\ln b}$ (E) $\dfrac{a\ln a}{b\ln b}$

【答案】(E)

【解析】

$$\lim_{n\to\infty}\frac{a^{\frac{1}{n}}-a^{\frac{1}{n+a}}}{b^{\frac{1}{n}}-b^{\frac{1}{n+b}}}=\lim_{n\to\infty}\frac{a^{\frac{1}{n+a}}\left(a^{\frac{1}{n}-\frac{1}{n+a}}-1\right)}{b^{\frac{1}{n+b}}\left(b^{\frac{1}{n}-\frac{1}{n+b}}-1\right)}=\lim_{n\to\infty}\frac{a^{\frac{1}{n+a}}\left(\frac{1}{n}-\frac{1}{n+a}\right)\ln a}{b^{\frac{1}{n+b}}\left(\frac{1}{n}-\frac{1}{n+b}\right)\ln b}=\lim_{n\to\infty}\frac{a(n+b)\ln a}{b(n+a)\ln b}=\frac{a\ln a}{b\ln b}.$$

【例 3】

设 $0<a<b<1$，则 $\lim\limits_{n\to\infty}(1+a^{-n}+b^{-n})^{\frac{1}{n}}=($　　$)$.

(A) a (B) a^{-1} (C) b (D) b^{-1} (E) 1

【答案】(B)

【解析】

$$\lim_{n\to\infty}(1+a^{-n}+b^{-n})^{\frac{1}{n}}=\lim_{n\to\infty}\left\{a^{-n}\left[a^{n}+1+\left(\frac{a}{b}\right)^{n}\right]\right\}^{\frac{1}{n}}=a^{-1}\lim_{n\to\infty}\left[a^{n}+1+\left(\frac{a}{b}\right)^{n}\right]^{\frac{1}{n}}=a^{-1}.$$

【例4】

极限 $\lim_{n\to\infty}\frac{1}{n}(1+\sqrt[n]{2}+\cdots+\sqrt[n]{n})=($　　$)$.

(A)1　　(B)2　　(C) $\frac{1}{2}$　　(D) $\ln 2$　　(E) $\sqrt{2}$

【答案】(A)

【解析】

该题考查数列的夹逼准则.

$$\frac{1}{n}\cdot n\leqslant\frac{1}{n}(1+\sqrt[n]{2}+\sqrt[n]{3}+\cdots+\sqrt[n]{n})\leqslant\frac{1}{n}\cdot n\sqrt[n]{n},$$

$$\lim_{n\to\infty}\frac{1}{n}\cdot n=1,\ \lim_{n\to\infty}\frac{1}{n}\cdot n\sqrt[n]{n}=\lim_{n\to\infty}n^{\frac{1}{n}}=e^{\lim\limits_{n\to\infty}\frac{1}{n}\ln n}=e^{0}=1,$$

根据夹逼准则，$\lim_{n\to\infty}\frac{1}{n}(1+\sqrt[n]{2}+\cdots+\sqrt[n]{n})=1$.

【例5】

设 $x_n=n^2\left(\frac{1}{n^4+1}+\frac{2}{n^4+2^4}+\cdots+\frac{n}{n^4+n^4}\right)$，则 $\lim_{n\to\infty}x_n=($　　$)$.

(A) π　　(B) $\frac{3\pi}{4}$　　(C) $\frac{\pi}{2}$　　(D) $\frac{\pi}{4}$　　(E) $\frac{\pi}{8}$

【答案】(E)

【解析】

$$\begin{aligned}\lim_{n\to\infty}x_n&=\lim_{n\to\infty}\frac{1}{n}\sum_{i=1}^{n}\frac{n^3 i}{n^4+i^4}\\&\xlongequal{\text{分子分母同除以}n^4}\lim_{n\to\infty}\frac{1}{n}\sum_{i=1}^{n}\frac{\frac{i}{n}}{1+\left(\frac{i}{n}\right)^4}\\&=\frac{1}{2}\int_0^1\frac{d(x^2)}{1+(x^2)^2}\\&=\frac{1}{2}\arctan x^2\Big|_0^1=\frac{\pi}{8}.\end{aligned}$$

【例 6】

$\lim\limits_{n\to\infty}\sum\limits_{k=1}^{n}\frac{1}{2n+1}\sin\frac{(2k-1)\pi}{2n}=(\quad)$.

(A) $\frac{1}{\pi}$　　(B) $\frac{2}{\pi}$　　(C) 1　　(D) π　　(E) 2π

【答案】(A)

【解析】

$$\begin{aligned}&\lim_{n\to\infty}\sum_{k=1}^{n}\frac{1}{2n+1}\sin\frac{(2k-1)\pi}{2n}\\&=\lim_{n\to\infty}\frac{1}{2+\frac{1}{n}}\cdot\frac{1}{n}\sum_{k=1}^{n}\sin\frac{(2k-1)\pi}{2n}\\&=\frac{1}{2}\lim_{n\to\infty}\frac{1}{n}\sum_{k=1}^{n}\sin\frac{(2k-1)\pi}{2n}\\&=\frac{1}{2}\int_0^1\sin\pi x\mathrm{d}x=\frac{1}{\pi}\cdot\frac{1}{2}(-\cos\pi x)\Big|_0^1=\frac{1}{\pi}.\end{aligned}$$

【例 7】

关于数列 $\{a_n\}$，以下结论错误的是(　　).

(A) 若 $\lim\limits_{n\to\infty}a_n=A$, 则 $\lim\limits_{n\to\infty}\cos a_n=\cos A$

(B) 若 $\lim\limits_{n\to\infty}a_n=A$, 则 $\lim\limits_{n\to\infty}\operatorname{arccot}a_n=\operatorname{arccot}A$

(C) 若 $\lim\limits_{n\to\infty}\operatorname{arccot}a_n=\operatorname{arccot}A$, 则 $\lim\limits_{n\to\infty}a_n=A$

(D) 若 $\lim\limits_{n\to\infty}\cos a_n=\cos A$, 则 $\lim\limits_{n\to\infty}a_n=A$

(E) 若 $\lim\limits_{n\to\infty}\arctan a_n=\arctan A$, 则 $\lim\limits_{n\to\infty}a_n=A$

【答案】(D)

【解析】

选项(A), 因为余弦函数 $y=\cos x$ 在其定义域 $(-\infty,+\infty)$ 上是连续函数, 根据连续函数的极限运算性质：若函数 $f(x)$ 在 $x=A$ 处连续, 且 $\lim\limits_{n\to\infty}a_n=A$，则 $\lim\limits_{n\to\infty}f(a_n)=f(A)$.

对于 $f(x)=\cos x$，当 $\lim\limits_{n\to\infty}a_n=A$ 时, 就有 $\lim\limits_{n\to\infty}\cos a_n=\cos A$，所以选项(A)正确.

选项(B), 反余切函数 $y=\operatorname{arccot}x$ 在其定义域 $(-\infty,+\infty)$ 上也是连续函数. 同样依据连续函数的极限运算性质, 若 $\lim\limits_{n\to\infty}a_n=A$, 那么 $\lim\limits_{n\to\infty}\operatorname{arccot}a_n=\operatorname{arccot}A$, 选项(B)正确.

选项(C), 反余切函数 $y=\operatorname{arccot}x$ 是单调递减的连续函数, 且它的反函数是 $y=\cot x$ (在相应区间上). 因为 $\lim\limits_{n\to\infty}\operatorname{arccot}a_n=\operatorname{arccot}A$, 根据反函数的性质以及连续函数极限的关系, 可以推出 $\lim\limits_{n\to\infty}a_n=A$, 选项(C)正确.

选项(D), 虽然余弦函数 $y=\cos x$ 是连续函数, 但 $\cos x$ 是周期函数, $\cos x=\cos(2k\pi\pm x)$, $k\in\mathbf{Z}$, $\cos A$ 对应的 x 不唯一. 例如, 令 $a_n=2\pi+1, A=1$, 此时 $\lim\limits_{n\to\infty}\cos a_n=\cos(2\pi+1)=\cos 1$, 即 $\lim\limits_{n\to\infty}\cos a_n=\cos A$, 但 $\lim\limits_{n\to\infty}a_n=2\pi+1\neq 1$, 所以由 $\lim\limits_{n\to\infty}\cos a_n=\cos A$ 不能得出 $\lim\limits_{n\to\infty}a_n=A$, 选项(D)错误.

选项(E), 记 $b_n=\arctan a_n$, 由于数列 $\{\tan b_n\}$ 在 n 充分大时有定义, $\lim\limits_{n\to\infty}b_n=\lim\limits_{n\to\infty}\arctan a_n=\arctan A$, 且函数 $\tan u$ 在点 $\arctan A$ 处连续, 则

$$\lim_{n\to\infty}\tan b_n=\tan(\lim_{n\to\infty}b_n)=\tan(\arctan A)=A.$$

又

$$\lim_{n\to\infty}\tan b_n=\lim_{n\to\infty}\tan(\arctan a_n)=\lim_{n\to\infty}a_n,$$

故 $\lim\limits_{n\to\infty}a_n=A$, 则(E)正确.

考向五：连续与间断

考点1：在一点处连续

$\lim\limits_{x\to x_0}f(x)=f(x_0)$, 则称函数 $f(x)$ 在点 x_0 处连续.

考点2：在端点处连续

设 $x\in[a,b]$, 若 $\lim\limits_{x\to a^+}f(x)=f(a)$, 则称 $f(x)$ 在 $x=a$ 处右连续;

若 $\lim\limits_{x\to b^-}f(x)=f(b)$, 则称 $f(x)$ 在 $x=b$ 处左连续.

考点3：常见结论

若函数$f(x)$在$x=a$处连续，则

①函数$|f(x)|$在$x=a$处连续；

②函数$f^2(x)$在$x=a$处连续；

③函数$\frac{1}{f(x)}$在$x=a$处连续($f(a)\neq 0$).

考点4：间断点的分类

(1)第一类间断点：$\lim\limits_{x\to x_0^-}f(x)$与$\lim\limits_{x\to x_0^+}f(x)$都存在的间断点.

若$\lim\limits_{x\to x_0^-}f(x)\neq\lim\limits_{x\to x_0^+}f(x)$，则称$x_0$为跳跃间断点；

若$\lim\limits_{x\to x_0^-}f(x)=\lim\limits_{x\to x_0^+}f(x)$，则称$x_0$为可去间断点.

(2)第二类间断点：$\lim\limits_{x\to x_0^-}f(x)$与$\lim\limits_{x\to x_0^+}f(x)$中至少有一个不存在的间断点.

若$\lim\limits_{x\to x_0^-}f(x)$与$\lim\limits_{x\to x_0^+}f(x)$中至少有一个为无穷大，则称$x_0$为无穷间断点；

若当$x\to x_0$时函数值在某个范围内振荡，则称x_0为振荡间断点.

题型六：判断函数的连续性

【解题方法】

(1)求$\lim\limits_{x\to x_0}f(x)$，按照定义检验$\lim\limits_{x\to x_0}f(x)=f(x_0)$；如果需要分别求左右极限，则检验$\lim\limits_{x\to x_0^+}f(x)=\lim\limits_{x\to x_0^-}f(x)=f(x_0)$.

(2)判断分段函数在包含分段点的区间是否连续时，只需利用函数在一点处连续的定义判断函数在分段点处是否连续即可.

【例 1】

设函数$f(x)$有连续的导函数，且$f(0)=0$，$f'(0)=b$，若函数$F(x)=\begin{cases}\frac{f(x)+a\sin x}{x}, & x\neq 0,\\ A, & x=0\end{cases}$在$x=0$处连续，则常数$A=$(　　).

(A) $a+b$　　(B) $a-b$　　(C) a　　(D) b　　(E) $2a-b$

【答案】(A)

【解析】

因 $F(x)$ 在 $x=0$ 处连续, 故 $\lim\limits_{x\to 0}F(x)=F(0)$, 而

$$\lim_{x\to 0}F(x)=\lim_{x\to 0}\frac{f(x)+a\sin x}{x}=\lim_{x\to 0}[f'(x)+a\cos x]=a+b,$$

于是 $A=a+b$.

【例 2】

设函数 $f(x)=\dfrac{ax+b}{e^{ax}+b}$ 在 $(-\infty,+\infty)$ 内连续, a,b 不同时为零, 且 $\lim\limits_{x\to-\infty}f(x)=0$, 则常数 a,b 满足(　　).

(A) $a<0,b<0$　　(B) $a>0,b\leqslant 0$　　(C) $a>0,b>0$

(D) $a<0,b>0$　　(E) $a<0,b\geqslant 0$

【答案】(E)

【解析】

由 $\lim\limits_{x\to-\infty}f(x)=\lim\limits_{x\to-\infty}\dfrac{ax+b}{e^{ax}+b}=0$, 得 $a<0$. 由 $f(x)$ 在 $(-\infty,+\infty)$ 内连续, 得 $b\geqslant 0$.

【例 3】

若函数 $f(x)=\begin{cases} e^{\frac{a}{x}}, & x<0, \\ 0, & x=0, \\ \dfrac{\sin x}{x^a}, & x>0 \end{cases}$ 在 $(-\infty,+\infty)$ 内连续, 则常数 a 的取值范围为(　　).

(A) $0<a<1$　　(B) $0<a\leqslant 1$　　(C) $0\leqslant a<1$　　(D) $0\leqslant a\leqslant 1$　　(E) $-1<a<1$

【答案】(A)

【解析】

显然, 函数 $f(x)$ 在 $(-\infty,0)$ 和 $(0,+\infty)$ 内连续. 又 $f(x)$ 在 $(-\infty,+\infty)$ 内连续, 所以 $f(x)$ 在点 $x=0$ 处连续. 由于

$$f(0^-)=\lim_{x\to 0^-}e^{\frac{a}{x}}=\begin{cases} +\infty, & a<0, \\ 1, & a=0, \\ 0, & a>0, \end{cases}$$

$$f(0^+)=\lim_{x\to0^+}\frac{\sin x}{x^a}=\lim_{x\to0^+}x^{1-a}=\begin{cases}0, & a<1,\\1, & a=1,\\+\infty, & a>1,\end{cases}$$

故当且仅当 $0<a<1$ 时, $f(0^-)=f(0^+)=0=f(0)$. 此时, $f(x)$ 在 $(-\infty,+\infty)$ 内连续.

题型七：间断点的判断

【解题方法】

(1) 讨论函数在指定点处间断点的类型.

①分别计算 $\lim\limits_{x\to x_0^+}f(x),\lim\limits_{x\to x_0^-}f(x)$;

②根据计算结果, 对比间断点分类的定义, 判断间断点的类型.

(2) 求给定函数的所有间断点及其类型.

①寻找"可疑点", 即找出所有可能的间断点, 一般来说, "可疑点"包括使函数表达式无意义的点(如分母为零的点)、分段函数的分段点等;

②对每个"可疑点"逐个求左右极限, 然后逐一判断其对应的类型.

【例 4】

设 $f(x)$ 和 $g(x)$ 在 $(-\infty,+\infty)$ 内有定义, $f(x)$ 为连续函数, 且 $f(x)\neq0$, $g(x)$ 有间断点, 则必有间断点的函数为(　　).

(A) $g^2(x)$　　(B) $|g(x)|$　　(C) $f[g(x)]$

(D) $g[f(x)]$　　(E) $f(x)g(x)$

【答案】 (E)

【解析】

(排除法) 取 $f(x)=x^2+1$, $g(x)=\begin{cases}-1, & x<0,\\1, & x\geqslant0,\end{cases}$ 则 $f(x)$ 为连续函数, 且 $f(x)\neq0,g(x)$ 有间断点 $x=0$. 显然, $g^2(x)=|g(x)|=1,f[g(x)]=2,g[f(x)]=1$ 均为连续函数, 排除选项(A), (B), (C), (D). 故选(E).

【例 5】

设 $f(x)=\lim\limits_{n\to\infty}\dfrac{x^{n+2}}{\sqrt{2^{2n}+x^{2n}}}(x>0)$, 则 $f(x)$ 在区间 $(0,+\infty)$ 上(　　).

(A) 连续　　(B) 有一个可去间断点

(C) 有一个跳跃间断点　　　　(D) 有一个无穷间断点

(E) 有两个第一类间断点

【答案】(C)

【解析】

$$\lim_{n\to\infty}\frac{x^{n+2}}{\sqrt{2^{2n}+x^{2n}}}\xlongequal{\text{分子分母同除以}x^n}\lim_{n\to\infty}\frac{x^2}{\sqrt{1+\left(\frac{2}{x}\right)^{2n}}},$$

其中

$$\lim_{n\to\infty}\left(\frac{2}{x}\right)^{2n}=\begin{cases}+\infty, & \left|\frac{2}{x}\right|>1,\\ 0, & \left|\frac{2}{x}\right|<1,\\ 1, & \left|\frac{2}{x}\right|=1,\end{cases}$$

则

$$\lim_{n\to\infty}\frac{x^2}{\sqrt{1+\left(\frac{2}{x}\right)^{2n}}}=\begin{cases}0, & 0<x<2,\\ 2\sqrt{2}, & x=2,\\ x^2, & x>2,\end{cases}$$

所以

$$f(x)=\begin{cases}0, & 0<x<2,\\ 2\sqrt{2}, & x=2,\\ x^2, & x>2,\end{cases}$$

$$\lim_{x\to2^-}f(x)=0,\ \lim_{x\to2^+}f(x)=4,\ \lim_{x\to2^+}f(x)\neq\lim_{x\to2^-}f(x),$$

故 $f(x)$ 有一个跳跃间断点.

【例 6】

函数 $f(x)=\dfrac{(e^x-e)\tan x}{x^3-x}$ 在区间 $(-\pi,\pi)$ 内的第二类间断点的个数是(　　).

(A)1　　(B)2　　(C)3　　(D)4　　(E)5

【答案】(C)

【解析】

函数 $f(x)$ 为初等函数. 由初等函数的连续性知，函数 $f(x)$ 的间断点为 $x=\pm\frac{\pi}{2},\pm1,0$. 由于

$$\lim_{x\to\pm\frac{\pi}{2}}f(x)=\lim_{x\to\pm\frac{\pi}{2}}\frac{(e^x-e)\tan x}{x^3-x}=\infty,\ \lim_{x\to-1}f(x)=\lim_{x\to-1}\frac{(e^x-e)\tan x}{x^3-x}=\infty,$$

所以$x=\pm\dfrac{\pi}{2}$与$x=-1$是第二类间断点. 由于

$$\lim_{x\to 0}f(x)=\lim_{x\to 0}\frac{(\mathrm{e}^x-\mathrm{e})\tan x}{x^3-x}=\lim_{x\to 0}\frac{(\mathrm{e}^x-\mathrm{e})x}{x(x^2-1)}=\lim_{x\to 0}\frac{\mathrm{e}^x-\mathrm{e}}{x^2-1}=\mathrm{e}-1,$$

$$\lim_{x\to 1}f(x)=\lim_{x\to 1}\frac{(\mathrm{e}^x-\mathrm{e})\tan x}{x^3-x}=\lim_{x\to 1}\frac{\mathrm{e}(\mathrm{e}^{x-1}-1)\tan x}{x(x-1)(x+1)}=\lim_{x\to 1}\frac{\mathrm{e}(x-1)\tan x}{x(x-1)(x+1)}=\lim_{x\to 1}\frac{\mathrm{e}\tan x}{x(x+1)}=\frac{\mathrm{e}\tan 1}{2},$$

所以$x=0$与$x=1$是第一类间断点. 于是, 函数$f(x)$在区间$(-\pi,\pi)$内的第二类间断点的个数是3.

第2讲 一元函数微分学

本讲解读

本讲从内容上划分为导数、微分、导数的应用三个部分，共计8个考向、23个考点、10个题型.从真题对考试大纲的实践来看，本讲在考试中大约占4道题(试卷数学部分共35道题)，约占微积分部分的19%、数学部分的11%.

真题在该部分重点围绕导数和微分的计算、导数的应用进行考查，考生不仅要掌握常见类型函数的求导计算、单调性、极值与最值、凹凸性与拐点的判断与计算，还需理解导数与微分的定义、几何意义，以及微分中值定理.

真题分析

考试清单 \ 数量 \ 年份		2021年	2022年	2023年	2024年	2025年
导数的定义		1	1			
隐函数求导		1		1		
复合函数求导		1	1	1	1	
分段函数	已知可导求参数				1	
	分段函数求导	1	1			
微分的计算		1				
导数的几何应用	切线方程和法线方程	1	1	1		2
	方程根和函数零点问题	1		1		
	单调性				1	1
	凹凸性		1			1
	求极值、最值问题		1	1		
微分中值定理	拉格朗日中值定理				1	
	罗尔定理、零点定理				1	

考向一：导数与微分的定义

考点1：导数的定义

$$f'(x_0)=\lim_{x\to x_0}\frac{f(x)-f(x_0)}{x-x_0}.$$

应用1：判断函数在一点处是否可导；

应用2：求函数在一点处的导数；

应用3：求分段函数在分段点处的导数.

意义：代表函数在一点处的变化率，几何上$f'(x_0)$表示曲线$y=f(x)$在点$(x_0,f(x_0))$处切线的斜率.

考点2：增量型定义

$$f'(x_0)=\lim_{\Delta x\to 0}\frac{f(x_0+\Delta x)-f(x_0)}{\Delta x}.$$

应用：已知函数在一点处可导，求极限.

考点3：导数定义推广

$f'(x_0)$存在$\Leftrightarrow\lim\limits_{\square\to 0}\dfrac{f(x_0+\square)-f(x_0)}{\triangle}$存在.

(1) 分子：动点函数值减定点函数值；

(2) $\square\to 0$ ($\square\to 0^+$，$\square\to 0^-$)；

(3) $\square$与$\triangle$为同阶无穷小.

考点4：几个重要结论

(1) $f'(x_0)$存在$\Rightarrow\lim\limits_{\alpha\to 0}\dfrac{f(x_0+\alpha)-f(x_0)}{\alpha}=f'(x_0)$.

(2) 已知$f(x)$在$x=x_0$处可导，则$\lim\limits_{\Delta x\to 0}\dfrac{f(x_0+a\Delta x)-f(x_0+b\Delta x)}{c\Delta x}=\dfrac{a-b}{c}f'(x_0)$.

(3) 设$f(x)=g(x)|x-x_0|$，$g(x)$在点x_0处连续，则$f(x)$在$x=x_0$处可导的充要条件为$g(x_0)=0$.

(4) 设函数$f(x)$在$x=a$处连续.

①若$\lim\limits_{x\to a}\dfrac{f(x)}{x-a}$存在，则$f(a)=0$；

②若 $\lim\limits_{x\to a}\dfrac{f(x)}{x-a}$ 存在，则 $f'(a)$ 存在；

③若 $\lim\limits_{x\to a}\dfrac{f(x)}{(x-a)^2}$ 存在，则 $f'(a)=0$；

④若 $\lim\limits_{x\to 0}\dfrac{f(a+x)+f(a-x)}{x}$ 存在，则 $f(a)=0$.

考点5：微分

（1）微分的定义.

设函数 $y=f(x)$ 在 x_0 的某邻域内有定义，当自变量 x 在 x_0 处有增量 Δx 时，如果因变量 y 的增量 $\Delta y=f(x_0+\Delta x)-f(x_0)$ 可以表示为

$$\Delta y=A\Delta x+o(\Delta x),\Delta x\to 0,$$

其中 A 为只与 x_0 有关而与 Δx 无关的常数，$o(\Delta x)$ 表示 Δx 的高阶无穷小量，则称 $y=f(x)$ 在 x_0 处可微，并称 $A\Delta x$ 为 $y=f(x)$ 在 x_0 处的线性主部，也称为微分，记作 $\mathrm{d}y\Big|_{x=x_0}$ 或 $\mathrm{d}[f(x)]\Big|_{x=x_0}$，即

$$\mathrm{d}y\Big|_{x=x_0}=\mathrm{d}[f(x)]\Big|_{x=x_0}=A\Delta x.$$

（2）可微的充要条件.

$y=f(x)$ 在点 x 处可微的充要条件是 $f(x)$ 在点 x 处可导.

（3）微分的计算.

设函数 $y=f(x)$ 在点 x 处可导，则 $\mathrm{d}y=f'(x)\mathrm{d}x$.

题型一：导数与微分定义的应用

【解题方法】

（1）$f(x)$ 在 $x=x_0$ 处可导的充要条件是 $\lim\limits_{\square\to 0}\dfrac{f(x_0+\square)-f(x_0)}{\triangle}$ 存在.

①分子：动点函数值减定点函数值；

②$\square\to 0$（$\square\to 0^+$，$\square\to 0^-$）；

③$\square$ 与 $\triangle$ 为同阶无穷小.

（2）已知 $f(x)$ 在 $x=x_0$ 处可导，则 $\lim\limits_{\Delta x\to 0}\dfrac{f(x_0+a\Delta x)-f(x_0+b\Delta x)}{c\Delta x}=\dfrac{a-b}{c}f'(x_0)$.

【例 1】

设$f(0)=0$，则函数$f(x)$在点$x=0$处可导的充分必要条件是(　　).

(A) $\lim\limits_{h\to 0}\dfrac{f(h^2)}{h^2}$存在

(B) $\lim\limits_{h\to 0}\dfrac{f(e^{2h}-1)}{h}$存在

(C) $\lim\limits_{h\to 0}\dfrac{f(2h)-f(h)}{h}$存在

(D) $\lim\limits_{n\to\infty} nf\left(\dfrac{1}{n}\right)$存在

(E) $\lim\limits_{h\to 0}\dfrac{f(1-\cos h)}{1-\cos h}$存在

【答案】(B)

【解析】

本题主要判断各选项的极限存在能否推出极限$\lim\limits_{h\to 0}\dfrac{f(h)}{h}$存在. 其中选项(A), (E)只能推出$f(x)$在点$x=0$处右导数存在, 选项(C), (D)不能推出极限$\lim\limits_{h\to 0}\dfrac{f(h)}{h}$存在, 由排除法, 故选(B).

事实上, 由于$\lim\limits_{h\to 0}\dfrac{f(e^{2h}-1)}{h}$存在, 可知必有$\lim\limits_{h\to 0} f(e^{2h}-1)=f(0)=0$，则

$$\begin{aligned}\lim_{h\to 0}\frac{f(e^{2h}-1)}{h}&=\lim_{h\to 0}\frac{f(e^{2h}-1)-f(0)}{e^{2h}-1}\cdot\frac{e^{2h}-1}{h}\\&=2\lim_{h\to 0}\frac{f(e^{2h}-1)-f(0)}{e^{2h}-1}=2f'(0).\end{aligned}$$

【评注】

即使$\lim\limits_{h\to 0}\dfrac{f(2h)-f(h)}{h}$存在, 也得不出

$$\begin{aligned}\lim_{h\to 0}\frac{f(2h)-f(h)}{h}&=\lim_{h\to 0}\frac{[f(2h)-f(0)]-[f(h)-f(0)]}{h}\\&\overset{(*)}{=\!=}\lim_{h\to 0}\frac{f(2h)-f(0)}{h}-\lim_{h\to 0}\frac{f(h)-f(0)}{h},\end{aligned}$$

此等式无法成立是因为(*)处的运算前提是上述表达式中的最后两个极限都存在, 因此(C)不正确.

【例 2】

已知函数$f(x)=\lim\limits_{n\to\infty}\dfrac{1+x^{2n+1}}{1+x^{2n}}\sin\dfrac{\pi}{2}x$, 则$f(x)$在$x=1$处(　　).

(A) 极限不存在

(B) 左连续但非右连续

(C) 右连续但非左连续

(D) 连续但不可导

(E) 可导

【答案】(D)

【解析】

$$f(x)=\begin{cases} x\sin\dfrac{\pi}{2}x, & |x|>1, \\ \sin\dfrac{\pi}{2}x, & |x|<1, \\ 1, & x=1, \\ 0, & x=-1. \end{cases}$$

$$\lim_{x\to1^+}f(x)=\lim_{x\to1^+}x\sin\frac{\pi}{2}x=1,\ \lim_{x\to1^-}f(x)=\lim_{x\to1^-}\sin\frac{\pi}{2}x=1,$$

即 $\lim\limits_{x\to1^+}f(x)=\lim\limits_{x\to1^-}f(x)=f(1)$，故 $f(x)$ 在 $x=1$ 处连续.

$$\lim_{x\to1^+}\frac{f(x)-f(1)}{x-1}=\lim_{x\to1^+}\frac{x\sin\frac{\pi}{2}x-1}{x-1}=\lim_{x\to1^+}\left(\sin\frac{\pi}{2}x+\frac{\pi x}{2}\cos\frac{\pi}{2}x\right)=1=f'_+(1),$$

$$\lim_{x\to1^-}\frac{f(x)-f(1)}{x-1}=\lim_{x\to1^-}\frac{\sin\frac{\pi}{2}x-1}{x-1}=\lim_{x\to1^-}\left(\frac{\pi}{2}\cos\frac{\pi}{2}x\right)=0=f'_-(1),$$

即 $f'_-(1)\neq f'_+(1)$，故 $f(x)$ 在 $x=1$ 处不可导.

【例 3】

设 $f(x)=(x^x-1)g(x)$，且 $g(x)$ 在 $x=1$ 的某邻域内有定义，则 $f(x)$ 在 $x=1$ 处可导的充分必要条件是(　　).

(A) $\lim\limits_{x\to1}g(x)=0$

(B) $\lim\limits_{x\to1}g(x)$ 存在

(C) $g(x)$ 在 $x=1$ 处连续，且 $g(1)\neq0$

(D) $g(x)$ 在 $x=1$ 处连续，且 $g(1)=0$

(E) $g(x)$ 在 $x=1$ 处可导

【答案】(B)

【解析】

$$f'(1)=\lim_{x\to1}\frac{f(x)-f(1)}{x-1}=\lim_{x\to1}\frac{x^x-1}{x-1}g(x)=\lim_{x\to1}\frac{x^x-1}{x-1}\cdot\lim_{x\to1}g(x).$$

由于 $\lim\limits_{x\to1}\dfrac{x^x-1}{x-1}=\lim\limits_{x\to1}\dfrac{e^{x\ln x}-1}{x-1}=\lim\limits_{x\to1}\dfrac{x\ln x}{x-1}=\lim\limits_{x\to1}\dfrac{x\ln(1+x-1)}{x-1}=\lim\limits_{x\to1}\dfrac{x(x-1)}{x-1}=1$,

所以$f'(1)=\lim\limits_{x\to1}g(x)$.

充分性：$\lim\limits_{x\to1}g(x)$ 存在 $\Rightarrow f'(1)$ 存在；

必要性：$f'(1)$ 存在 $\Rightarrow \lim\limits_{x\to1}g(x)$ 存在.

【例 4】

设$f(x)$为可导函数，且满足

$$f(x+\Delta x)-f(x+2\Delta x)=x\sin x\cdot\Delta x+o(\Delta x),$$

其中$o(\Delta x)$为当$\Delta x\to0$时Δx的高阶无穷小量，则$\mathrm{d}[f(x)]=$（　　）.

(A) $x\sin x\mathrm{d}x$　　(B) $-x\sin x\mathrm{d}x$　　(C) $x\cos x\mathrm{d}x$

(D) $-x\cos x\mathrm{d}x$　　(E) $x\sin x$

【答案】(B)

【解析】

由题设知

$$\begin{aligned}&\lim_{\Delta x\to0}\frac{f(x+\Delta x)-f(x+2\Delta x)}{\Delta x}\\=&\lim_{\Delta x\to0}\frac{f(x+\Delta x)-f(x)+f(x)-f(x+2\Delta x)}{\Delta x}\\=&\lim_{\Delta x\to0}\left\{\frac{f(x+\Delta x)-f(x)}{\Delta x}-\frac{2[f(x+2\Delta x)-f(x)]}{2\Delta x}\right\}\\=&\lim_{\Delta x\to0}\frac{x\sin x\cdot\Delta x+o(\Delta x)}{\Delta x}\\=&x\sin x,\end{aligned}$$

则

$$f'(x)-2f'(x)=x\sin x,$$

$$f'(x)=-x\sin x,$$

故

$$\mathrm{d}[f(x)]=f'(x)\mathrm{d}x=-x\sin x\mathrm{d}x.$$

题型二：分段函数的导数问题

【解题方法】

(1) 分段函数在分段点处的可导性及求导，用导数定义；在非分段点处求导，用求导公式和法则.

(2)已知分段函数在分段点处可导求参数问题, 将连续定义和导数定义联合在一起求解.

【例 5】

已知函数 $f(x)=\begin{cases}1+x^2, & x\leqslant 0,\\ 1-\cos x, & x>0,\end{cases}$ 则以下结论中不正确的是(　　).

(A) $\lim\limits_{x\to 0^+} f(x)=0$　　(B) $\lim\limits_{x\to 0^+} f'(x)=0$　　(C) $\lim\limits_{x\to 0^-} f'(x)=0$

(D) $f'_+(0)=0$　　(E) $f'_-(0)=0$

【答案】(D)

【解析】

对于(A), $\lim\limits_{x\to 0^+} f(x)=\lim\limits_{x\to 0^+}(1-\cos x)=0$, 正确;

对于(B), $\lim\limits_{x\to 0^+} f'(x)=\lim\limits_{x\to 0^+}\sin x=0$, 正确;

对于(C), $\lim\limits_{x\to 0^-} f'(x)=\lim\limits_{x\to 0^-}2x=0$, 正确;

对于(D), 由 $\lim\limits_{x\to 0^+}\dfrac{f(x)-f(0)}{x-0}=\lim\limits_{x\to 0^+}\dfrac{1-\cos x-1}{x-0}=\infty$, 得 $f'_+(0)$ 不存在, 故错误;

对于(E), $f'_-(0)=\lim\limits_{x\to 0^-}\dfrac{f(x)-f(0)}{x-0}=\lim\limits_{x\to 0^-}\dfrac{1+x^2-1}{x-0}=0$, 正确.

【例 6】

已知函数 $f(x)=\begin{cases}\dfrac{\sin x}{x}, & x\neq 0,\\ 1, & x=0,\end{cases}$ 则 $f'(0)+f'(1)=$(　　).

(A) $\cos1-\sin1$　　(B) $\sin1-\cos1$　　(C) $\cos1+\sin1$

(D) $1+\cos1-\sin1$　　(E) $1+\sin1-\cos1$

【答案】(A)

【解析】

该题考查分段函数在分段点和非分段点求导, $f'(0)$ 为分段点处的导数, 故用定义法求; $f'(1)$ 为非分段点处的导数, 故用公式法求.

$$f'(0)+f'(1)=\lim_{x\to 0}\frac{f(x)-f(0)}{x-0}+f'(x)\Big|_{x=1}=\lim_{x\to 0}\frac{\dfrac{\sin x}{x}-1}{x-0}+\left(\frac{\sin x}{x}\right)'\Bigg|_{x=1}$$

$$=\lim_{x\to0}\frac{\sin x-x}{x^2}+\left.\frac{x\cos x-\sin x}{x^2}\right|_{x=1}=\lim_{x\to0}\frac{\cos x-1}{2x}+\cos1-\sin1$$

$$=\lim_{x\to0}\frac{-\frac{x^2}{2}}{2x}+\cos1-\sin1=\cos1-\sin1.$$

【例 7】

设 k，b 为常数，则函数 $f(x)=\begin{cases}kx+b, & x<1,\\ \sqrt{1+x^2}, & x\geqslant1\end{cases}$ 可导的充分必要条件是(　　).

(A) $k=0,b=\sqrt{2}$　　(B) $k=\frac{\sqrt{2}}{2},b=\frac{\sqrt{2}}{2}$　　(C) $k=\sqrt{2}$

(D) $k=\frac{2\sqrt{2}}{3},b=\frac{\sqrt{2}}{3}$　　(E) $k+b=\sqrt{2}$

【答案】(B)

【解析】

由可导必连续，得 $\lim\limits_{x\to1^-}(kx+b)=\lim\limits_{x\to1^+}\sqrt{1+x^2}\Rightarrow k+b=\sqrt{2}$；由可导可得左导数等于右导数，

即 $\begin{cases}\lim\limits_{x\to1^-}\dfrac{f(x)-f(1)}{x-1}=\lim\limits_{x\to1^-}\dfrac{kx+b-\sqrt{2}}{x-1}=k,\\ \lim\limits_{x\to1^+}\dfrac{f(x)-f(1)}{x-1}=\lim\limits_{x\to1^+}\dfrac{\sqrt{1+x^2}-\sqrt{2}}{x-1}=\dfrac{\sqrt{2}}{2}\end{cases}\Rightarrow k=\dfrac{\sqrt{2}}{2}$，从而 $b=\dfrac{\sqrt{2}}{2}$，因此选(B).

考向二：导数与微分的计算

考点 1：复合函数求导

设 $y=f(u),u=g(x)$，如果 $g(x)$ 在 x 处可导，且 $f(u)$ 在对应的 $u=g(x)$ 处可导，则复合函数 $y=f[g(x)]$ 在 x 处可导，且有 $\{f[g(x)]\}'=f'(u)g'(x)$ 或 $\frac{\mathrm{d}y}{\mathrm{d}x}=\frac{\mathrm{d}y}{\mathrm{d}u}\frac{\mathrm{d}u}{\mathrm{d}x}$.

考点 2：反函数求导

设 $y=f(x)$ 单调、可导，且 $f'(x)\neq0$，其反函数为 $x=f^{-1}(y)$，则 $\frac{\mathrm{d}x}{\mathrm{d}y}=\frac{1}{\frac{\mathrm{d}y}{\mathrm{d}x}}$.

二阶导数 $\frac{d^2x}{dy^2}=\frac{d\left(\frac{dx}{dy}\right)}{dy}=\frac{d\left(\frac{1}{y'}\right)}{dx}\cdot\frac{dx}{dy}=-\frac{y''}{(y')^2}\cdot\frac{1}{y'}=-\frac{y''}{(y')^3}$.

考点3: 隐函数求导

设函数 $y=y(x)$ 由方程 $F(x,y)=0$ 所确定, 求 y' 的方法如下:

(1) 在方程 $F(x,y)=0$ 两边同时对 x 求导, 把 y 看作中间变量, 用复合函数求导公式计算;

(2) 解出 y' 的表达式.

考点4: 幂指函数与多项乘、除、乘方、开方函数求导

对于幂指函数与多项乘、除、乘方、开方函数, 可先取对数再求导.

考点5: 参数方程确定的函数求导

设参数方程 $\begin{cases}x=\varphi(t),\\ y=\psi(t)\end{cases}$ 确定函数 $y=y(x)$, 其中 $\varphi'(t),\psi'(t)$ 存在, 且 $\varphi'(t)\neq 0$, 则

$$\frac{dy}{dx}=\frac{\frac{dy}{dt}}{\frac{dx}{dt}}=\frac{\psi'(t)}{\varphi'(t)}.$$

二阶导数 $\frac{d^2y}{dx^2}=\frac{d\left(\frac{dy}{dx}\right)}{dx}=\frac{d\left(\frac{dy}{dx}\right)}{dt}\cdot\frac{1}{\frac{dx}{dt}}=\frac{\psi''(t)\varphi'(t)-\psi'(t)\varphi''(t)}{[\varphi'(t)]^3}$.

考点6: 求高阶导数

1. 常用的初等函数的 n 阶导数公式

(1) $y=e^x$, $\qquad y^{(n)}=e^x$;

(2) $y=a^x(a>0,a\neq 1)$, $\qquad y^{(n)}=a^x(\ln a)^n$;

(3) $y=\sin x$, $\qquad y^{(n)}=\sin\left(x+\frac{n\pi}{2}\right)$;

(4) $y=\cos x$, $\qquad y^{(n)}=\cos\left(x+\frac{n\pi}{2}\right)$;

(5) $y=\ln x$, $\qquad y^{(n)}=(-1)^{n-1}(n-1)!x^{-n}$;

(6) $y=x^a$, $\qquad y^{(n)}=a(a-1)\cdots(a-n+1)x^{a-n}$;

(7) $y=\dfrac{1}{ax+b}$，　　$y^{(n)}=\dfrac{(-1)^n\cdot a^n\cdot n!}{(ax+b)^{n+1}}$；

(8) $y=\ln(ax+b)$，　　$y^{(n)}=\dfrac{(-1)^{n-1}\cdot a^n\cdot (n-1)!}{(ax+b)^n}(n\geqslant 1)$．

2. 莱布尼茨公式

设 $u(x)$，$v(x)$ 均有 n 阶导数，则有

$$[u(x)\cdot v(x)]^{(n)}=C_n^0[u(x)]^{(n)}v(x)+C_n^1[u(x)]^{(n-1)}v'(x)+C_n^2[u(x)]^{(n-2)}v''(x)+\cdots+C_n^n u(x)[v(x)]^{(n)}.$$

(1) 将 n 阶导数在 $u(x),v(x)$ 之间重新分配；

(2) 导数为 n 阶，展开项为 $n+1$ 项；

(3) 每项系数为 $C_n^0,C_n^1,C_n^2,\cdots,C_n^n$；

(4) 阶数的变化 $\begin{cases} u(x)\text{ 的阶数从 } n \text{ 逐渐降到 } 0, \\ v(x)\text{ 的阶数从 } 0 \text{ 逐渐增到 } n\text{；} \end{cases}$

(5) 每项 $u(x)$ 和 $v(x)$ 的导数阶数之和为 n 阶；

(6) 一般常用的形式：幂函数 × 其他类型 $\begin{cases} \text{幂函数为 } v(x), \\ \text{其他类型为 } u(x). \end{cases}$

题型三：导数与微分的计算

【解题方法】

(1) 熟记求导公式、微分公式及求导法则；

(2) 掌握各类函数求导的计算方法．

①复合函数求导：掌握四个符号关系．

a. $f'[g(x)]$ 代表对 $g(x)$ 求导．

b. 已知 $f'(x)$，求 $f'[g(x)]$：用代入法．

c. $\{f[g(x)]\}'$ 代表对 x 求导．

d. $\{f[g(x)]\}'=f'[g(x)]\cdot g'(x)$．

②隐函数求导：在方程两边同时对 x 求导，把 y 看作中间变量，用复合函数求导公式计算．

③参数方程求导：直接套公式．

④反函数求导：一阶导数为原函数一阶导数的倒数.

⑤高阶导数的计算：一是多次求导利用递推性找规律；二是套莱布尼茨公式.

【例 1】

设$f(t)=\lim\limits_{x\to\infty}t\left(\dfrac{x+t}{x-t}\right)^x$，则$f'(t)=$(　　).

(A) $e^{2t}(2t+1)$　(B) $e^t(2t+1)$　(C) $e^{2t}(t+1)$　(D) $e^t(t+1)$　(E) 以上均不正确

【答案】(A)

【解析】

因$f(t)=t\lim\limits_{x\to\infty}\left(1+\dfrac{2t}{x-t}\right)^{\frac{x-t}{2t}\cdot\frac{2tx}{x-t}}=te^{2t}$，故$f'(t)=e^{2t}+2te^{2t}=e^{2t}(2t+1)$.

【例 2】

设函数$f(x),g(x)$可导，且$f'(1)=1,f'(2)=2,g(1)=a,g'(1)=4$，记$b=\left.\dfrac{d\{f[g(x)]\}}{dx}\right|_{x=1}$，则(　　).

(A) 当$a=1$时，$b=4$　(B) 当$a=1$时，$b=5$

(C) 当$a=1$时，$b=8$　(D) 当$a=2$时，$b=6$

(E) 当$a=2$时，$b=7$

【答案】(A)

【解析】

$b=\left.\dfrac{d\{f[g(x)]\}}{dx}\right|_{x=1}=f'[g(x)]\cdot g'(x)|_{x=1}=f'(a)\cdot g'(1)=4f'(a)$，若$a=1$，则$b=4f'(1)=4$；若$a=2$，则$b=4f'(2)=8$，因此，选(A).

【例 3】

已知$y=f\left(\dfrac{3x-2}{3x+2}\right),f'(x)=\arctan x^2$，则$\left.\dfrac{dy}{dx}\right|_{x=0}=$(　　).

(A) $\dfrac{\pi}{4}$　(B) $\dfrac{3\pi}{4}$　(C) $\dfrac{\pi}{2}$　(D) π　(E) $\dfrac{4\pi}{3}$

【答案】(B)

【解析】

令$g(x)=\dfrac{3x-2}{3x+2}$，则有$g(0)=-1,g'(x)=\dfrac{12}{(3x+2)^2}$，则$g'(0)=3$，由复合函数求导法则知

$$\left.\frac{\mathrm{d}y}{\mathrm{d}x}\right|_{x=0}=f'[g(0)]g'(0)=3f'(-1)=3\arctan 1=\frac{3\pi}{4}.$$

【例 4】

设函数 $y=y(x)$ 由方程 $\mathrm{e}^y+xy=\mathrm{e}+1$ 确定，则 $y''(1)=($　　$)$.

(A) $\frac{1}{(\mathrm{e}+1)^2}$　(B) $-\frac{3\mathrm{e}+2}{(\mathrm{e}+1)^2}$　(C) $-\frac{3\mathrm{e}+2}{(\mathrm{e}+1)^3}$　(D) $\frac{\mathrm{e}+2}{(\mathrm{e}+1)^2}$　(E) $\frac{\mathrm{e}+2}{(\mathrm{e}+1)^3}$

【答案】(E)

【解析】

$$\mathrm{e}^y+xy=\mathrm{e}+1, \qquad ①$$

将 $x=1$ 代入上式，得 $\mathrm{e}^y+y=\mathrm{e}+1$，可得 $y=1$.

①式左右两边同时对 x 求导，则

$$(\mathrm{e}^y+xy)'=(\mathrm{e}+1)',$$

$$\mathrm{e}^y\cdot y'+y+y'\cdot x=0, \qquad ②$$

解得 $\left.y'\right|_{\substack{x=1\\y=1}}=\frac{-1}{\mathrm{e}+1}$.

②式左右两边再同时对 x 求导，则

$$\mathrm{e}^y\cdot y'\cdot y'+y''\cdot\mathrm{e}^y+y'+y''\cdot x+y'=0,$$

代入 $x=1,y=1,y'=-\frac{1}{\mathrm{e}+1}$，解得

$$y''(1)=\frac{\mathrm{e}+2}{(\mathrm{e}+1)^3}.$$

【例 5】

设 $y=y(x)$ 是由参数方程 $\begin{cases}x=\arctan t,\\ y=\ln(1+t^2)\end{cases}$ 所确定的函数，且 $\left.\frac{\mathrm{d}y}{\mathrm{d}x}\right|_{t=t_0}=4$，则 $\left.\frac{\mathrm{d}^2y}{\mathrm{d}x^2}\right|_{t=t_0}=($　　$)$.

(A) 2　(B) 4　(C) 5　(D) 10　(E) 20

【答案】(D)

【解析】

$$\frac{\mathrm{d}y}{\mathrm{d}x}=\frac{\frac{\mathrm{d}y}{\mathrm{d}t}}{\frac{\mathrm{d}x}{\mathrm{d}t}}=\frac{\frac{2t}{1+t^2}}{\frac{1}{1+t^2}}=2t$$，由于 $\left.\frac{\mathrm{d}y}{\mathrm{d}x}\right|_{t=t_0}=4$，故 $t_0=2$. 于是,

$$\left.\frac{\mathrm{d}^2y}{\mathrm{d}x^2}\right|_{t=t_0}=\left.\frac{(2t)'}{\frac{1}{1+t^2}}\right|_{t=2}=2(1+t^2)\big|_{t=2}=10.$$

【例 6】

设函数 $f(x)=\dfrac{2x-1}{2x+1}$，则 $f^{(n)}(1)=$(　　).

(A) $\dfrac{2(-1)^{n+1}n!}{3^{n+1}}$　(B) $\dfrac{2(-1)^{n}n!}{3^{n+1}}$　(C) $\dfrac{(-2)^{n+1}n!}{3^{n+1}}$　(D) $\dfrac{(-2)^{n}n!}{3^{n+1}}$　(E) $\dfrac{(-1)^{n+1}2^{n}n!}{3^{n+1}}$

【答案】(C)

【解析】

$f(x)=\dfrac{2x-1}{2x+1}=1-\dfrac{2}{2x+1}$，故

$$f^{(n)}(x)=-2\cdot 2^n\cdot\frac{(-1)^n n!}{(2x+1)^{n+1}}=\frac{(-2)^{n+1}n!}{(2x+1)^{n+1}},$$

从而 $f^{(n)}(1)=\dfrac{(-2)^{n+1}n!}{3^{n+1}}$. 应选(C).

【例 7】

设 $y=\displaystyle\int_0^{1-x}\mathrm{e}^{-t^2}\,\mathrm{d}t-x^3$，则 $\left.\dfrac{\mathrm{d}x}{\mathrm{d}y}\right|_{y=-1}=$(　　).

(A) $-\dfrac{1}{2}$　(B) $-\dfrac{1}{3}$　(C) $-\dfrac{1}{4}$　(D) $\dfrac{1}{3}$　(E) $\dfrac{1}{2}$

【答案】(C)

【解析】

$$\frac{\mathrm{d}x}{\mathrm{d}y}=\frac{1}{\frac{\mathrm{d}y}{\mathrm{d}x}}=\frac{1}{-\mathrm{e}^{-(1-x)^2}-3x^2},\quad \left.\frac{\mathrm{d}x}{\mathrm{d}y}\right|_{y=-1}=\left.\frac{1}{-\mathrm{e}^{-(1-x)^2}-3x^2}\right|_{x=1}=-\frac{1}{4}.$$

【例 8】

设 $f(x)=\begin{cases}\mathrm{e}^{2x}-1, & x<0,\\ \sin 2x, & x\geqslant 0,\end{cases}$ $y=f[f(x)]$，则 $\left.\dfrac{\mathrm{d}y}{\mathrm{d}x}\right|_{x=\pi}=$(　　).

(A) -4　(B) 0　(C) 2　(D) 3　(E) 4

【答案】(E)

【解析】

由于

$$f'_-(0)=\lim_{x\to 0^-}\frac{f(x)-f(0)}{x-0}=\lim_{x\to 0^-}\frac{e^{2x}-1}{x}=2,\ f'_+(0)=\lim_{x\to 0^+}\frac{f(x)-f(0)}{x-0}=\lim_{x\to 0^+}\frac{\sin 2x}{x}=2,$$

故 $f'(0)=2$.于是, $\left.\frac{dy}{dx}\right|_{x=\pi}=f'[f(\pi)]\cdot f'(\pi)=f'(0)\cdot f'(\pi)=2\cdot 2\cos 2\pi=4$.应选(E).

【例 9】

函数 $f(x)=x^2\ln(1+x)$ 在 $x=0$ 处的 $n(n\geqslant 3)$ 阶导数 $f^{(n)}(0)=$ (　　).

(A) $\frac{(-1)^{n-1}n!}{n-2}$　　(B) $\frac{(-1)^{n-1}n!}{n}$　　(C) $\frac{(-1)^{n-1}(n-1)!}{n-2}$

(D) $\frac{(-1)^{n-2}n!}{n-2}$　　(E) $\frac{(-1)^{n-1}n!}{n-1}$

【答案】(A)

【解析】

易知, $[\ln(1+x)]^{(n)}=\frac{(-1)^{n-1}(n-1)!}{(1+x)^n}$.

设 $u=\ln(1+x), v=x^2$, 利用莱布尼茨公式对导数展开, 由于对 x^2 求导, 从三阶导数开始为零, 故展开式中只含有前三项.

$$f^{(n)}(x)=x^2\frac{(-1)^{n-1}(n-1)!}{(1+x)^n}+2nx\frac{(-1)^{n-2}(n-2)!}{(1+x)^{n-1}}+n(n-1)\frac{(-1)^{n-3}(n-3)!}{(1+x)^{n-2}},$$

代入 $x=0$, 得 $f^{(n)}(0)=n(n-1)(-1)^{n-3}(n-3)!=\frac{(-1)^{n-1}n!}{n-2}, n=3,4,\cdots$.

考向三: 切线方程与法线方程

考点: 切线方程与法线方程

当函数 $y=f(x)$ 在 $x=x_0$ 可导时, 曲线 $y=f(x)$ 在点 $(x_0,f(x_0))$ 处:

切线方程为 $y-f(x_0)=f'(x_0)(x-x_0)$;

法线方程为 $y-f(x_0)=-\frac{1}{f'(x_0)}(x-x_0)$, 其中 $f'(x_0)\neq 0$.

题型四：求切线方程与法线方程

【解题方法】

(1) 切线和法线的相关问题：首先要找到切点计算斜率，再利用点斜式求出方程.

(2) 两条曲线的公切线：两曲线 $y=f(x), y=g(x)$.

设这两条曲线上的切点为 $(a,f(a)),(b,g(b))$，则这两点的切线斜率相等，即 $f'(a)=g'(b)$.

过点 $(a,f(a))$ 的切线方程为 $y-f(a)=f'(a)(x-a)$，同时该切线方程也过点 $(b,g(b))$. 于是，将 $(b,g(b))$ 代入切线方程得 $g(b)-f(a)=f'(a)(b-a)$. 最后，由联立方程组 $\begin{cases} f'(a)=g'(b), \\ g(b)-f(a)=f'(a)(b-a) \end{cases}$ 求出 a,b，得出切点. 切线方程自然就可以求出.

【例 1】

已知 a,b 为常数，若曲线 $y=\mathrm{e}^{ax+b}$ 在点 $(0,\mathrm{e}^b)$ 处的切线方程是 $y=4x+2$，则(　　).

(A) $a=1,b=\ln 2$　　(B) $a=2,b=2$　　(C) $a=2,b=\ln 2$

(D) $a=4,b=2$　　(E) $a=4,b=\ln 2$

【答案】(C)

【解析】

由 $y(0)=\mathrm{e}^b=2$，$y'(0)=a\mathrm{e}^b=4$，可知 $a=2,b=\ln 2$.

【例 2】

设 L 为曲线 $x^{\frac{2}{3}}+y^{\frac{2}{3}}=8(x\geqslant 0,y\geqslant 0)$ 斜率等于 -1 的切线，则 L 与坐标轴围成的三角形的面积为(　　).

(A)32　　(B)64　　(C)128　　(D)256　　(E)384

【答案】(C)

【解析】

曲线方程两边同时对 x 求导得 $\frac{2}{3}x^{-\frac{1}{3}}+\frac{2}{3}y^{-\frac{1}{3}}y'=0$，将 $y'=-1$ 代入得 $x=y$，代入原方程得 $2x^{\frac{2}{3}}=8$，解得 $x=8$，故 $y=8$，所以切线方程为 $y-8=-1(x-8)$，即 $y=-x+16$，过 $(0,16),(16,0)$ 两点. 因此，所求三角形面积为 $\frac{1}{2}\times 16\times 16=128$.

【例 3】

设曲线 $y=x^3+ax$ 与曲线 $y=bx^3+c$ 相交于点 $(-1,0)$, 并且在该点有公切线, 则 a,b,c 和公切线方程分别为(　　).

(A) $-1,\frac{2}{3},\frac{2}{3},y=2(x+1)$

(B) $1,\frac{2}{3},\frac{2}{3},y=x+1$

(C) $-1,\frac{1}{3},\frac{1}{3},y=2(x+1)$

(D) $1,\frac{1}{3},\frac{1}{3},y=x+1$

(E) $-1,\frac{1}{3},\frac{2}{3},y=2(x+1)$

【答案】(A)

【解析】

两条曲线相交于点 $(-1,0)$, 可得 $\begin{cases}-1-a=0,\\-b+c=0\end{cases}\Rightarrow\begin{cases}a=-1,\\b=c.\end{cases}$

由 $y=x^3+ax$, 得 $y'=3x^2+a$, 则 $y'(-1)=\left(3x^2-1\right)\big|_{x=-1}=2$;

由 $y=bx^3+c$, 得 $y'=3bx^2$, 则 $y'(-1)=3bx^2\big|_{x=-1}=3b$.

两曲线在点 $(-1,0)$ 处有公切线, 则 $3b=2,b=\frac{2}{3}$, 则 $c=b=\frac{2}{3}$, 此时公切线方程为 $y=2(x+1)$.

考向四：单调性与极值问题

考点 1: 单调性

(1) 设函数 $y=f(x)$ 在 $[a,b]$ 上连续, 在 (a,b) 内可导.

如果在 (a,b) 内 $f'(x)>0$, 那么函数 $y=f(x)$ 在 $[a,b]$ 上单调增加.

如果在 (a,b) 内 $f'(x)<0$, 那么函数 $y=f(x)$ 在 $[a,b]$ 上单调减少.

(2) 判断单调性的方法.

①求出 $f(x)$ 的定义域及 $f'(x)$;

②求出所有使得 $f'(x)=0$ 的点以及 $f'(x)$ 不存在的点;

③用上述点将函数的定义域分成若干个区间, 根据 $f'(x)$ 在每个小区间上的符号变化得到函数 $f(x)$ 的单调区间.

(3) 常见辅助函数的构造方法.

①见到 $f'(x)\cdot f(x)$, 令 $F(x)=f^2(x)$;

②见到 $\dfrac{f'(x)}{f(x)}$, 令 $F(x)=\ln f(x)$;

③见到 $f'(x)g(x)+g'(x)f(x)$, 令 $F(x)=f(x)g(x)$;

④见到 $f'(x)g(x)-g'(x)f(x)$, 令 $F(x)=\dfrac{f(x)}{g(x)}$;

⑤见到 $f'(x)+f(x)$, 令 $F(x)=f(x)\cdot e^x$;

⑥见到 $f'(x)-f(x)$, 令 $F(x)=f(x)\cdot e^{-x}$;

⑦见到 $xf'(x)-f(x)$, 令 $F(x)=\dfrac{f(x)}{x}$.

考点 2: 极值与最值

(1) 极值的定义.

设函数 $f(x)$ 在点 x_0 的某邻域 $U(x_0)$ 内有定义, 如果对于去心邻域 $\mathring{U}(x_0)$ 内的任一 x, 有 $f(x)<f(x_0)$ (或 $f(x)>f(x_0)$), 则称 $f(x_0)$ 是函数 $f(x)$ 的一个极大值(或极小值).

(2) 极值的必要条件.

设函数 $f(x)$ 在点 x_0 处可导, 且在 x_0 处取得极值, 则 $f'(x_0)=0$.

(3) 驻点.

若 $f'(x_0)=0$, 则称 $x=x_0$ 为 $y=f(x)$ 的驻点.

(4) 极值的可疑点: 驻点和一阶导数不存在的点.

(5) 极值的第一充分条件.

设函数 $f(x)$ 在点 x_0 处连续, 且在点 x_0 的某去心邻域 $\mathring{U}(x_0,\delta)(\delta>0)$ 内可导.

①若 $x\in(x_0-\delta,x_0)$ 时, $f'(x)>0$, 而 $x\in(x_0,x_0+\delta)$ 时, $f'(x)<0$, 则 $f(x)$ 在点 x_0 处取得极大值;

②若 $x\in(x_0-\delta,x_0)$ 时, $f'(x)<0$, 而 $x\in(x_0,x_0+\delta)$ 时, $f'(x)>0$, 则 $f(x)$ 在点 x_0 处取得极小值;

③若 $x\in\mathring{U}(x_0,\delta)$ 时, $f'(x)$ 的符号保持不变, 则 $f(x)$ 在点 x_0 处没有极值.

（6）极值的第二充分条件.

设函数$f(x)$在点x_0处具有二阶导数且$f'(x_0)=0$，$f''(x_0)\neq 0$，则

①当$f''(x_0)<0$时，函数$f(x)$在点x_0处取得极大值；

②当$f''(x_0)>0$时，函数$f(x)$在点x_0处取得极小值.

（7）极值的第三充分条件.

设$f(x)$在点x_0处n阶可导，且$f^{(m)}(x_0)=0(m=1,2,\cdots,n-1)$，$f^{(n)}(x_0)\neq 0(n\geqslant 2)$，则

①当n为偶数且$f^{(n)}(x_0)<0$时，$f(x)$在点x_0处取得极大值；

②当n为偶数且$f^{(n)}(x_0)>0$时，$f(x)$在点x_0处取得极小值.

（8）函数的最值问题.

求函数$f(x)$在区间$[a,b]$上的最大值和最小值的步骤：

①求$f(x)$在区间(a,b)内的驻点和不可导点；

②计算$f(x)$在上述点对应的函数值及$f(a),f(b)$；

③比较上述函数值的大小，其中最大的是函数$f(x)$在$[a,b]$上的最大值，最小的是函数$f(x)$在$[a,b]$上的最小值.

题型五：单调性问题

【解题方法】

（1）函数的单调性可以根据导数的符号来判定；

（2）构造新的函数，对新的函数进行求导，根据导数的正负性判定新的函数的单调性.

【例 1】

设$b>a>0$，$f(x)$在$[a,b]$上可导，且$xf'(x)>f(x)$，则对任意$x\in(a,b)$，有（　　）.

(A) $xf(x)>af(a)$　　(B) $bf(b)>xf(x)$　　(C) $xf(a)>af(x)$

(D) $bf(x)>xf(b)$　　(E) $xf(b)>bf(x)$

【答案】(E)

【解析】

该题考查函数的单调性.构造函数，令$F(x)=\dfrac{f(x)}{x}$，$x\in[a,b]$，则$F'(x)=\dfrac{f'(x)x-f(x)}{x^2}>0$，

故$F(x)$在$[a,b]$上为单调递增函数.当$0<a<x<b$时，有$F(a)<F(x)<F(b)$，进而$\dfrac{f(a)}{a}<$

$\frac{f(x)}{x}<\frac{f(b)}{b}$，故 $xf(b)>bf(x)$.(C), (D)排除.

取 $f(x)=-x^{\frac{1}{2}}$，$xf'(x)>f(x)$，但 $xf(x)=-x^{\frac{3}{2}}$ 单调递减，故 $af(a)>xf(x)>bf(b)$，(A), (B)排除.故选(E).

【例 2】

设函数 $f(x)$ 在 $(-\infty,+\infty)$ 上可导，且满足 $f(x)-f'(x)<0$，则(　　).

(A) $f(2)>ef(1),ef(1)>f(0)$　　(B) $f(2)>ef(1),f(1)>ef(0)$

(C) $ef(2)>f(1),ef(1)>f(0)$　　(D) $ef(2)>f(1),f(1)>ef(0)$

(E) $f(2)<ef(1),f(1)<ef(0)$

【答案】(B)

【解析】

该题考查函数的单调性.构造函数，令 $F(x)=f(x)e^{-x}$，则 $F'(x)=[f'(x)-f(x)]e^{-x}>0$，故 $F(x)$ 单调递增，则 $F(2)=f(2)e^{-2}>F(1)=f(1)e^{-1}>F(0)=f(0)$，进而可得

$$f(2)>ef(1),\ f(1)>ef(0).$$

题型六：极值与最值问题

【解题方法】

讨论函数的极值主要借助于函数极值的必要条件和充分条件.因此，计算某给定函数 $f(x)$ 的极值的步骤为：

①求出 $f(x)$ 的定义域及 $f'(x)$；

②求出所有使得 $f'(x)=0$ 的点以及 $f'(x)$ 不存在的点；

③对于一般具体型函数，易于判断 $f'(x)$ 在由上述点分成的每个小区间上的符号，用第一充分条件来判断这些点是否为极值点；对于抽象型函数、参数方程、隐函数等，易于计算二阶导数，再用第二充分条件来判断这些点是否为极值点.

【例 3】

函数 $f(x)=\begin{cases}\int_0^{x^2}\sqrt{t}(2-\ln t)dt, & x\neq 0,\\ 0, & x=0\end{cases}$ 极值点的个数是(　　).

(A)0　　(B)1　　(C)2　　(D)3　　(E)4

【答案】(D)

【解析】

当 $x\neq 0$ 时，$f'(x)=2x|x|(2-\ln x^2)$，令 $f'(x)=0$，解得 $x_1=0,x_2=-\mathrm{e},x_3=\mathrm{e}$，列表如下.

x	$(-\infty,-\mathrm{e})$	$-\mathrm{e}$	$(-\mathrm{e},0)$	0	$(0,\mathrm{e})$	e	$(\mathrm{e},+\infty)$
$f'(x)$	正	0	负	0	正	0	负
$f(x)$	单调递增	极大值	单调递减	极小值	单调递增	极大值	单调递减

因此函数存在 3 个极值点.

【例 4】

设函数 $f(x)=(x^2-3)\mathrm{e}^x$，则下列说法正确的是(　　).

(A) 最大值是 $6\mathrm{e}^{-3}$

(B) 最小值是 $-2\mathrm{e}$

(C) 单调递减区间是 $(-\infty,0)$

(D) 单调递增区间是 $(0,+\infty)$

(E) 凹区间是 $(0,+\infty)$

【答案】(B)

【解析】

该题考查函数的单调性、最值、凹凸性.

定义域为 $(-\infty,+\infty)$，$f'(x)=2x\mathrm{e}^x+(x^2-3)\mathrm{e}^x=\mathrm{e}^x(x^2+2x-3)=\mathrm{e}^x(x+3)(x-1)$，令 $f'(x)=0$，得 $x=-3$ 或 1，列表如下.

x	$(-\infty,-3)$	-3	$(-3,1)$	1	$(1,+\infty)$
$f'(x)$	正	0	负	0	正
$f(x)$	单调递增	极大值	单调递减	极小值	单调递增

又 $f(-\infty)=0,f(+\infty)=+\infty$，极大值 $f(-3)=6\mathrm{e}^{-3}$，极小值 $f(1)=-2\mathrm{e}$，得 $f(x)$ 的最小值是 $-2\mathrm{e}$.

【例 5】

已知函数 $f(x)=\int_0^x x(\mathrm{e}^{t^2}-1)\mathrm{d}t$，则(　　).

(A) $x=0$ 是 $f(x)$ 的极大值点，$(0,0)$ 是 $y=f(x)$ 的拐点

(B) $x=0$ 是 $f(x)$ 的极小值点，$(0,0)$ 是 $y=f(x)$ 的拐点

(C) $x=0$ 是 $f(x)$ 的极大值点，$(0,0)$ 不是 $y=f(x)$ 的拐点

(D) $x=0$ 是 $f(x)$ 的极小值点，$(0,0)$ 不是 $y=f(x)$ 的拐点

(E) $x=0$ 不是 $f(x)$ 的极值点，$(0,0)$ 不是 $y=f(x)$ 的拐点

【答案】(D)

【解析】

由
$$f'(x)=\int_0^x (e^{t^2}-1)dt+x(e^{x^2}-1),\ f''(x)=2x^2e^{x^2}+2e^{x^2}-2,$$
$$f'''(x)=8xe^{x^2}+4x^3e^{x^2},\ f^{(4)}(x)=8e^{x^2}+28x^2e^{x^2}+8x^4e^{x^2},$$

根据极值的第三充分条件可得 $f'(0)=0, f''(0)=0, f'''(0)=0, f^{(4)}(0)=8>0$，故 $x=0$ 是 $f(x)$ 的极小值点，$(0,0)$ 不是 $y=f(x)$ 的拐点.

考向五：凹凸性及拐点的判定

考点 1：凹凸性的定义

设 $y=f(x)$ 在区间 $[a,b]$ 上连续，若对于任意 $x_1,x_2\in[a,b]$，均有
$$f\left(\frac{x_1+x_2}{2}\right)<\frac{1}{2}[f(x_1)+f(x_2)],$$
则称曲线 $y=f(x)$ 在区间 $[a,b]$ 上是凹的[见图(a)]；若对于任意 $x_1,x_2\in[a,b]$，均有
$$f\left(\frac{x_1+x_2}{2}\right)>\frac{1}{2}[f(x_1)+f(x_2)],$$
则称曲线 $y=f(x)$ 在区间 $[a,b]$ 上是凸的[见图(b)].

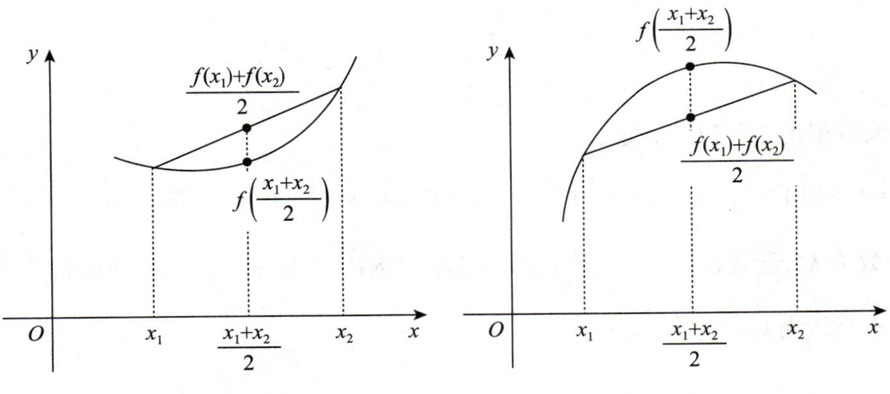

图形上任意弧段位于弦的下方

(a)

图形上任意弧段位于弦的上方

(b)

考点2：凹凸性的判定

设函数$f(x)$在区间$[a,b]$上连续，在区间(a,b)内具有二阶导数.

①若在(a,b)内有$f''(x)>0$，则函数$f(x)$的图像在$[a,b]$上为凹的；

②若在(a,b)内有$f''(x)<0$，则函数$f(x)$的图像在$[a,b]$上为凸的.

考点3：拐点的定义

连续曲线$y=f(x)$的凹弧与凸弧的分界点$(x_0,f(x_0))$称为曲线$y=f(x)$的拐点.

考点4：拐点的判定

①拐点的必要条件：设$f''(x)$存在且$(x_0,f(x_0))$为曲线$y=f(x)$的拐点，则$f''(x_0)=0$；

②拐点第一充分条件：设$f(x)$在点x_0处$f''(x_0)=0$（或$f''(x_0)$不存在），当x经过x_0时，$f''(x)$变号，则$(x_0,f(x_0))$为拐点；

③拐点第二充分条件：设$f(x)$在点x_0处具有三阶导数，且$f''(x_0)=0$，$f'''(x_0)\neq 0$，则$(x_0,f(x_0))$为拐点；

④拐点第三充分条件：若$f(x)$在x_0处n阶可导，且$f^{(m)}(x_0)=0(m=2,3,\cdots,n-1)$，$f^{(n)}(x_0)\neq 0$ $(n\geqslant 3)$，则当n为奇数时，$(x_0,f(x_0))$为拐点.

考点5：重要的结论

①Hadamard不等式.

若$f(x)$在区间$[a,b]$上二阶可导，且$f''(x)\geqslant 0$，则有

$$f\left(\frac{a+b}{2}\right)\leqslant\frac{1}{b-a}\int_a^b f(x)\mathrm{d}x\leqslant\frac{f(a)+f(b)}{2}.$$

②极值点和拐点个数的确定.

$y=(x-a_1)^{m_1}(x-a_2)^{m_2}(x-a_3)^{m_3}\cdots(x-a_k)^{m_k}$（$m_1,m_2,\cdots,m_k$为正整数；$a_1\neq a_2\neq\cdots\neq a_k$），找到总项数为$k$，奇数次方（$\geqslant 3$）的项数为$k_1$，偶数次方的项数为$k_2$，则极值点个数为$k+k_2-1$，拐点个数为$k+2k_1+k_2-2$.

题型七：求凹凸区间或拐点

【解题方法】

计算曲线凹凸区间与计算函数单调区间方法类似，只需将其中一阶导数改为二阶导数即可，而拐点即函数凹凸性的分界点，对于较为复杂的函数或抽象函数，一般也可以通过拐点第二充分条件或拐点第三充分条件来判断拐点.

【例 1】

设 $f(x)=\int_0^x (t^2-2t)\mathrm{e}^t\,\mathrm{d}t$，则在区间 $(0,2)$ 内(　　).

(A) 函数 $f(x)$ 单调减少且其图形是凹的　　(B) 函数 $f(x)$ 单调减少且其图形是凸的

(C) 函数 $f(x)$ 单调增加且其图形是凸的　　(D) 函数 $f(x)$ 单调减少且其图形有一个拐点

(E) 函数 $f(x)$ 单调减少且其图形有两个拐点

【答案】(D)

【解析】

$$f'(x)=(x^2-2x)\mathrm{e}^x,\ f''(x)=(x^2-2)\mathrm{e}^x.$$

在区间 $(0,2)$ 内，$f'(x)<0$，$f''(x)$ 有且仅有一个零点 $x=\sqrt{2}$，且在 $x=\sqrt{2}$ 的左右两侧 $f''(x)$ 异号，所以在区间 $(0,2)$ 内函数 $f(x)$ 单调减少且其图形有一个拐点. 应选(D).

【例 2】

已知函数 $f(x)$ 的导函数 $y=f'(x)$ 具有 3 个零点，导函数的图像如图所示，则在区间 (a,b) 内(　　).

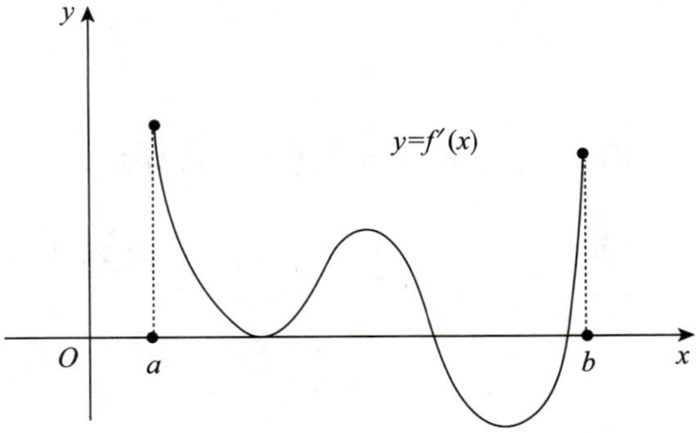

(A) 函数 $f(x)$ 有 2 个极值点，曲线 $y=f(x)$ 有 2 个拐点

(B) 函数 $f(x)$ 有 2 个极值点，曲线 $y=f(x)$ 有 3 个拐点

(C) 函数 $f(x)$ 有 3 个极值点，曲线 $y=f(x)$ 有 2 个拐点

(D) 函数$f(x)$有3个极值点，曲线$y=f(x)$有3个拐点

(E) 函数$f(x)$有5个极值点，曲线$y=f(x)$有3个拐点

【答案】(B)

【解析】

由$f(x)$可导，则$f(x)$连续，如果在一点处，左、右两侧导数异号，则为极值点，根据图像，这样的点有2个，故函数$f(x)$有2个极值点．由$f'(x)$连续，则$f'(x)$单调区间的分界点为拐点，这样的点有3个，故曲线$y=f(x)$有3个拐点．

【例 3】

设函数$f(x)$在区间$[0,1]$上具有二阶连续导数，且$f''(x)>0$，则(　　)．

(A) $\int_0^1 f(x)\mathrm{d}x \geqslant f(0)$

(B) $\int_0^1 f(x)\mathrm{d}x \leqslant f(1)$

(C) $\int_0^1 f(x)\mathrm{d}x \leqslant f\left(\frac{1}{2}\right)$

(D) $\int_0^1 f(x)\mathrm{d}x \geqslant f\left(\frac{1}{2}\right)$

(E) $\int_0^1 f(x)\mathrm{d}x \geqslant \frac{1}{2}[f(0)+f(1)]$

【答案】(D)

【解析】

根据Hadamard不等式$f\left(\frac{a+b}{2}\right) \leqslant \frac{1}{b-a}\int_a^b f(x)\mathrm{d}x \leqslant \frac{f(a)+f(b)}{2}$，且函数$f(x)$在区间$[0,1]$上具有二阶连续导数，$f''(x)>0$，则$f\left(\frac{1}{2}\right) \leqslant \int_0^1 f(x)\mathrm{d}x \leqslant \frac{f(0)+f(1)}{2}$．

【例 4】

函数$f(x)=(x-1)^2(x-2)^2(x-3)^2$的极值点及拐点个数分别为(　　)．

(A) 2，3　　(B) 3，3　　(C) 4，3　　(D) 5，4　　(E) 6，5

【答案】(D)

【解析】

总项数$k=3$，奇数次方($\geqslant 3$)项数$k_1=0$，偶数次方项数$k_2=3$，则极值点个数为$k+k_2-1=3+3-1=5$，拐点个数为$k+2k_1+k_2-2=3+3-2=4$．

考向六：求方程的根及零点问题

考点：零点定义

函数 $f(x)=0$ 对应的自变量 x 的取值，是函数与 x 轴交点的横坐标，是一个具体的数值，$f(x)=0$ 的实数根，叫作函数 $y=f(x)$ 的零点.

题型八：求函数零点个数或方程根的问题的解题方法

【解题方法】

将方程的根转化为函数零点问题：

①求出 $f(x)$ 的定义域及 $f'(x)$；

②求出所有使得 $f'(x)=0$ 的点以及 $f'(x)$ 不存在的点；

③用上述点将函数的定义域分成若干个区间，在每个小区间上根据 $f'(x)$ 的符号变化得到函数 $f(x)$ 的单调区间；

④结合零点定理画图.

【例 1】

$4\arctan x-x+\dfrac{4}{3}\pi-\sqrt{3}=0$ 实数根的个数为(　　).

(A)0　　(B)1　　(C)2　　(D)3　　(E)无法判定

【答案】(C)

【解析】

设
$$f(x)=4\arctan x-x+\frac{4}{3}\pi-\sqrt{3},x\in\mathbf{R},$$
则由
$$f'(x)=\frac{4}{1+x^2}-1=\frac{3-x^2}{1+x^2}=0\Rightarrow x=\pm\sqrt{3},$$
列表如下.

x	$(-\infty,-\sqrt{3})$	$-\sqrt{3}$	$(-\sqrt{3},\sqrt{3})$	$\sqrt{3}$	$(\sqrt{3},+\infty)$
$f'(x)$	负	0	正	0	负
$f(x)$	单调递减	极小值	单调递增	极大值	单调递减

$$f(-\infty)=\lim_{x\to-\infty}f(x)=+\infty,$$

$$f(-\sqrt{3})=-\frac{4}{3}\pi+\sqrt{3}+\frac{4}{3}\pi-\sqrt{3}=0,$$

$$f(\sqrt{3})=\frac{4}{3}\pi-\sqrt{3}+\frac{4}{3}\pi-\sqrt{3}=\frac{8}{3}\pi-2\sqrt{3},$$

$$f(+\infty)=\lim_{x\to+\infty}f(x)=-\infty.$$

画出图像如图所示.

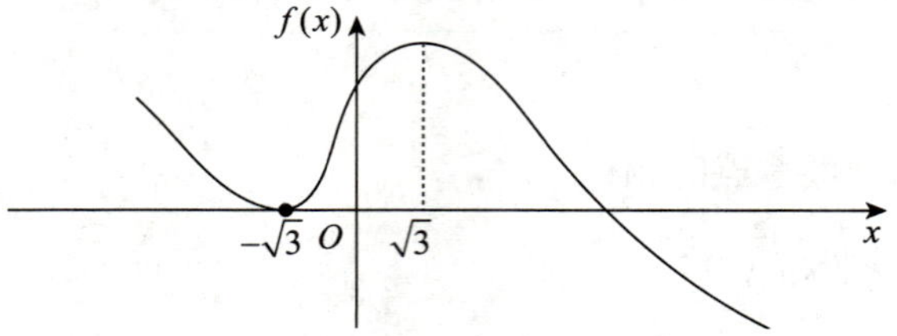

由图可知，$f(x)=0$ 的实数根有2个.

【例 2】

函数 $f(x)=(x^2-3x+3)\mathrm{e}^x-\frac{1}{3}x^3+\frac{1}{2}x^2+a$ 有两个零点的充分必要条件是(　　).

(A) $a+\mathrm{e}<-\frac{1}{6}$　　(B) $a+\mathrm{e}<\frac{1}{6}$　　(C) $a+\mathrm{e}>-\frac{1}{6}$

(D) $a+\mathrm{e}>\frac{1}{6}$　　(E) $a<-3$

【答案】(A)

【解析】

$f'(x)=x(x-1)(\mathrm{e}^x-1)$，$f'(0)=f'(1)=0$，在 $(-\infty,\ 0)$ 和 $(0,\ 1)$ 上 $f'(x)<0$，在 $(1,\ +\infty)$ 上 $f'(x)>0$，于是函数 $f(x)$ 在 $(-\infty,\ 1)$ 上单调递减，在 $(1,\ +\infty)$ 上单调递增，$f(-\infty)=+\infty$，$f(+\infty)=+\infty$，$f(1)=a+\mathrm{e}+\frac{1}{6}$，易知当 $f(1)=a+\mathrm{e}+\frac{1}{6}<0$ 时，函数 $f(x)$ 有两个零点，即 $a+\mathrm{e}<-\frac{1}{6}$.

考向七：中值定理

考点1：闭区间连续函数的性质

最值定理：区间 $[a,b]$ 上的连续函数 $f(x)$ 必在 $[a,b]$ 上取得最大值 M 和最小值 m.

有界性定理：区间 $[a,b]$ 上的连续函数 $f(x)$ 必在 $[a,b]$ 上有界.

介值定理：设函数$f(x)$在区间$[a,b]$上连续，m与M分别为$f(x)$在$[a,b]$上的最小值与最大值，则对于任一实数$k(m\leqslant k\leqslant M)$，至少存在一点$\xi\in[a,b]$，使$f(\xi)=k$.

零点定理：若$f(x)$在区间$[a,b]$上连续，且$f(a)\cdot f(b)<0$，则至少存在一点$\xi\in(a,b)$，使$f(\xi)=0$.

考点2：微分中值定理

①拉格朗日中值定理：若$f(x)$在区间$[a,b]$上连续，在区间(a,b)内可导，则在(a,b)内至少存在一点ξ，使得$f'(\xi)=\dfrac{f(b)-f(a)}{b-a}$.

②罗尔定理：若$f(x)$在区间$[a,b]$上连续，在区间(a,b)内可导，且$f(a)=f(b)$，则在(a,b)内至少存在一点ξ，使得$f'(\xi)=0$.

③柯西中值定理：若$f(x)$，$g(x)$在区间$[a,b]$上连续，在区间(a,b)内可导，且$g'(x)\neq 0$，$x\in(a,b)$，则存在$\xi\in(a,b)$，使得$\dfrac{f'(\xi)}{g'(\xi)}=\dfrac{f(b)-f(a)}{g(b)-g(a)}$.

题型九：中值定理的考查

【解题方法】

(1)记住各中值定理的条件和结论.

(2)拉格朗日中值定理的标志：题干中出现$f(b)-f(a)$用$f'(\xi)$来表示.

(3)罗尔定理的标志：常用于找$f'(\xi)=0$.

(4)零点定理的标志：常用于找$f(\xi)=0$.

【例 1】

设函数$f(x)$在区间$[0,2]$上二阶可导，且$f''(x)>0$，则(　　).

(A) $f(1)-f(0)<f(2)-f(1)<f'(1)$

(B) $f'(1)<f(1)-f(0)<f(2)-f(1)$

(C) $f(1)-f(0)<f'(1)<f(2)-f(1)$

(D) $f(2)-f(1)<f'(1)<f(1)-f(0)$

(E) $f(2)-f(1)<f(1)-f(0)<f'(1)$

【答案】(C)

【解析】

由于$f(x)$在区间$[0,2]$上二阶可导，根据拉格朗日中值定理，存在$\xi_1 \in (0,1)$，$\xi_2 \in (1,2)$，使得$f(1)-f(0)=f'(\xi_1)$，$f(2)-f(1)=f'(\xi_2)$.

由$f''(x)>0$知，$f'(x)$在$[0,2]$上单调增加，而$0<\xi_1<1<\xi_2<2$，所以$f'(\xi_1)<f'(1)<f'(\xi_2)$，从而$f(1)-f(0)<f'(1)<f(2)-f(1)$.

【例 2】

设函数$f(x)$的二阶导数大于零，且$f(0)=f(2)=0$，有以下四个结论：

①当$x\in(0,2)$时，$f(x)<0$；

②当$x\in(0,2)$时，$2f(x)>\int_0^2 f(t)\mathrm{d}t$；

③当$x\neq 0$时，$f(x)>f'(0)x$；

④当$x\neq 2$时，$f(x)<f'(2)(x-2)$.

则所有正确结论的序号是(　　).

(A)①②　　(B)①③　　(C)①④　　(D)②③　　(E)②④

【答案】(B)

【解析】

由题干$f''(x)>0$可得曲线为凹的，且$f'(x)$单调递增，又由于$f(0)=f(2)=0$，则当$x\in(0,2)$时，$f(x)<0$，因此①正确.

由已知得$\begin{cases} f''(x)>0, \\ f(0)=0, \\ f(2)=0, \end{cases}$ $f(x)$的图像如图(a)所示. 取$x_0\in(0,2)$，由图(a)得$f(x_0)<0$，取特值，令$f(x_0)=-1$.

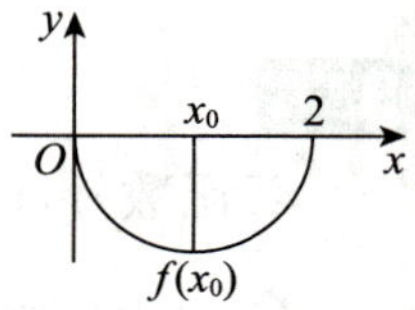

(a)

又因为当$x\in(0,2)$时，$f(x)<0$，所以$\int_0^2 f(t)\mathrm{d}t$为曲边梯形面积的相反数，如图(b)所示. 则$\int_0^2 f(t)\mathrm{d}t=-S$.

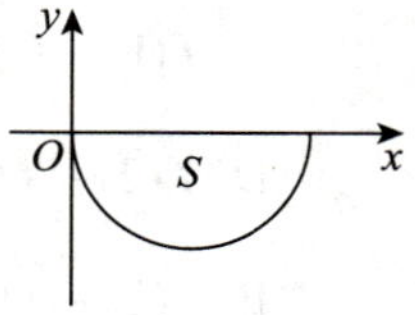

(b)

设$S=\frac{3}{2}$，则$\int_0^2 f(t)\mathrm{d}t=-\frac{3}{2}$.

故$2f(x_0)<\int_0^2 f(t)\mathrm{d}t$，故②不正确.

又由拉格朗日中值定理可得:

当 $x>0$ 时, $f(x)-f(0)=f'(\xi_1)x(0<\xi_1<x)$, 由 $f'(x)$ 单调递增, 则 $f'(\xi_1)>f'(0)$, 从而 $f(x)-f(0)=f'(\xi_1)x>f'(0)x\Rightarrow f(x)>f'(0)x$;

当 $x<0$ 时, $f(0)-f(x)=f'(\xi_2)(0-x)(x<\xi_2<0)$, 由 $f'(x)$ 单调递增, 则 $f'(0)>f'(\xi_2)$, 从而 $f(x)=f'(\xi_2)x>f'(0)x$, 因此③正确.

已知函数图像为凹的, 由性质, 过 $f(x)$ 图像上一点 $(x_0,f(x_0))$ 作切线, $f(x)$ 图像在切线上方, 即过 $(2,f(2))$ 作切线, $k_{切}=f'(2)$, 切线方程 $y-f(2)=f'(2)(x-2)$, 则 $y=f'(2)(x-2)$, 又因为 $f(x)$ 在 $(0,2)$ 内的图像在切线上方, 则 $f(x)>f'(2)(x-2)(0<x<2)$, 故④不正确.

【例 3】

设函数 $f(x)$ 在区间 $[a,b]$ 上有定义, 在区间 (a,b) 内可导, 则下列结论正确的是(　　).

(A) 当 $f(a)f(b)<0$ 时, 存在 $\xi\in(a,b)$, 使得 $f(\xi)=0$

(B) 当 $f(a)=f(b)$ 时, 存在 $\xi\in(a,b)$, 使得 $f'(\xi)=0$

(C) 当 $\lim\limits_{x\to a^+}f(x)=\lim\limits_{x\to b^-}f(x)$ 时, 存在 $\xi\in(a,b)$, 使得 $f'(\xi)=0$

(D) 当 $\lim\limits_{x\to a^+}f(x)=f(a)$, $\lim\limits_{x\to b^-}f(x)=f(b)$ 时, 存在 $\xi\in(a,b)$, 使得 $f(\xi)=0$

(E) 当 $\lim\limits_{x\to a^+}f(x)=f(a)$, $\lim\limits_{x\to b^-}f(x)=f(b)$ 时, 存在 $\xi\in(a,b)$, 使得 $f'(\xi)=0$

【答案】(C)

【解析】

由罗尔定理的推论: 设 $f(x)$ 在区间 (a,b) 内可导, $\lim\limits_{x\to a^+}f(x)=\lim\limits_{x\to b^-}f(x)=A$, 则在 (a,b) 内至少存在一点 ξ, 使得 $f'(\xi)=0$, 因此选(C).

零点定理和罗尔定理要求在区间 $[a,b]$ 上连续, 但是题干仅说明有定义, 未必连续, 因此排除(A), (B).(D) 项未说明 $f(a)f(b)<0$, 不满足零点定理的条件, 故排除.(E) 项未说明 $f(a)=f(b)$, 不满足罗尔定理的条件, 故排除.

【例 4】

在区间 $[-1,1]$ 上满足罗尔定理条件的函数是(　　).

(A) $f(x)=x^3$　　　　(B) $f(x)=x^{\frac{2}{3}}$

(C) $f(x)=\begin{cases}\dfrac{\sin x}{x}, & x\neq 0,\\ 0, & x=0\end{cases}$　　　(D) $f(x)=\begin{cases}x+1, & x\neq 1,\\ 0, & x=1\end{cases}$

(E) $f(x)=\begin{cases}x^2, & x\leqslant 0,\\ x^3, & x>0\end{cases}$

【答案】(E)

【解析】

选项(A), $f(x)$ 不满足 $f(-1)=f(1)$. 选项(B), $f(x)$ 在 $x=0$ 处不可导. 选项(C), $f(x)$ 在 $x=0$ 处不连续. 选项(D), $f(x)$ 在 $x=1$ 处不连续. 故选项(A), (B), (C), (D) 均应排除.

由于选项(E) 中的 $f(x)=\begin{cases}x^2, & x\leqslant 0,\\ x^3, & x>0\end{cases}$ 在 $x=0$ 处连续且可导, 从而在 $[-1,1]$ 上连续且可导, 且 $f(-1)=f(1)$, 故 $f(x)=\begin{cases}x^2, & x\leqslant 0,\\ x^3, & x>0\end{cases}$ 在区间 $[-1,1]$ 上满足罗尔定理条件. 应选(E).

考向八: 导数在经济学中的应用

考点: 常见的经济函数

①需求函数: 就消费者而言, 对某种商品的需求量记为 Q, $Q=f(P)$, 其中 P 为价格, 其反函数 $P=f^{-1}(Q)$ 也称需求函数.

②供给函数: 就生产者而言, 提供的商品量, 记为 Q, $Q=f(P)$, P 为价格.

③收益函数: $R=PQ$, 其中 Q 为产量, P 为价格.

④成本函数: $C=C_0+C_1(Q)$, 其中 C_0 为固定成本, $C_1(Q)$ 为可变成本, Q 为产量.

⑤利润函数: $L=R-C$.

⑥边际函数: 边际即是导数, 函数 $f(x)$ 的导函数称为边际函数.

⑦弹性函数: 函数 $y=f(x)$ 的弹性(即 y 对 x 的弹性), $\dfrac{Ey}{Ex}=\dfrac{\mathrm{d}y}{\mathrm{d}x}\cdot\dfrac{x}{y}$.

弹性描述的是当一个经济变量变动百分之一时, 会使另一个经济变量变动百分之几.

题型十：用导数求解的经济问题

【解题方法】

(1) 找出成本函数、收益函数、利润函数之间的关系；

(2) 对所求函数求极值；

(3) 利用极值的第一或第二充分条件判断出唯一一个极值点；

(4) 再结合实际情况确定极值点即为最值点.

【例】

设生产某商品的固定成本为60 000元，可变成本为20元/件，价格函数为 $P=60-\dfrac{Q}{1\,000}$ (P 是单价，单位：元；Q 是销量，单位：件). 已知产销平衡，求：

(1) 该商品的边际利润函数；

(2) 使得利润最大的单价 P .

【解析】

(1) 成本函数为 $C(Q)=60\,000+20Q$ ，收益函数为 $R(Q)=PQ=60Q-\dfrac{Q^2}{1\,000}$ ，利润函数为

$$L(Q)=R(Q)-C(Q)=-\frac{Q^2}{1\,000}+40Q-60\,000,$$

故该商品的边际利润函数 $L'(Q)=-\dfrac{Q}{500}+40$.

(2) 令 $L'(Q)=-\dfrac{Q}{500}+40=0$ ，得 $Q=20\,000$，且 $L''(Q)\big|_{Q=20\,000}<0$ ，故当销量为20 000件时利润最大，此时 $P=40$ 元.

第3讲　一元函数积分学

本讲解读

本讲从内容上划分为不定积分和定积分两个部分，共计5个考向、14个考点、7个题型.从真题对考试大纲的实践来看，本讲在考试中大约占8道题(试卷数学部分共35道题)，约占微积分部分的38%、数学部分的22%.

真题在该部分重点考查不定积分与定积分的计算、变上限积分函数的求导、反常积分的敛散性.考生不仅要掌握积分的三大计算方法，还需掌握多种变上限积分函数的求导运算，并且能通过定积分的几何意义、性质等方法计算定积分，同时需理解原函数与不定积分的关系.

真题分析

考试清单 \ 数量 \ 年份		2021年	2022年	2023年	2024年	2025年
不定积分的性质		2				
利用定积分定义求数列和式极限				1		
原函数与不定积分	结合分部积分法		1	1		
	结合凑微分法				1	
定积分的计算	利用几何意义计算定积分		1			
	有理函数的定积分计算			1		
	凑微分法	1				1
	分部积分法		1	1		1
	对称区间求定积分	1				
	配方法				1	
	分段函数求定积分					1

续表

考试清单 \ 数量 \ 年份		2021年	2022年	2023年	2024年	2025年
变限积分函数	变限积分函数求极限	1				
	变限积分函数求导		1		1	1
	变上限积分函数求极值问题			1	1	
定积分比较大小		1	1	1		
反常积分					1	1
定积分的几何应用	求平面图形的面积			1	1	1
	求旋转体的体积	1	1	1	1	1
	求平面曲线的弧长		1		1	1

考向一：不定积分

考点1：原函数与不定积分的定义

(1)如果在区间 I 上，可导函数 $F(x)$ 的导函数为 $f(x)$，即对任意 $x\in I$，都有 $F'(x)=f(x)$ 或 $\mathrm{d}\left[F(x)\right]=f(x)\mathrm{d}x$，则称 $F(x)$ 为 $f(x)$ 在区间 I 上的一个原函数.

(2)在区间 I 上，函数 $f(x)$ 的全体原函数称为 $f(x)$ 在区间 I 上的不定积分，记作 $\int f(x)\mathrm{d}x=F(x)+C$.

考点2：不定积分的计算

(1)基本公式.

$$\int x^a\mathrm{d}x=\frac{1}{a+1}x^{a+1}+C(a\neq -1).$$

$$\int \frac{1}{x}\mathrm{d}x=\ln|x|+C.$$

$\int a^x\mathrm{d}x=\frac{1}{\ln a}a^x+C(a>0\text{且}a\neq 1)$. 特别地，$\int \mathrm{e}^x\mathrm{d}x=\mathrm{e}^x+C$.

$\int \cos x\mathrm{d}x = \sin x + C, \int \sin x\mathrm{d}x = -\cos x + C.$

$\int \sec^2 x\,\mathrm{d}x = \tan x + C, \int \csc^2 x\,\mathrm{d}x = -\cot x + C.$

$\int \sec x\mathrm{d}x = \ln|\tan x + \sec x| + C, \int \csc x\mathrm{d}x = \ln|\csc x - \cot x| + C.$

$\int \sec x\tan x\mathrm{d}x = \sec x + C, \int \csc x\cot x\mathrm{d}x = -\csc x + C.$

$\int \tan x\mathrm{d}x = -\ln|\cos x| + C, \int \cot x\mathrm{d}x = \ln|\sin x| + C.$

$\int \frac{1}{a^2x^2 + b^2}\mathrm{d}x = \frac{1}{ab}\arctan\frac{ax}{b} + C(a > 0, b > 0), \int \frac{1}{a^2 + x^2}\mathrm{d}x = \frac{1}{a}\arctan\frac{x}{a} + C(a > 0),$
$\int \frac{1}{1 + x^2}\mathrm{d}x = \arctan x + C.$

$\int \frac{1}{\sqrt{b^2 - a^2x^2}}\mathrm{d}x = \frac{1}{a}\arcsin\frac{ax}{b} + C(a > 0, b > 0), \int \frac{1}{\sqrt{a^2 - x^2}}\mathrm{d}x = \arcsin\frac{x}{a} + C(a > 0),$
$\int \frac{1}{\sqrt{1 - x^2}}\mathrm{d}x = \arcsin x + C.$

$\int \frac{1}{a^2 - x^2}\mathrm{d}x = \frac{1}{2a}\ln\left|\frac{a + x}{a - x}\right| + C.$

$\int \frac{1}{\sqrt{x^2 \pm a^2}}\mathrm{d}x = \ln\left|x + \sqrt{x^2 \pm a^2}\right| + C(a > 0).$

(2)第一类换元法(凑微分法).

若 $F'(x) = f(x)$, 且 $\varphi(x)$ 可导, 则

$$\int f[\varphi(x)]\varphi'(x)\mathrm{d}x = \int f[\varphi(x)]\mathrm{d}[\varphi(x)] \xlongequal{令\varphi(x)=t} \int f(t)\,\mathrm{d}t = F(t) + C.$$

常见的凑微分公式:

$\int f(ax + b)\mathrm{d}x = \frac{1}{a}\int f(ax + b)\mathrm{d}(ax + b)(a \neq 0)$;

$\int \frac{1}{x}f(\ln x)\mathrm{d}x = \int f(\ln x)\mathrm{d}(\ln x)$;

$\int x^{n-1}f(ax^n + b)\mathrm{d}x = \frac{1}{na}\int f(ax^n + b)\mathrm{d}(ax^n + b)(na \neq 0)$;

$\int \frac{1}{x^2}f\left(\frac{1}{x}\right)\mathrm{d}x = -\int f\left(\frac{1}{x}\right)\mathrm{d}\left(\frac{1}{x}\right)$;

$\int \frac{1}{\sqrt{x}} f(\sqrt{x}) \mathrm{d}x = 2\int f(\sqrt{x}) \mathrm{d}(\sqrt{x})$；

$\int a^x f(a^x) \mathrm{d}x = \frac{1}{\ln a} \int f(a^x) \mathrm{d}(a^x)(a > 0 \text{且} a \neq 1)$；

$\int \mathrm{e}^x f(\mathrm{e}^x) \mathrm{d}x = \int f(\mathrm{e}^x) \mathrm{d}(\mathrm{e}^x)$；

$\int \cos x \cdot f(\sin x) \mathrm{d}x = \int f(\sin x) \mathrm{d}(\sin x)$；

$\int \sin x \cdot f(\cos x) \mathrm{d}x = -\int f(\cos x) \mathrm{d}(\cos x)$；

$\int \frac{1}{1+x^2} f(\arctan x) \mathrm{d}x = \int f(\arctan x) \mathrm{d}(\arctan x)$；

$\int \frac{1}{\sqrt{1-x^2}} f(\arcsin x) \mathrm{d}x = \int f(\arcsin x) \mathrm{d}(\arcsin x)$；

$\int \sec x \cdot \tan x \cdot f(\sec x) \mathrm{d}x = \int f(\sec x) \mathrm{d}(\sec x)$；

$\int \csc x \cdot \cot x \cdot f(\csc x) \mathrm{d}x = -\int f(\csc x) \mathrm{d}(\csc x)$；

$\int \frac{f'(x)}{f(x)} \mathrm{d}x = \int \frac{1}{f(x)} \mathrm{d}[f(x)] = \ln|f(x)| + C$.

(3)第二类换元法.

设$x=\psi(t)$是单调、可导的函数，并且$\psi'(t) \neq 0$.又设$f[\psi(t)]\psi'(t)$具有原函数$G(t)$，则有换元公式

$$\int f(x) \mathrm{d}x = \int f[\psi(t)]\psi'(t) \mathrm{d}t = G(t) + C = G[\psi^{-1}(x)] + C.$$

①三角代换——当被积函数含有如表所示的二次根式$(a>0)$时，可以考虑使用.

表达式	换元式	图形
$\sqrt{a^2-x^2}$	令$x=a\sin t$ $\left(t \in \left(-\frac{\pi}{2}, \frac{\pi}{2}\right)\right)$	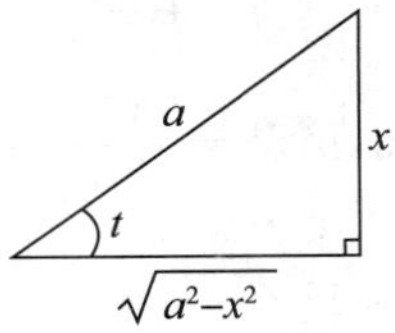

续表

表达式	换元式	图形
$\sqrt{a^2+x^2}$	令$x=a\tan t$ $\left(t\in\left(-\dfrac{\pi}{2},\dfrac{\pi}{2}\right)\right)$	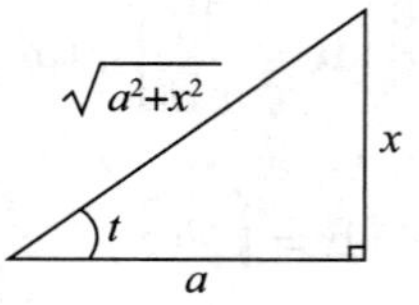
$\sqrt{x^2-a^2}$	令$x=a\sec t$ $\left(t\in\left(0,\dfrac{\pi}{2}\right)\right)$	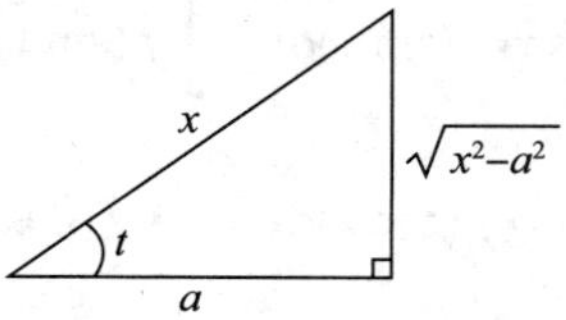

②倒代换——当被积函数分母次幂比分子次幂高两次及以上时，可以考虑令$x=\dfrac{1}{t}$.

③复杂函数或其主要部分整体代换.

a.幂函数代换——当被积函数为含有$\sqrt[n]{ax+b},\sqrt[n]{\dfrac{ax+b}{cx+d}}$的有理式时，常用幂函数代换，令$t=\sqrt[n]{ax+b}$或$t=\sqrt[n]{\dfrac{ax+b}{cx+d}}$去掉根号.

b.指数函数换元——当被积函数含有e^x或a^x时，可以考虑选用指数函数代换，令$t=e^x$或$t=a^x$.

(4)分部积分法.

$$\int u\mathrm{d}v=uv-\int v\mathrm{d}u.$$

a. u,v的选取：反＞对＞幂＞三＞指(谁靠前谁当u).

b. $\int e^{ax}\sin bx\mathrm{d}x=\dfrac{\begin{vmatrix}(e^{ax})' & (\sin bx)' \\ e^{ax} & \sin bx\end{vmatrix}}{a^2+b^2}+C$，$\int e^{-x}\sin nx\mathrm{d}x=\dfrac{-e^{-x}\sin nx-ne^{-x}\cos nx}{(-1)^2+n^2}+C$.

c. $\int e^{ax}\cos bx\mathrm{d}x=\dfrac{\begin{vmatrix}(e^{ax})' & (\cos bx)' \\ e^{ax} & \cos bx\end{vmatrix}}{a^2+b^2}+C$.

d. $\int e^{-x^2}\mathrm{d}x,\int e^{x^2}\mathrm{d}x,\int\sin x^2\mathrm{d}x,\int\cos x^2\mathrm{d}x,\int\dfrac{1}{\ln x}\mathrm{d}x,\int\dfrac{\sin x}{x}\mathrm{d}x,\int\dfrac{\cos x}{x}\mathrm{d}x$均积不出来.

（5）三角函数的不定积分法.

形如 $\int \sin^n x \cos^m x \mathrm{d}x$ 的不定积分.

a.若 m 与 n 皆为偶数，则用倍角公式化简被积函数后再积分，其中二倍角公式为

$$\sin^2 x = \frac{1-\cos 2x}{2},\ \cos^2 x = \frac{1+\cos 2x}{2}.$$

b.若 m 与 n 中至少有一个奇数，则将奇次幂因子拆出一个一次幂因子并与 $\mathrm{d}x$ 凑微分，所乘偶次幂因子利用 $\sin^2 x+\cos^2 x=1$ 转化为同一三角函数，其中 m，n 为非负整数.

c.对于 $\int f(\sin x,\cos x)\mathrm{d}x$ 型不定积分，一般先通过三角函数恒等变形求解，在万不得已时用万能公式：令 $\tan\frac{x}{2}=t\left(-\frac{\pi}{2}<x<\frac{\pi}{2}\right)$，则 $\sin x=\frac{2t}{1+t^2},\cos x=\frac{1-t^2}{1+t^2},\mathrm{d}x=\frac{2\mathrm{d}t}{1+t^2}$.

（6）有理函数的不定积分法.

有理函数是指两个多项式的商表示的函数：

$$\frac{P(x)}{Q(x)}=\frac{a_0x^n+a_1x^{n-1}+\cdots+a_n}{b_0x^m+b_1x^{m-1}+\cdots+b_m},$$

其中 $a_0,a_1,a_2,\cdots,a_n$ 及 $b_0,b_1,b_2,\cdots,b_m$ 为常数，且 $a_0\neq 0$，$b_0\neq 0$.

第一步：对分母 $Q(x)$ 在实数系内作因式分解.

第二步：根据分母的各个因式分别写出与之相应的部分分式.

对于每个形如 $(x-a)^k$ 的因式，它所对应的部分分式是 $\frac{A_1}{x-a}+\frac{A_2}{(x-a)^2}+\cdots+\frac{A_k}{(x-a)^k}$.

对于每个形如 $(x^2+px+q)^k$ $(p^2-4q<0)$ 的因式，它所对应的部分分式是

$$\frac{B_1x+C_1}{x^2+px+q}+\frac{B_2x+C_2}{(x^2+px+q)^2}+\cdots+\frac{B_kx+C_k}{(x^2+px+q)^k}(p^2-4q<0).$$

把所有分式通分相加，所得的分式的分母即为原分母 $Q(x)$，而其分子亦为原分子 $P(x)$.（至此，部分分式中的常系数 $A_i,B_i,C_i(i=1,2,\cdots,k)$ 待定.）

第三步：确定待定系数(技巧可以令分母为0).

第四步：结合常用的公式.

$$\int\frac{1}{a^2+x^2}\mathrm{d}x=\frac{1}{a}\arctan\frac{x}{a}+C.$$

$$\int\frac{1}{x^2-a^2}\mathrm{d}x=\frac{1}{2a}\ln\left|\frac{x-a}{x+a}\right|+C.$$

$$\int \frac{1}{a^2-x^2}\mathrm{d}x=\frac{1}{2a}\ln\left|\frac{a+x}{a-x}\right|+C.$$

$$\int \frac{1}{\sqrt{x^2\pm a^2}}\mathrm{d}x=\ln\left|x+\sqrt{x^2\pm a^2}\right|+C(a>0).$$

$$\int \frac{1}{\sqrt{a^2-x^2}}\mathrm{d}x=\arcsin\frac{x}{a}+C(a>0).$$

$\int \frac{Dx+E}{Ax^2+Bx+C_1}\mathrm{d}x$，方法：将分子变形为 $Dx+E=m(Ax^2+Bx+C_1)'+n(m,n$ 为常数).

$\int \frac{1}{\sqrt{Ax^2+Bx+D}}\mathrm{d}x(A>0)$，方法：先配方，再利用公式 $\int \frac{1}{\sqrt{x^2\pm a^2}}\mathrm{d}x=\ln\left|x+\sqrt{x^2\pm a^2}\right|+C$ $(a>0)$.

（7）分段函数的不定积分．

先分段求出不定积分，再利用原函数的连续性确定多个任意常数之间的关系．

题型一：不定积分的计算

【解题方法】

（1）利用基本公式和性质计算不定积分；

（2）第一类换元法(凑微分法)；

（3）第二类换元法；

（4）分部积分法；

（5）三角函数的不定积分法；

（6）有理函数的不定积分法；

（7）分段函数的不定积分．

【例 1】

计算下列不定积分．

（1）$\int \frac{xe^x}{\sqrt{e^x-1}}\mathrm{d}x$；　（2）$\int \frac{\ln x}{(1-x)^2}\mathrm{d}x$；　（3）$\int \frac{x^3}{\sqrt{1+x^2}}\mathrm{d}x$；

（4）$\int \frac{1}{1+\sin x}\mathrm{d}x$；　（5）$\int \frac{\arctan x}{x^2(1+x^2)}\mathrm{d}x$；　（6）$\int \frac{1}{\sqrt{x(4-x)}}\mathrm{d}x$；

（7）$\int \frac{x+5}{x^2-6x+13}\mathrm{d}x$；　（8）$\int \frac{x^2\arctan x}{1+x^2}\mathrm{d}x$；　（9）$\int \frac{4x^2-6x-1}{(x+1)(2x-1)^2}\mathrm{d}x$．

【解析】

（1）
$$\int\frac{xe^x}{\sqrt{e^x-1}}dx=2\int xd(\sqrt{e^x-1})=2x\sqrt{e^x-1}-2\int\sqrt{e^x-1}dx.$$

令 $\sqrt{e^x-1}=t$，则 $x=\ln(t^2+1)$，$dx=\dfrac{2tdt}{t^2+1}$.所以

$$\begin{aligned}\int\sqrt{e^x-1}dx&=\int t\cdot\frac{2tdt}{t^2+1}=2\int\frac{t^2}{t^2+1}dt=2\int\left(1-\frac{1}{t^2+1}\right)dt\\&=2t-2\arctan t+C_0=2\sqrt{e^x-1}-2\arctan\sqrt{e^x-1}+C_0,\end{aligned}$$

所以
$$\begin{aligned}\int\frac{xe^x}{\sqrt{e^x-1}}dx&=2x\sqrt{e^x-1}-2\int\sqrt{e^x-1}dx\\&=2x\sqrt{e^x-1}-4\sqrt{e^x-1}+4\arctan\sqrt{e^x-1}+C.\end{aligned}$$

（2）
$$\begin{aligned}\int\frac{\ln x}{(1-x)^2}dx&=\int\ln xd\left(\frac{1}{1-x}\right)=\frac{\ln x}{1-x}-\int\frac{1}{1-x}\cdot\frac{1}{x}dx=\frac{\ln x}{1-x}-\int\left(\frac{1}{x}+\frac{1}{1-x}\right)dx\\&=\frac{x\ln x}{1-x}+\ln|1-x|+C.\end{aligned}$$

（3）令 $x=\tan t$，则 $dx=\sec^2tdt$，

$$\begin{aligned}\int\frac{x^3}{\sqrt{1+x^2}}dx&=\int\tan^3t\sec tdt=\int\tan^2td(\sec t)=\int(\sec^2t-1)d(\sec t)\\&=\frac{1}{3}\sec^3t-\sec t+C=\frac{1}{3}(1+x^2)^{\frac{3}{2}}-\sqrt{1+x^2}+C.\end{aligned}$$

（4）
$$\begin{aligned}&\int\frac{dx}{1+\sin x}=\int\frac{(1-\sin x)dx}{(1+\sin x)(1-\sin x)}=\int\frac{1-\sin x}{\cos^2x}dx\\&=\int\frac{1}{\cos^2x}dx-\int\frac{\sin xdx}{\cos^2x}=\int\sec^2xdx+\int\frac{d(\cos x)}{\cos^2x}=\tan x-\frac{1}{\cos x}+C.\end{aligned}$$

（5）
$$\begin{aligned}&\int\frac{\arctan x}{x^2(1+x^2)}dx=\int\frac{\arctan x}{x^2}dx-\int\frac{\arctan x}{1+x^2}dx\\&=\int\arctan xd\left(-\frac{1}{x}\right)-\int\arctan xd(\arctan x)\\&\xlongequal{\text{分部积分法}}-\frac{1}{x}\arctan x+\int\frac{dx}{x(1+x^2)}-\frac{1}{2}\arctan^2x\\&=-\frac{1}{x}\arctan x+\int\left(\frac{1}{x}-\frac{x}{1+x^2}\right)dx-\frac{1}{2}\arctan^2x\\&=-\frac{1}{x}\arctan x+\ln|x|-\frac{1}{2}\ln(1+x^2)-\frac{1}{2}\arctan^2x+C.\end{aligned}$$

（6）
$$\int\frac{1}{\sqrt{x(4-x)}}\mathrm{d}x=\int\frac{\mathrm{d}x}{\sqrt{4-(x-2)^2}}=\arcsin\frac{x-2}{2}+C.$$

（7）
$$\int\frac{x+5}{x^2-6x+13}\mathrm{d}x=\int\frac{x-3}{x^2-6x+13}\mathrm{d}x+\int\frac{8}{x^2-6x+13}\mathrm{d}x$$
$$=\frac{1}{2}\int\frac{\mathrm{d}(x^2-6x+13)}{x^2-6x+13}+\int\frac{8}{(x-3)^2+4}\mathrm{d}x$$
$$=\frac{1}{2}\ln(x^2-6x+13)+4\arctan\frac{x-3}{2}+C.$$

（8）
$$\int\frac{x^2\arctan x}{1+x^2}\mathrm{d}x=\int\left(1-\frac{1}{1+x^2}\right)\arctan x\mathrm{d}x=\int\arctan x\mathrm{d}x-\int\arctan x\mathrm{d}(\arctan x)$$
$$=x\arctan x-\int\frac{x}{1+x^2}\mathrm{d}x-\frac{1}{2}\arctan^2 x$$
$$=x\arctan x-\frac{1}{2}\ln(1+x^2)-\frac{1}{2}\arctan^2 x+C.$$

（9）
$$\frac{4x^2-6x-1}{(x+1)(2x-1)^2}=\frac{A}{x+1}+\frac{B}{2x-1}+\frac{D}{(2x-1)^2},$$
$$4x^2-6x-1=A(2x-1)^2+B(x+1)(2x-1)+D(x+1),$$

将右端展开，得到
$$4x^2-6x-1=(4A+2B)x^2+(-4A+B+D)x+(A-B+D).$$

因为这是等式，等号左右两端 x 的同次幂的系数相等，故应有
$$\begin{cases}4A+2B=4,\\-4A+B+D=-6,\\A-B+D=-1,\end{cases}$$

解得 $A=1$，$B=0$，$D=-2$，故
$$\frac{4x^2-6x-1}{(x+1)(2x-1)^2}=\frac{1}{x+1}-\frac{2}{(2x-1)^2}.$$

由此可求得
$$\int\frac{4x^2-6x-1}{(x+1)(2x-1)^2}\mathrm{d}x=\int\frac{\mathrm{d}x}{x+1}-\int\frac{2}{(2x-1)^2}\mathrm{d}x=\ln|x+1|+\frac{1}{2x-1}+C.$$

【例 2】

已知 $f(x)=\begin{cases}2(x-1), & x<1,\\ \ln x, & x\geqslant 1,\end{cases}$ 则 $f(x)$ 的一个原函数是（　　）.

(A) $F(x)=\begin{cases}(x-1)^2, & x<1,\\ x(\ln x-1), & x\geqslant 1\end{cases}$　　(B) $F(x)=\begin{cases}(x-1)^2, & x<1,\\ x(\ln x+1)-1, & x\geqslant 1\end{cases}$

(C) $F(x)=\begin{cases}(x-1)^2, & x<1,\\ x(\ln x+1)+1, & x\geqslant 1\end{cases}$　　(D) $F(x)=\begin{cases}(x-1)^2, & x<1,\\ x(\ln x-1)+1, & x\geqslant 1\end{cases}$

(E) $F(x)=\begin{cases}(x-1)^2+1, & x<1,\\ x(\ln x-1)+1, & x\geqslant 1\end{cases}$

【答案】(D)

【解析】

已知 $f(x)$ 为分段函数, 求 $f(x)$ 的一个原函数, 先分段求出不定积分, 再利用原函数的连续性确定多个任意常数之间的关系.

当 $x<1$ 时, $\int f(x)\mathrm{d}x=\int 2(x-1)\mathrm{d}x=(x-1)^2+C_1$;

当 $x\geqslant 1$ 时, $\int f(x)\mathrm{d}x=\int \ln x\mathrm{d}x=x(\ln x-1)+C_2$.

故 $\int f(x)\mathrm{d}x=\begin{cases}(x-1)^2+C_1, & x<1,\\ x(\ln x-1)+C_2, & x\geqslant 1.\end{cases}$ 由于 $f(x)$ 的原函数可导, 必连续, 因此 $\int f(x)\mathrm{d}x$ 在 $x=1$ 处必连续, 即 $\lim\limits_{x\to 1^-}[(x-1)^2+C_1]=\lim\limits_{x\to 1^+}[x(\ln x-1)+C_2]$, 可得 $C_2=C_1+1$, 故

$$\int f(x)\mathrm{d}x=\begin{cases}(x-1)^2+C_1, & x<1,\\ x(\ln x-1)+1+C_1, & x\geqslant 1.\end{cases}$$

令 $C_1=0$, 得 $F(x)=\begin{cases}(x-1)^2, & x<1,\\ x(\ln x-1)+1, & x\geqslant 1.\end{cases}$

考向二: 定积分

考点 1: 定积分的几何意义

在 $[a,b]$ 上 $f(x)\geqslant 0$ 时, 定积分 $\int_a^b f(x)\mathrm{d}x$ 表示由曲线 $y=f(x)$, 两条直线 $x=a,x=b$ 与 x 轴所围成的曲边梯形的面积;

在 $[a,b]$ 上 $f(x)\leqslant 0$ 时, 由曲线 $y=f(x)$, 两条直线 $x=a,x=b$ 与 x 轴所围成的曲边梯形位于 x 轴的下方, 定积分 $\int_a^b f(x)\mathrm{d}x$ 表示上述曲边梯形面积的负值;

在 $[a,b]$ 上 $f(x)$ 既取得正值又取得负值时，函数 $f(x)$ 的图形某些部分在 x 轴的上方，而其他部分在 x 轴下方(见图)，此时定积分 $\int_a^b f(x)\mathrm{d}x$ 表示 x 轴上方图形面积减去 x 轴下方图形面积所得之差.

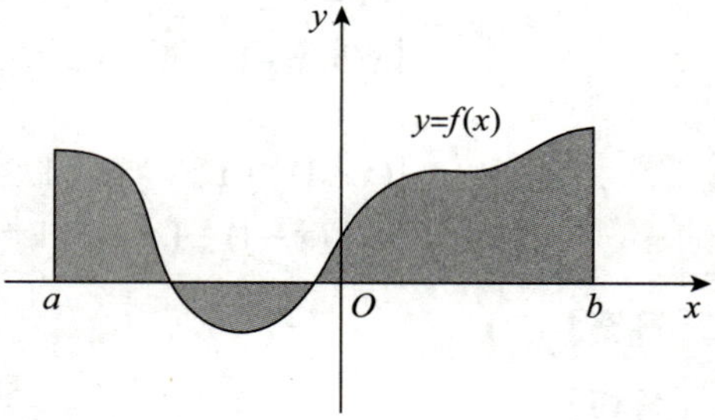

考点2：存在定理

（1）定积分存在的充分条件.

①若 $f(x)$ 在 $[a,b]$ 上连续，则 $\int_a^b f(x)\mathrm{d}x$ 存在.

②若 $f(x)$ 在 $[a,b]$ 上单调，则 $\int_a^b f(x)\mathrm{d}x$ 存在.

③若 $f(x)$ 在 $[a,b]$ 上有界，且只有有限个间断点，则 $\int_a^b f(x)\mathrm{d}x$ 存在.

（2）定积分存在的必要条件.

可积函数必有界，即若定积分 $\int_a^b f(x)\mathrm{d}x$ 存在，则 $f(x)$ 在 $[a,b]$ 上必有界.

考点3：定积分的性质

（1）$\int_a^b f(x)\mathrm{d}x=\int_a^b f(u)\mathrm{d}u=\int_a^b f(t)\mathrm{d}t$.

（2）规定 $\int_a^b f(x)\mathrm{d}x=-\int_b^a f(x)\mathrm{d}x$.特例：$\int_a^a f(x)\mathrm{d}x=0,\int_b^b f(x)\mathrm{d}x=0$.

（3）线性性质：

$\int_a^b [f(x)\pm g(x)]\mathrm{d}x=\int_a^b f(x)\mathrm{d}x\pm\int_a^b g(x)\mathrm{d}x$.

$\int_a^b kf(x)\mathrm{d}x=k\int_a^b f(x)\mathrm{d}x$ ，k 为常数.

（4）常数的积分：

$$\int_a^b 1\mathrm{d}x=b-a .$$

（5）区间可加性：

$$\int_a^b f(x)\mathrm{d}x=\int_a^c f(x)\mathrm{d}x+\int_c^b f(x)\mathrm{d}x .$$

考点 4: 定积分的计算

（1）基本方法.

第一类换元法(凑微分法), 第二类换元法, 分部积分法, 有理函数积分法, 三角函数积分法.

（2）特殊技巧.

①利用对称区间的奇偶性.

$$\int_{-a}^{a} f(x)\mathrm{d}x=\begin{cases}0, & f(x)\text{为奇函数},\\ 2\int_{0}^{a} f(x)\mathrm{d}x, & f(x)\text{为偶函数},\\ \int_{0}^{a}[f(x)+f(-x)]\mathrm{d}x, & f(x)\text{非奇非偶}.\end{cases}$$

②利用函数的周期性.

设函数 $f(x)$ 是以 T 为周期的连续函数, 即 $f(x+T)=f(x)$, 则 $\int_{a}^{a+T} f(x)\mathrm{d}x=\int_{0}^{T} f(x)\mathrm{d}x$.

一般地, 有 $\int_{0}^{nT} f(x)\mathrm{d}x=n\int_{0}^{T} f(x)\mathrm{d}x$.

③利用区间再现公式.

设 $f(x)$ 在 $[a,b]$ 上连续, 则

$$\int_{a}^{b} f(x)\mathrm{d}x \xlongequal{\text{令}x=a+b-t} \int_{a}^{b} f(a+b-t)\mathrm{d}t,$$

$$\int_{0}^{+\infty} f(x)\mathrm{d}x \xlongequal{\text{令}x=\frac{1}{t}} \int_{0}^{+\infty} f\left(\frac{1}{t}\right)\cdot\frac{1}{t^2}\mathrm{d}t,$$

$$\int_{\frac{1}{a}}^{a} f(x)\mathrm{d}x \xlongequal{\text{令}x=\frac{1}{t}} \int_{\frac{1}{a}}^{a} f\left(\frac{1}{t}\right)\cdot\frac{1}{t^2}\mathrm{d}t.$$

④利用三角函数积分法.

设 $f(x)$ 连续, 则

$$\int_{0}^{\frac{\pi}{2}} f(\sin x)\mathrm{d}x=\int_{0}^{\frac{\pi}{2}} f(\cos x)\mathrm{d}x,$$

$$\int_{0}^{\pi} xf(\sin x)\mathrm{d}x=\pi\int_{0}^{\frac{\pi}{2}} f(\sin x)\mathrm{d}x .$$

设 $f(u,v)$ 连续, 则

$$\int_{0}^{\frac{\pi}{2}} f(\sin x,\cos x)\mathrm{d}x=\int_{0}^{\frac{\pi}{2}} f(\cos x,\sin x)\mathrm{d}x .$$

⑤利用定积分的几何意义.

$$\int_0^a \sqrt{a^2-x^2}\mathrm{d}x=\frac{\pi}{4}a^2,\int_{-a}^a \sqrt{a^2-x^2}\mathrm{d}x=\frac{\pi}{2}a^2,\int_0^a \sqrt{ax-x^2}\mathrm{d}x=\frac{\pi}{8}a^2.$$

⑥分段函数的定积分(拆分区间, 分段求).

设函数$f(x)$在区间$[a,c]$上可积(或连续), 且$f(x)=\begin{cases} f_1(x), & a\leqslant x<b, \\ f_2(x), & b\leqslant x\leqslant c,\end{cases}$则

$$\int_a^c f(x)\mathrm{d}x=\int_a^b f_1(x)\mathrm{d}x+\int_b^c f_2(x)\mathrm{d}x.$$

⑦利用华里士公式.

$$\int_0^{\frac{\pi}{2}}\sin^n x\mathrm{d}x=\int_0^{\frac{\pi}{2}}\cos^n x\mathrm{d}x=\begin{cases}\dfrac{n-1}{n}\cdot\dfrac{n-3}{n-2}\cdot\dfrac{n-5}{n-4}\cdot\cdots\cdot\dfrac{1}{2}\cdot\dfrac{\pi}{2}(n\text{为正偶数}), \\ \dfrac{n-1}{n}\cdot\dfrac{n-3}{n-2}\cdot\dfrac{n-5}{n-4}\cdot\cdots\cdot\dfrac{2}{3}(n\text{为大于1的奇数}),\end{cases}$$

$$\int_0^{\pi}\sin^n x\mathrm{d}x=2\int_0^{\frac{\pi}{2}}\sin^n x\mathrm{d}x,\ \int_0^{\pi}\cos^n x\mathrm{d}x=2\int_0^{\frac{\pi}{2}}\cos^n x\mathrm{d}x(n\text{为正偶数}),$$

$$\int_0^{\pi}\cos^n x\mathrm{d}x=0(n\text{为正奇数}),$$

$$\int_0^{2\pi}\sin^n x\mathrm{d}x=4\int_0^{\frac{\pi}{2}}\sin^n x\mathrm{d}x,\ \int_0^{2\pi}\cos^n x\mathrm{d}x=4\int_0^{\frac{\pi}{2}}\cos^n x\mathrm{d}x(n\text{为正偶数}),$$

$$\int_0^{2\pi}\sin^n x\mathrm{d}x=\int_0^{2\pi}\cos^n x\mathrm{d}x=0(n\text{为正奇数}).$$

⑧非对称区间变成对称区间求定积分.

标志: $\int_a^b f(x)\mathrm{d}x \xlongequal{\text{令}x=\frac{a+b}{2}+t} \int_{-\frac{b-a}{2}}^{\frac{b-a}{2}} f\left(t+\frac{a+b}{2}\right)\mathrm{d}t.$

题型二: 定积分的计算

【例 1】

设函数$f(x)$的一个原函数是$x\sin x$, 则$\int_0^{\pi} xf(x)\mathrm{d}x=($　　$)$.

(A)0　　(B)1　　(C) $-\pi$　　(D) π　　(E) 2π

【答案】(C)

【解析】

该题利用原函数的性质和分部积分法计算定积分.

$$\int_0^{\pi} xf(x)\mathrm{d}x=\int_0^{\pi} x\mathrm{d}(x\sin x)=x^2\sin x\Big|_0^{\pi}-\int_0^{\pi} x\sin x\mathrm{d}x$$

$$=\int_0^{\pi} x\mathrm{d}(\cos x)=x\cos x\Big|_0^{\pi}-\int_0^{\pi}\cos x\mathrm{d}x=-\pi-\sin x\Big|_0^{\pi}=-\pi.$$

【例 2】

设函数 $\mathrm{e}^{x^2}f(x)$ 的一个原函数是 x^2，则 $\int_0^1 f(x)\mathrm{d}x=(\quad)$.

(A) e　(B) $\frac{1}{\mathrm{e}}$　(C) $-\frac{1}{\mathrm{e}}$　(D) $1-\frac{1}{\mathrm{e}}$　(E) $2-\frac{2}{\mathrm{e}}$

【答案】(D)

【解析】

由 $(x^2)'=2x=\mathrm{e}^{x^2}f(x)$，则 $f(x)=2x\cdot\mathrm{e}^{-x^2}$. 故

$$\int_0^1 f(x)\mathrm{d}x=\int_0^1 2x\cdot\mathrm{e}^{-x^2}\mathrm{d}x=-\int_0^1\mathrm{e}^{-x^2}\mathrm{d}(-x^2)=-\mathrm{e}^{-x^2}\Big|_0^1=-(\mathrm{e}^{-1}-1)=1-\frac{1}{\mathrm{e}}.$$

【例 3】

$\int_{\frac{1}{2}}^1\frac{1}{x^3}\mathrm{e}^{\frac{1}{x}}\mathrm{d}x=(\quad)$.

(A) e^2　(B) $-\mathrm{e}^2$　(C) $\frac{\sqrt{\mathrm{e}}}{2}$　(D) $2\mathrm{e}-\sqrt{\mathrm{e}}$　(E) $3\mathrm{e}^2-2\mathrm{e}$

【答案】(A)

【解析】

该题利用凑微分法和分部积分法计算定积分.

$$\int_{\frac{1}{2}}^1\frac{1}{x^3}\mathrm{e}^{\frac{1}{x}}\mathrm{d}x=-\int_{\frac{1}{2}}^1\frac{1}{x}\mathrm{e}^{\frac{1}{x}}\mathrm{d}\left(\frac{1}{x}\right)=-\int_{\frac{1}{2}}^1\frac{1}{x}\mathrm{d}\left(\mathrm{e}^{\frac{1}{x}}\right)=-\frac{1}{x}\mathrm{e}^{\frac{1}{x}}\Big|_{\frac{1}{2}}^1+\int_{\frac{1}{2}}^1\mathrm{e}^{\frac{1}{x}}\mathrm{d}\left(\frac{1}{x}\right)=-(\mathrm{e}-2\mathrm{e}^2)+\mathrm{e}^{\frac{1}{x}}\Big|_{\frac{1}{2}}^1=\mathrm{e}^2.$$

【例 4】

$\int_0^1(2x^2+1)\mathrm{e}^{x^2}\mathrm{d}x=(\quad)$.

(A) 1　(B) 2　(C) $\frac{\mathrm{e}}{2}$　(D) e　(E) 2e

【答案】(D)

【解析】

$$\int_0^1(2x^2+1)e^{x^2}dx=\int_0^1 2x^2\cdot e^{x^2}dx+\int_0^1 e^{x^2}dx=\int_0^1 xd(e^{x^2})+\int_0^1 e^{x^2}dx$$
$$=x\cdot e^{x^2}\Big|_0^1-\int_0^1 e^{x^2}dx+\int_0^1 e^{x^2}dx=e.$$

【例 5】

$\int_0^1\frac{1}{\sqrt{x(1-x)}}dx=(\qquad)$.

(A) $\frac{\pi}{8}$ (B) $\frac{\pi}{4}$ (C) $\frac{\pi}{2}$ (D) π (E) 2π

【答案】(D)

【解析】

$$\int_0^1\frac{1}{\sqrt{x(1-x)}}dx=\int_0^1\frac{1}{\sqrt{\frac{1}{4}-\left(x-\frac{1}{2}\right)^2}}d\left(x-\frac{1}{2}\right)$$
$$=\arcsin\frac{x-\frac{1}{2}}{\frac{1}{2}}\Bigg|_0^1=\frac{\pi}{2}-\left(-\frac{\pi}{2}\right)=\pi.$$

【例 6】

$\int_0^1\frac{4-x}{2+4x+x^2+2x^3}dx=(\qquad)$.

(A) $\ln 2$ (B) $\frac{1}{2}\ln 6$ (C) $\frac{1}{2}\ln 3$ (D) $\frac{1}{2}\ln 2$ (E) $\frac{1}{2}\ln\frac{3}{2}$

【答案】(B)

【解析】

$$原式=\int_0^1\frac{4-x}{(2+x^2)(1+2x)}dx=\int_0^1\left(\frac{2}{1+2x}-\frac{x}{2+x^2}\right)dx$$
$$=\ln(1+2x)\Big|_0^1-\frac{1}{2}\ln(2+x^2)\Big|_0^1$$
$$=\frac{1}{2}\ln 6.$$

【例 7】

$$\int_{-1}^{1} x\mathrm{e}^{\min\{x,x^2\}}\mathrm{d}x=(\qquad).$$

(A) $\frac{2}{\mathrm{e}}+\frac{\mathrm{e}}{2}-\frac{1}{2}$　(B) $\frac{\mathrm{e}}{2}-\frac{1}{2}$　(C) $\frac{2}{\mathrm{e}}+\frac{\mathrm{e}}{2}-1$　(D) $\frac{\mathrm{e}}{2}-\frac{3}{2}$　(E) $\frac{2}{\mathrm{e}}+\frac{\mathrm{e}}{2}-\frac{3}{2}$

【答案】(E)

【解析】

$$\begin{aligned}\int_{-1}^{1} x\mathrm{e}^{\min\{x,x^2\}}\mathrm{d}x&=\int_{-1}^{0} x\mathrm{e}^{\min\{x,x^2\}}\mathrm{d}x+\int_{0}^{1} x\mathrm{e}^{\min\{x,x^2\}}\mathrm{d}x\\&=\int_{-1}^{0} x\mathrm{e}^{x}\mathrm{d}x+\int_{0}^{1} x\mathrm{e}^{x^2}\mathrm{d}x=(x\mathrm{e}^x-\mathrm{e}^x)\Big|_{-1}^{0}+\frac{1}{2}\mathrm{e}^{x^2}\Big|_{0}^{1}\\&=\frac{2}{\mathrm{e}}+\frac{\mathrm{e}}{2}-\frac{3}{2}.\end{aligned}$$

【例 8】

设 k 是大于 1 的整数，则 $\int_{\frac{\pi}{2}}^{k\pi}\frac{\sin 2x}{1+\sin^2 x}\mathrm{d}x=(\qquad)$.

(A) 0　(B) $\ln 2$　(C) $-\ln 2$　(D) $k\ln 2$　(E) $-k\ln 2$

【答案】(C)

【解析】

$$\begin{aligned}\int_{\frac{\pi}{2}}^{k\pi}\frac{\sin 2x}{1+\sin^2 x}\mathrm{d}x&=\int_{\frac{\pi}{2}}^{k\pi}\frac{2\sin x\cos x}{1+\sin^2 x}\mathrm{d}x=\int_{\frac{\pi}{2}}^{k\pi}\frac{1}{1+\sin^2 x}\mathrm{d}(1+\sin^2 x)\\&=\ln(1+\sin^2 x)\Big|_{\frac{\pi}{2}}^{k\pi}=-\ln 2.\end{aligned}$$

【例 9】

设 a,b,λ 均为实数，且 $a>0$，$b>0$，$b\neq 1$，$I=\frac{1}{a}\int_{-a}^{a}\frac{1}{1+b^{\lambda x}}\mathrm{d}x$，则 I 的值(　　).

(A) 仅与 a 的取值有关

(B) 仅与 b 的取值有关

(C) 仅与 λ 的取值有关

(D) 与 b,λ 的取值均有关

(E) 与 a,b,λ 的取值均无关

【答案】(E)

【解析】

$$I=\frac{1}{a}\int_{-a}^{a}\frac{1}{1+b^{\lambda x}}\mathrm{d}x=\frac{1}{a}\int_{0}^{a}\left(\frac{1}{1+b^{\lambda x}}+\frac{1}{1+b^{-\lambda x}}\right)\mathrm{d}x$$

$$=\frac{1}{a}\int_{0}^{a}\left(\frac{1}{1+b^{\lambda x}}+\frac{b^{\lambda x}}{1+b^{\lambda x}}\right)\mathrm{d}x=\frac{1}{a}\int_{0}^{a}\mathrm{d}x=1,$$

故 I 的值与 a,b,λ 的取值均无关. 应选(E).

【例 10】

设 a 为正实数, 令 $I_a=\int_{\frac{1}{a}}^{a}\frac{\ln x}{1+x^2}\mathrm{d}x$, 则(　　).

(A) $I_a=0$　　(B) $I_a=1$　　(C) $I_a=-1$

(D) $I_a=2$　　(E) I_a 的值与 a 有关

【答案】(A)

【解析】

令 $x=\frac{1}{t}$, 则

$$\int_{\frac{1}{a}}^{a}\frac{\ln x}{1+x^2}\mathrm{d}x=\int_{a}^{\frac{1}{a}}\frac{\ln\frac{1}{t}}{1+\frac{1}{t^2}}\cdot\left(-\frac{1}{t^2}\right)\mathrm{d}t=\int_{\frac{1}{a}}^{a}\frac{-\ln t}{1+t^2}\mathrm{d}t,$$

则

$$2\int_{\frac{1}{a}}^{a}\frac{\ln x}{1+x^2}\mathrm{d}x=0,$$

故

$$\int_{\frac{1}{a}}^{a}\frac{\ln x}{1+x^2}\mathrm{d}x=0.$$

【例 11】

$\int_{-1}^{1}x^2\sqrt{1-x^2}\mathrm{d}x=($　　$).$

(A) $\frac{\pi}{8}$　　(B) π　　(C) 2π　　(D) 4π　　(E) 8π

【答案】(A)

【解析】

令 $x=\sin t$, 则

$$\int_{-1}^{1}x^2\sqrt{1-x^2}\,\mathrm{d}x=\int_{-\frac{\pi}{2}}^{\frac{\pi}{2}}\sin^2 t\cdot\cos^2 t\,\mathrm{d}t=\int_{-\frac{\pi}{2}}^{\frac{\pi}{2}}\sin^2 t(1-\sin^2 t)\mathrm{d}t$$

$$=\int_{-\frac{\pi}{2}}^{\frac{\pi}{2}}\sin^2 t\,dt-\int_{-\frac{\pi}{2}}^{\frac{\pi}{2}}\sin^4 t\,dt=2\int_0^{\frac{\pi}{2}}\sin^2 t\,dt-2\int_0^{\frac{\pi}{2}}\sin^4 t\,dt$$

$$=2\cdot\frac{1}{2}\cdot\frac{\pi}{2}-2\cdot\frac{3}{4}\cdot\frac{1}{2}\cdot\frac{\pi}{2}=\frac{\pi}{8}.$$

【例 12】

$\int_0^{\pi} x\sqrt{\cos^2 x-\cos^4 x}\,dx=($　　$)$.

(A) $\frac{\pi}{2}$　　(B) π　　(C) 2π　　(D) 4π　　(E) 8π

【答案】(A)

【解析】

$$\int_0^{\pi} x\sqrt{\cos^2 x-\cos^4 x}\,dx=\int_0^{\pi} x\sqrt{\cos^2 x(1-\cos^2 x)}\,dx$$

$$=\int_0^{\pi} x\sqrt{(1-\sin^2 x)\cdot\sin^2 x}\,dx=\pi\int_0^{\frac{\pi}{2}}\sqrt{1-\sin^2 x}\cdot\sin x\,dx$$

$$=\pi\int_0^{\frac{\pi}{2}}\cos x\sin x\,dx=\frac{\pi}{2}.$$

【例 13】

$\int_0^{4} x\sqrt{4x-x^2}\,dx=($　　$)$.

(A) $\frac{\pi}{2}$　　(B) π　　(C) 2π　　(D) 4π　　(E) 8π

【答案】(D)

【解析】

令 $x=\frac{0+4}{2}+t=2+t$, 则

$$\int_0^4 x\sqrt{4x-x^2}\,dx=\int_{-2}^{2}(2+t)\sqrt{4(2+t)-(2+t)^2}\,d(2+t)$$

$$=\int_{-2}^{2}(2+t)\sqrt{4-t^2}\,dt$$

$$=\int_{-2}^{2}t\sqrt{4-t^2}\,dt+\int_{-2}^{2}2\sqrt{4-t^2}\,dt$$

$$=4\int_0^2\sqrt{4-t^2}\,dt=4\times\frac{\pi}{4}\times 4=4\pi.$$

考向三：变限积分函数

考点：变限积分函数的定义与性质

(1) 定义.

设 $f(x)$ 在 $[a,b]$ 上可积，则 $F(x)=\int_a^x f(t)\mathrm{d}t,\ x\in[a,b]$，称为变上限积分函数.

(2) 性质.

①若 $f(x)$ 在 $[a,b]$ 上可积，则 $F(x)=\int_a^x f(t)\mathrm{d}t$ 在 $[a,b]$ 上连续.

②若 $f(x)$ 在 $[a,b]$ 上连续，则 $F(x)=\int_a^x f(t)\mathrm{d}t$ 在 $[a,b]$ 上可导，且 $F'(x)=f(x)$.

③设 $F(x)=\int_{v(x)}^{u(x)} f(t)\mathrm{d}t, u(x), v(x)$ 可导，$f(x)$ 连续，则

$$F'(x)=f[u(x)]u'(x)-f[v(x)]v'(x) .$$

题型三：变限积分函数的计算

【解题方法】

(1) 变限积分函数的基本求导公式：

$$\left[\int_{v(x)}^{u(x)} f(t)\mathrm{d}t\right]'=f\left[u(x)\right]u'(x)-f\left[v(x)\right]v'(x).$$

(2) 积分号下含有 x 的三种处理方式.

①$\left[\int_0^x xf(t)\mathrm{d}t\right]'=\left[x\int_0^x f(t)\mathrm{d}t\right]'=\int_0^x f(t)\mathrm{d}t+xf(x)$.

②$\left[\int_a^x (x-t)f(t)\mathrm{d}t\right]'=\left[x\int_a^x f(t)\mathrm{d}t-\int_a^x tf(t)\mathrm{d}t\right]'=\int_a^x f(t)\mathrm{d}t$.

③$\left[\int_0^x f(x-t)\mathrm{d}t\right]'\xlongequal{u=x-t}\left[\int_x^0 f(u)\mathrm{d}(-u)\right]'=\left[\int_0^x f(u)\mathrm{d}u\right]'=f(x)$.

【例 1】

设 $F(x)=\int_x^{x+2\pi} \mathrm{e}^{\sin t}\sin t\mathrm{d}t$，则 $F(x)$ (　　).

(A) 为正常数　　(B) 为负常数　　(C) 恒为零　　(D) 不为常数　　(E) 以上均不正确

【答案】(A)

【解析】

因为函数 $e^{\sin t}\sin t$ 是以 2π 为周期的周期函数, 故

$$F(x)=\int_x^{x+2\pi} e^{\sin t}\sin t\mathrm{d}t=\int_0^{2\pi} e^{\sin t}\sin t\mathrm{d}t=-\int_0^{2\pi} e^{\sin t}\mathrm{d}(\cos t)=0+\int_0^{2\pi}\cos^2 t e^{\sin t}\mathrm{d}t>0 .$$

【例 2】

设 $f(x)=\int_0^{\sqrt{x}} e^{-t^2}\mathrm{d}t$, $f(1)=a$, 则 $\int_0^1 \frac{f(x)}{\sqrt{x}}\mathrm{d}x=$________.

【答案】$2a+e^{-1}-1$

【解析】

由题意可知, $f'(x)=e^{-x}\cdot\frac{1}{2\sqrt{x}}$, 有

$$\int_0^1 \frac{f(x)}{\sqrt{x}}\mathrm{d}x=\int_0^1 f(x)\mathrm{d}(2\sqrt{x})=f(x)\cdot 2\sqrt{x}\Big|_0^1-\int_0^1 f'(x)\cdot 2\sqrt{x}\mathrm{d}x$$
$$=2a-\int_0^1 e^{-x}\mathrm{d}x=2a+e^{-x}\Big|_0^1=2a+e^{-1}-1.$$

【例 3】

设 $f(x)$ 为连续函数, $I=t\int_0^{\frac{s}{t}} f(tx)\mathrm{d}x$, 其中 $s>0$, $t>0$, 则 I 的值(　　).

(A) 仅依赖于 s 和 t　　(B) 依赖于 s, t, x

(C) 仅依赖于 t, 不依赖于 s　　(D) 仅依赖于 s, 不依赖于 t

(E) 以上均不正确

【答案】(D)

【解析】

由 $I=t\int_0^{\frac{s}{t}} f(tx)\mathrm{d}x \xlongequal{tx=u} t\int_0^s f(u)\frac{1}{t}\mathrm{d}u=\int_0^s f(u)\mathrm{d}u$, 可见积分仅依赖于 s, 不依赖于 t .

考向四：反常积分的计算

考点1：反常积分的定义

1. 无穷区间上的反常积分

（1）若 $\int_a^{+\infty} f(x)\mathrm{d}x = F(x)\Big|_a^{+\infty} = \lim\limits_{x\to+\infty} F(x) - F(a)$ 存在，则称反常积分 $\int_a^{+\infty} f(x)\mathrm{d}x$ 收敛，否则称为发散.

（2）常用结论与公式.

$$\int_a^{+\infty}\frac{1}{x^p}\mathrm{d}x\begin{cases}\text{收敛}, & p>1,\\ \text{发散}, & p\leqslant 1\end{cases}(a>0),\quad \int_a^{+\infty}\frac{1}{x\ln^p x}\mathrm{d}x\begin{cases}\text{收敛}, & p>1,\\ \text{发散}, & p\leqslant 1\end{cases}(a>1),$$

$$\int_0^{+\infty} x^n \mathrm{e}^{-x}\mathrm{d}x = n!,\int_0^{+\infty}\mathrm{e}^{-x^2}\mathrm{d}x = \frac{\sqrt{\pi}}{2}.$$

除此以外，还有积分下限为无穷，上、下限均是无穷的反常积分.

2. 无界函数的反常积分

（1）若 $\int_a^b f(x)\mathrm{d}x = F(x)\Big|_a^b = F(b) - \lim\limits_{x\to a^+} F(x)$（$a$ 为瑕点）存在，则称瑕积分 $\int_a^b f(x)\mathrm{d}x$ 收敛，否则称为发散；同理，$\int_a^b f(x)\mathrm{d}x = F(x)\Big|_a^b = \lim\limits_{x\to b^-} F(x) - F(a)$（$b$ 为瑕点）.

（2）常用公式：$\int_a^b \frac{\mathrm{d}x}{(x-a)^p}\begin{cases}\text{收敛}, 0<p<1,\\ \text{发散}, p\geqslant 1.\end{cases}$

瑕积分分为三种形式：积分下限为瑕点、积分上限为瑕点、区间内有瑕点.

考点2：反常积分敛散性的判别法

（1）无穷区间.

比较判别法 设函数 $f(x)$，$g(x)$ 在区间 $[a,+\infty)$ 上连续，并且 $0\leqslant f(x)\leqslant g(x)(a\leqslant x<+\infty)$，则

①当 $\int_a^{+\infty} g(x)\mathrm{d}x$ 收敛时，$\int_a^{+\infty} f(x)\mathrm{d}x$ 收敛；

②当 $\int_a^{+\infty} f(x)\mathrm{d}x$ 发散时，$\int_a^{+\infty} g(x)\mathrm{d}x$ 发散.

比较判别法的极限形式 设函数 $f(x)$，$g(x)$ 在区间 $[a,+\infty)$ 上连续，且 $f(x)\geqslant 0$，$g(x)>0$，$\lim\limits_{x\to+\infty}\frac{f(x)}{g(x)} = \lambda$（有限或 ∞），则

①当 $\lambda \neq 0$ 且 $\lambda \neq \infty$ 时，$\int_a^{+\infty} f(x)\mathrm{d}x$ 与 $\int_a^{+\infty} g(x)\mathrm{d}x$ 有相同的敛散性；

②当 $\lambda = 0$ 时，若 $\int_a^{+\infty} g(x)\mathrm{d}x$ 收敛，则 $\int_a^{+\infty} f(x)\mathrm{d}x$ 也收敛；

③当 $\lambda = \infty$ 时，若 $\int_a^{+\infty} g(x)\mathrm{d}x$ 发散，则 $\int_a^{+\infty} f(x)\mathrm{d}x$ 也发散.

(2)无界函数.

比较判别法 设 $f(x)$，$g(x)$ 在 $(a,b]$ 上连续，瑕点同为 $x=a$，并且 $0 \leqslant f(x) \leqslant g(x)$ $(a < x \leqslant b)$，则

①当 $\int_a^b g(x)\mathrm{d}x$ 收敛时，$\int_a^b f(x)\mathrm{d}x$ 收敛；

②当 $\int_a^b f(x)\mathrm{d}x$ 发散时，$\int_a^b g(x)\mathrm{d}x$ 发散.

比较判别法的极限形式 设 $f(x)$，$g(x)$ 在 $(a,b]$ 上连续，瑕点同为 $x=a$，并且 $f(x) \geqslant 0$，$g(x) > 0 (a < x \leqslant b)$，$\lim\limits_{x \to a^+} \dfrac{f(x)}{g(x)} = \lambda$ (有限或 ∞)，则

①当 $\lambda \neq 0$ 且 $\lambda \neq \infty$ 时，$\int_a^b f(x)\mathrm{d}x$ 和 $\int_a^b g(x)\mathrm{d}x$ 有相同的敛散性；

②当 $\lambda = 0$ 时，若 $\int_a^b g(x)\mathrm{d}x$ 收敛，则 $\int_a^b f(x)\mathrm{d}x$ 也收敛；

③当 $\lambda = \infty$ 时，若 $\int_a^b g(x)\mathrm{d}x$ 发散，则 $\int_a^b f(x)\mathrm{d}x$ 也发散.

题型四：反常积分的计算

【解题方法】

(1)利用反常积分定义；

(2)利用反常积分敛散性的判别法.

【例1】

下列反常积分收敛的是(　　).

(A) $\int_{\mathrm{e}}^{+\infty} \dfrac{\ln x}{x}\mathrm{d}x$　　(B) $\int_{\mathrm{e}}^{+\infty} \dfrac{1}{x\ln x}\mathrm{d}x$　　(C) $\int_{\mathrm{e}}^{+\infty} \dfrac{1}{x(\ln x)^2}\mathrm{d}x$

(D) $\int_{e}^{+\infty}\frac{1}{x\sqrt{\ln x}}dx$　　(E) $\int_{e}^{+\infty}\frac{1}{x\sqrt[3]{\ln x}}dx$

【答案】(C)

【解析】

$$\int_{e}^{+\infty}\frac{1}{x(\ln x)^2}dx=\int_{e}^{+\infty}\frac{1}{(\ln x)^2}d(\ln x)=-\frac{1}{\ln x}\Big|_{e}^{+\infty}=1,$$

故选(C).其他选项经计算均不收敛.

【例 2】

$\int_{2}^{+\infty}\frac{dx}{(x+7)\sqrt{x-2}}=(\quad)$.

(A) $\frac{\pi}{8}$　(B) $\frac{\pi}{3}$　(C) $\frac{\pi}{2}$　(D) π　(E) $\frac{\pi}{4}$

【答案】(B)

【解析】

由于被积函数在 $x=2$ 处没有定义，则该积分为反常积分，令 $\sqrt{x-2}=t$，则 $x-2=t^2$，$dx=2tdt$.

$$\int_{2}^{+\infty}\frac{dx}{(x+7)\sqrt{x-2}}=\int_{0}^{+\infty}\frac{2tdt}{(t^2+9)t}=\frac{2}{3}\arctan\frac{t}{3}\Big|_{0}^{+\infty}=\frac{\pi}{3}.$$

考向五：定积分的应用

考点 1：求改变量

已知 y 关于 x 的变化率 $f(x)$，求 y 的改变量 $\Delta y=\int_{a}^{b}f(x)dx$.

考点 2：求平均值

$f(x)$ 在 $[a,b]$ 上的平均值为 $\overline{f}=\frac{\int_{a}^{b}f(x)dx}{b-a}$.

考点 3：求平面图形的面积

（1）直角坐标系.

形式	计算公式
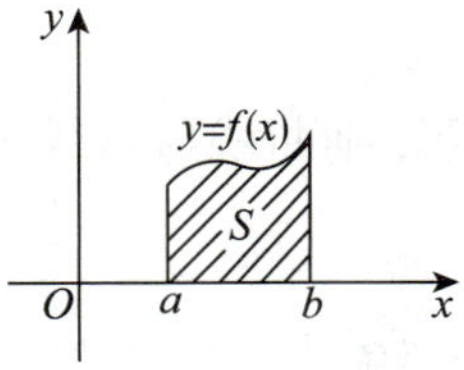	$S=\int_a^b f(x)\mathrm{d}x$
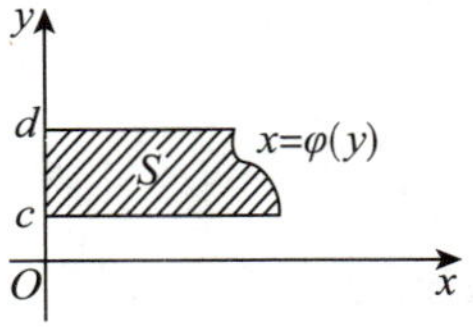	$S=\int_c^d \varphi(y)\mathrm{d}y$
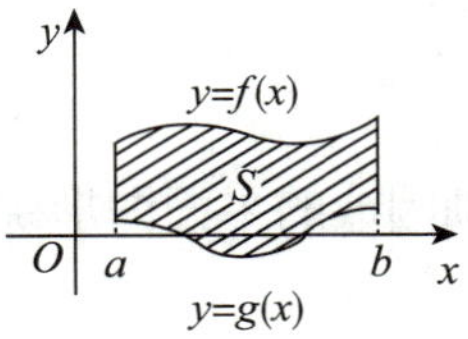	$S=\int_a^b [f(x)-g(x)]\mathrm{d}x$
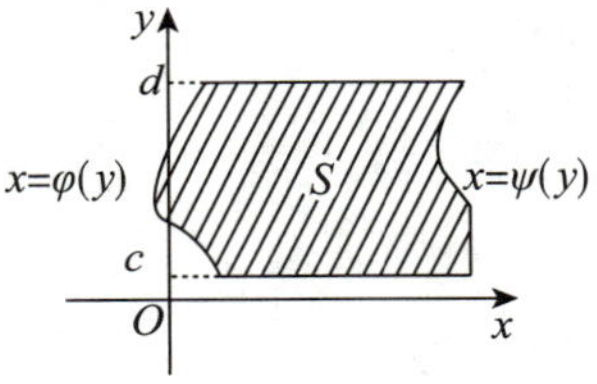	$S=\int_c^d [\psi(y)-\varphi(y)]\mathrm{d}y$

（2）极坐标系.

如图所示，曲线 $r=r(\theta)$ 与射线 $\theta=\alpha,\theta=\beta(\alpha<\beta)$ 所围平面图形的面积 $S=\frac{1}{2}\int_\alpha^\beta r^2(\theta)\mathrm{d}\theta$.

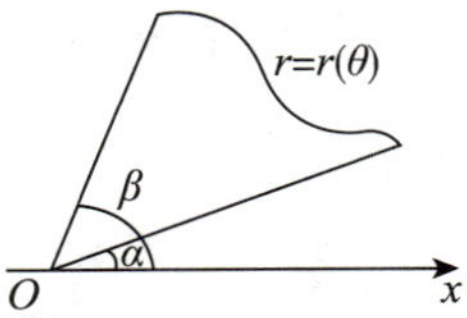

如图所示，曲线 $r_1=r_1(\theta),r_2=r_2(\theta),r_1\geqslant r_2$ 与射线 $\theta=\alpha,\theta=\beta(\alpha<\beta)$ 所围平面图形的面积

$$S=\frac{1}{2}\int_\alpha^\beta [r_1^2(\theta)-r_2^2(\theta)]\mathrm{d}\theta.$$

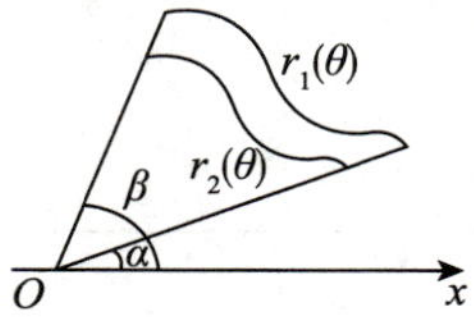

(3) 参数方程.

曲线方程由参数方程 $\begin{cases} x = x(t), \\ y = y(t) \end{cases}$ $(y(t) > 0)$ 给出，如图所示，则曲线与直线 $x = a, x = b$ 及 x 轴所围平面图形的面积 $S = \int_a^b y(x)\mathrm{d}x = \int_\alpha^\beta y(t)x'(t)\mathrm{d}t$，其中 $a = x(\alpha), b = x(\beta)$.

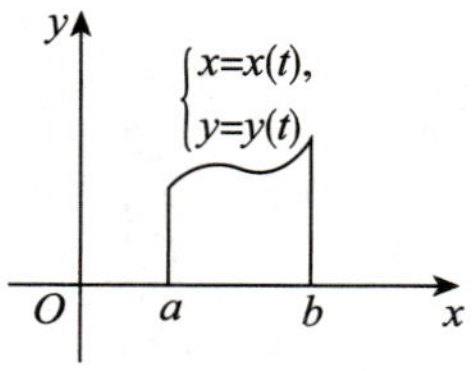

考点 4：求旋转体的体积

(1) 由连续曲线 $y = f(x)$ 与直线 $x = a, x = b(a < b)$ 和 x 轴围成的平面图形绕 x 轴旋转一周所得旋转体的体积为

$$V_x = \pi\int_a^b f^2(x)\mathrm{d}x ;$$

绕 y 轴旋转一周所得旋转体的体积为

$$V_y = 2\pi\int_a^b |xf(x)|\mathrm{d}x (0 \leqslant a < b) .$$

(2) 由连续曲线 $x = g(y)$ 与直线 $y = c, y = d(c < d)$ 和 y 轴围成的平面图形绕 y 轴旋转一周所得旋转体的体积为

$$V_y = \pi\int_c^d g^2(y)\mathrm{d}y ;$$

绕 x 轴旋转一周所得旋转体的体积为

$$V_x = 2\pi\int_c^d |yg(y)|\mathrm{d}y (0 \leqslant c < d).$$

(3) 连续曲线 $y = f(x), y = g(x) (f(x) \geqslant g(x) > 0)$ 与直线 $x = a, x = b(a < b)$ 所围成的曲边梯形绕 x 轴旋转一周所得旋转体的体积为

$$V_x = \pi\int_a^b [f^2(x) - g^2(x)]\mathrm{d}x .$$

（4）连续曲线$y=f(x),y=g(x)(f(x)\geq g(x))$与直线$x=a,x=b(0\leq a<b)$所围成的曲边梯形绕$y$轴旋转一周所得旋转体的体积为

$$V_y=2\pi\int_a^b x[f(x)-g(x)]\mathrm{d}x.$$

考点5：求平面曲线的弧长

（1）直角坐标系.

设曲线方程为$y=f(x)$，其中$f(x)$具有一阶连续导数，当$x\in[a,b]$时，曲线弧长为

$$L=\int_a^b\mathrm{d}s=\int_a^b\sqrt{1+(y')^2}\mathrm{d}x.$$

（2）极坐标系.

平面光滑曲线$r=r(\theta)(a\leq\theta\leq b)$的弧长$L=\int_a^b\sqrt{r^2(\theta)+[r'(\theta)]^2}\mathrm{d}\theta$.

（3）参数方程.

设曲线参数方程为$\begin{cases}x=\psi(t),\\y=\varphi(t),\end{cases}t\in[\alpha,\beta]$，其中$\varphi(t)$和$\psi(t)$有连续导数，则曲线的弧长

$$L=\int_\alpha^\beta\mathrm{d}s=\int_\alpha^\beta\sqrt{[\psi'(t)]^2+[\varphi'(t)]^2}\mathrm{d}t.$$

题型五：求平面图形的面积

【解题方法】

（1）准确画出每条曲线，找出交点坐标，从而确定平面图形的位置；

（2）根据图形的特点选定积分变量；

（3）写出定积分式，计算结果.

【例1】

设D是由抛物线$y=x^2$与其过点$(0,-a)(a>0)$的两条切线围成的有界区域，若D的面积等于18，则$a=$(　　).

(A)12　　(B)9　　(C)8　　(D)6　　(E)3

【答案】(B)

【解析】

如图所示，设在第一象限上的切点为(x_0,x_0^2)，由点斜式可得$y-x_0^2=2x_0(x-x_0)$，代入

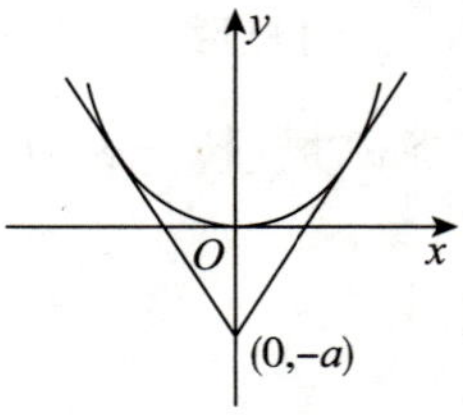

$(0,-a)\ (a>0)$，可得 $x_0=\sqrt{a}$，从而 $S=2\int_0^{\sqrt{a}}(x^2-2\sqrt{a}x+a)\,dx=18$，可解得 $a=9$.

【例 2】

设平面有界区域 D 由曲线 $y=x\ln^2 x(x\geqslant 1)$ 与直线 $x=\mathrm{e}$ 及 x 轴围成，则 D 的面积为(　　).

(A) $\dfrac{\mathrm{e}^2+1}{2}$　　(B) $\dfrac{\mathrm{e}^2}{2}$　　(C) $\dfrac{\mathrm{e}^2+1}{4}$

(D) $\dfrac{\mathrm{e}^2}{4}$　　(E) $\dfrac{\mathrm{e}^2-1}{4}$

【答案】(E)

【解析】

$$S_D=\int_1^{\mathrm{e}}x\ln^2 x\,\mathrm{d}x=\frac{1}{2}\int_1^{\mathrm{e}}\ln^2 x\,\mathrm{d}(x^2)=\frac{1}{2}x^2\ln^2 x\Big|_1^{\mathrm{e}}-\int_1^{\mathrm{e}}x\ln x\,\mathrm{d}x=\frac{1}{2}\mathrm{e}^2-\int_1^{\mathrm{e}}x\ln x\,\mathrm{d}x$$
$$=\frac{1}{2}\mathrm{e}^2-\frac{1}{2}\int_1^{\mathrm{e}}\ln x\,\mathrm{d}(x^2)=\frac{1}{2}\mathrm{e}^2-\frac{1}{2}x^2\ln x\Big|_1^{\mathrm{e}}+\frac{1}{2}\int_1^{\mathrm{e}}x\,\mathrm{d}x=\frac{\mathrm{e}^2-1}{4}.$$

【例 3】

曲线 $y=\sqrt{x}$ 的部分图像如图所示，线段 AC 与 x 轴平行，CD 与 y 轴平行，当曲边三角形 OAB 与曲边三角形 BCD 的面积相等时，$a=$(　　).

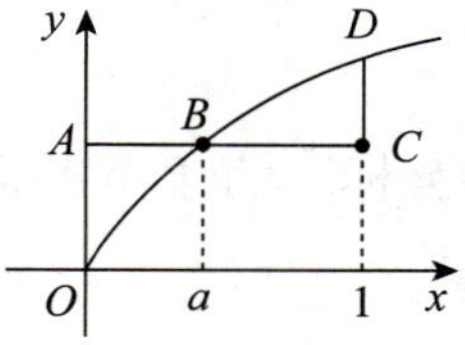

(A) $\dfrac{1}{3}$　　(B) $\dfrac{3}{8}$　　(C) $\dfrac{4}{9}$　　(D) $\dfrac{1}{2}$　　(E) $\dfrac{2}{3}$

【答案】(C)

【解析】

$$S_{\text{曲边三角形}OAB}=a\sqrt{a}-\int_0^a\sqrt{x}\,\mathrm{d}x=a\sqrt{a}-\frac{2}{3}a^{\frac{3}{2}}=\frac{1}{3}a^{\frac{3}{2}},$$

$$S_{\text{曲边三角形}BCD}=\int_a^1\sqrt{x}\,\mathrm{d}x-\sqrt{a}(1-a)=\frac{2}{3}\left(1-a^{\frac{3}{2}}\right)-\sqrt{a}+a^{\frac{3}{2}}=\frac{2}{3}-\sqrt{a}+\frac{1}{3}a^{\frac{3}{2}},$$

由 $S_{曲边三角形OAB} = S_{曲边三角形BCD}$ 可知 $\frac{1}{3}a^{\frac{3}{2}} = \frac{2}{3} - \sqrt{a} + \frac{1}{3}a^{\frac{3}{2}}$，解得 $a = \frac{4}{9}$.

【例 4】

双纽线在第一象限的部分 $r(\theta) = \sqrt{\cos 2\theta}\left(0 \leqslant \theta \leqslant \frac{\pi}{4}\right)$ 与极轴所围成的平面图形的面积为(　　).

(A) $\frac{1}{4}$　　(B) $\frac{1}{2}$　　(C)1　　(D)2　　(E)4

【答案】(A)

【解析】

所求的面积为 $S = \frac{1}{2}\int_{\alpha}^{\beta}[r(\theta)]^2 \mathrm{d}\theta = \frac{1}{2}\int_0^{\frac{\pi}{4}}\left(\sqrt{\cos 2\theta}\right)^2 \mathrm{d}\theta = \frac{1}{4}\int_0^{\frac{\pi}{4}}\cos 2\theta \mathrm{d}(2\theta) = \frac{1}{4}$.

题型六：求旋转体的体积

【解题方法】

(1)不用画旋转之后的图像，只画旋转之前的图像；

(2)求出交点的坐标；

(3)根据图形的特点选定积分变量；

(4)写出定积分式，计算结果.

【例 5】

设平面有界区域 D 由曲线 $y = x^2$ 与 $y = \sqrt{2 - x^2}$ 围成，则 D 绕 x 轴旋转所成的旋转体的体积为(　　).

(A) $\frac{2\pi}{5}$　　(B) $\frac{5\pi}{3}$　　(C) $\frac{10\pi}{3}$　　(D) $\frac{22\pi}{15}$　　(E) $\frac{44\pi}{15}$

【答案】(E)

【解析】

由题意可得两个曲线的交点横坐标为 $x = -1$ 和 $x = 1$，则

$$V = \int_{-1}^{1}\left[\pi(\sqrt{2 - x^2})^2 - \pi(x^2)^2\right]\mathrm{d}x = \int_{-1}^{1}(2\pi - \pi x^2 - \pi x^4)\mathrm{d}x = \left(2\pi x - \frac{1}{3}\pi x^3 - \frac{1}{5}\pi x^5\right)\Bigg|_{-1}^{1} = \frac{44}{15}\pi.$$

【例 6】

设平面有界区域 D 位于第一象限，由曲线 $y = x^2$ 与直线 $x + y = 2$ 及 y 轴围成，则 D 绕 y 轴

旋转一周而成的旋转体的体积为(　　).

(A) $\frac{5}{6}\pi^2$　　(B) $\frac{5}{6}\pi$　　(C) $2\pi^2$　　(D) 2π　　(E) π

【答案】(B)

【解析】

$$V=\int_0^1 \pi y\mathrm{d}y+\int_1^2 \pi(2-y)^2\mathrm{d}y=\frac{5}{6}\pi .$$

【例 7】

已知平面区域 $D=\left\{(x,y)\mid 0\leqslant y\leqslant 1-x^2,-1\leqslant x\leqslant 1\right\}$，则该区域绕 x 轴旋转一周而成的旋转体的体积为(　　).

(A) $\frac{8}{15}\pi$　　(B) $\frac{16}{15}\pi$　　(C) $\frac{32}{15}\pi$　　(D) $\frac{38}{15}\pi$　　(E) $\frac{64}{15}\pi$

【答案】(B)

【解析】

$$V_x=\int_{-1}^1 \pi y^2\mathrm{d}x=\int_{-1}^1 \pi(1-x^2)^2\mathrm{d}x=2\pi\int_0^1(1-2x^2+x^4)\mathrm{d}x=2\pi\left(\frac{1}{5}x^5-\frac{2}{3}x^3+x\right)\Bigg|_0^1=\frac{16}{15}\pi,$$

因此选(B).

题型七：求平面曲线的弧长

【解题方法】

掌握平面曲线的弧长公式.

【例 8】

曲线 $y=\frac{x\sqrt{x}}{\sqrt{3}}(0\leqslant x\leqslant 4)$ 的长度为(　　).

(A)14　　(B)16　　(C) $\frac{7}{2}$　　(D) $\frac{56}{9}$　　(E) $\frac{64}{9}$

【答案】(D)

【解析】

该题考查定积分的几何应用——计算曲线弧长.

$$L=\int_a^b\sqrt{1+[f'(x)]^2}\,dx=\int_0^4\sqrt{1+\left(\frac{1}{\sqrt{3}}\cdot\frac{3}{2}x^{\frac{1}{2}}\right)^2}\,dx=\int_0^4\sqrt{1+\frac{3}{4}x}\,dx$$

$$=\frac{4}{3}\int_0^4\left(1+\frac{3}{4}x\right)^{\frac{1}{2}}d\left(1+\frac{3}{4}x\right)=\frac{4}{3}\cdot\frac{2}{3}\left(1+\frac{3}{4}x\right)^{\frac{3}{2}}\Bigg|_0^4=\frac{56}{9}.$$

【例 9】

已知曲线 L 的参数方程为 $\begin{cases}x=2\cos^3 t,\\ y=2\sin^3 t\end{cases}\left(0\leqslant t\leqslant\frac{\pi}{2}\right)$，则 L 的长度为(　　).

(A)2　　(B)3　　(C)5　　(D)6　　(E)9

【答案】(B)

【解析】

由参数方程求弧长公式可得

$$L=\int_0^{\frac{\pi}{2}}\sqrt{(x_t')^2+(y_t')^2}\,dt=\int_0^{\frac{\pi}{2}}\sqrt{\left[6\cos^2 t\cdot(-\sin t)\right]^2+(6\sin^2 t\cdot\cos t)^2}\,dt$$

$$=\int_0^{\frac{\pi}{2}}\sqrt{36\cos^4 t\cdot\sin^2 t+36\sin^4 t\cdot\cos^2 t}\,dt$$

$$=\int_0^{\frac{\pi}{2}}6\sin t\cdot\cos t\,dt$$

$$=\int_0^{\frac{\pi}{2}}6\sin t\,d(\sin t)$$

$$=3\sin^2 t\Big|_0^{\frac{\pi}{2}}$$

$$=3.$$

【例 10】

已知曲线 L 的极坐标方程是 $r=4e^{2\theta}(0\leqslant\theta\leqslant 2\pi)$，则 L 的长度为(　　).

(A) $2\sqrt{5}e^{2\pi}$　　(B) $2\sqrt{5}(e^{4\pi}-1)$　　(C) $2\sqrt{5}e^{4\pi}$

(D) $4\sqrt{5}(e^{4\pi}-1)$　　(E) $4\sqrt{5}e^{4\pi}$

【答案】(B)

【解析】

$$L=\int_0^{2\pi}\sqrt{r^2+(r')^2}\,d\theta=\int_0^{2\pi}\sqrt{(4e^{2\theta})^2+(8e^{2\theta})^2}\,d\theta=4\sqrt{5}\int_0^{2\pi}e^{2\theta}d\theta=2\sqrt{5}(e^{4\pi}-1).$$

第4讲　多元函数微分学

本讲解读

本讲从内容上划分为两个部分，一是多元函数的连续、可导与可微，二是偏导数的计算与多元函数的极值与最值，共计3个考向、11个考点、3个题型．从真题对考试大纲的实践来看，本讲在考试中大约占6道题(试卷数学部分共35道题)，约占微积分部分的29%、数学部分的17%.

真题在本部分重点围绕多元函数偏导与微分的计算及多元函数极值与最值求解进行考查，考生不仅要掌握常见类型多元函数偏导与微分的计算、极值与最值的定义，还需理解多元函数连续、可导与可微等基本概念与相关性质．

真题分析

考试清单 \ 数量 \ 年份		2021年	2022年	2023年	2024年	2025年
多元函数的连续性，可导性，可微性			1	2		1
偏导数的计算	显函数求偏导计算	2			1	2
	隐函数的偏导数计算	1		1	1	1
	抽象函数的偏导数计算		2	1	1	1
多元函数的极值与最值	多元函数无条件求极值	1	1	1	1	1
	多元函数在封闭条件下求最值				1	

考向一：概念

考点1：二元函数极限 $\lim\limits_{(x,y)\to(x_0,y_0)} f(x,y)=A$

(1) 当动点 (x,y) 在定义域内沿着任何路径趋向于 (x_0,y_0) 时，$\lim\limits_{(x,y)\to(x_0,y_0)} f(x,y)$ 均存在且等于 A.

(2)证明极限不存在的方法：取特殊路径 $y=kx, y=kx^2$ 或 $x=ky, x=ky^2$，再证明该极限与 k 有关.

(3)极限的计算方法：等价无穷小、四则运算法则、无穷小 × 有界函数 = 无穷小、夹逼准则.

(4)常见的极限不存在的情况：$\lim\limits_{(x,y)\to(0,0)}\dfrac{xy}{x^2+y^2}$，$\lim\limits_{(x,y)\to(0,0)}\dfrac{x^2y}{x^3+y^3}$，$\lim\limits_{(x,y)\to(0,0)}\dfrac{x^3y}{x^4+y^4}$.

(5)常见的有界函数：$\left|\dfrac{x^2}{x^2+y^2}\right|\leqslant 1$，$\left|\dfrac{y^2}{x^2+y^2}\right|\leqslant 1$，$\left|\dfrac{x}{\sqrt{x^2+y^2}}\right|\leqslant 1$，$\left|\dfrac{y}{\sqrt{x^2+y^2}}\right|\leqslant 1$.

(6) $\lim\limits_{(x,y)\to(x_0,y_0)} f(x,y)=A \Leftrightarrow f(x,y)=A+\alpha$，其中 $\lim\limits_{(x,y)\to(x_0,y_0)}\alpha=0$.

考点2：二元函数的连续

$$\lim_{\substack{x\to x_0\\ y\to y_0}} f(x,y)=f(x_0,y_0).$$

考点3：二元函数的偏导数

设 $z=f(x,y)$ 在点 (x_0,y_0) 的某邻域内有定义，

$$\left.\frac{\partial f}{\partial x}\right|_{(x_0,y_0)}=f_x'(x_0,y_0)=\lim_{\Delta x\to 0}\frac{f(x_0+\Delta x,y_0)-f(x_0,y_0)}{\Delta x},$$

$$\left.\frac{\partial f}{\partial y}\right|_{(x_0,y_0)}=f_y'(x_0,y_0)=\lim_{\Delta y\to 0}\frac{f(x_0,y_0+\Delta y)-f(x_0,y_0)}{\Delta y}.$$

考点4：高阶偏导数

$$\frac{\partial}{\partial x}\left(\frac{\partial z}{\partial x}\right)=\frac{\partial^2 z}{\partial x^2}=f''_{xx}(x,y),\frac{\partial}{\partial x}\left(\frac{\partial z}{\partial y}\right)=\frac{\partial^2 z}{\partial y\partial x}=f''_{yx}(x,y),$$

$$\frac{\partial}{\partial y}\left(\frac{\partial z}{\partial x}\right)=\frac{\partial^2 z}{\partial x\partial y}=f''_{xy}(x,y),\frac{\partial}{\partial y}\left(\frac{\partial z}{\partial y}\right)=\frac{\partial^2 z}{\partial y^2}=f''_{yy}(x,y).$$

当二阶偏导数连续时，$f''_{xy}(x,y)=f''_{yx}(x,y)$.

考点5：全微分

(1)判断 $z=f(x,y)$ 在点 (x_0,y_0) 处是否可微.

①写出全增量 $\Delta z=f(x_0+\Delta x,y_0+\Delta y)-f(x_0,y_0)$；

②写出线性增量$A\Delta x+B\Delta y$,其中$A=f_x'(x_0,y_0),B=f_y'(x_0,y_0)$;

③作极限$\lim\limits_{(\Delta x,\Delta y)\to(0,0)}\dfrac{\Delta z-(A\Delta x+B\Delta y)}{\sqrt{(\Delta x)^2+(\Delta y)^2}}$,若该极限为0, 则$z=f(x,y)$在点$(x_0,y_0)$处可微, 否则, 不可微.

(2)二元函数可微、可导、连续的关系.

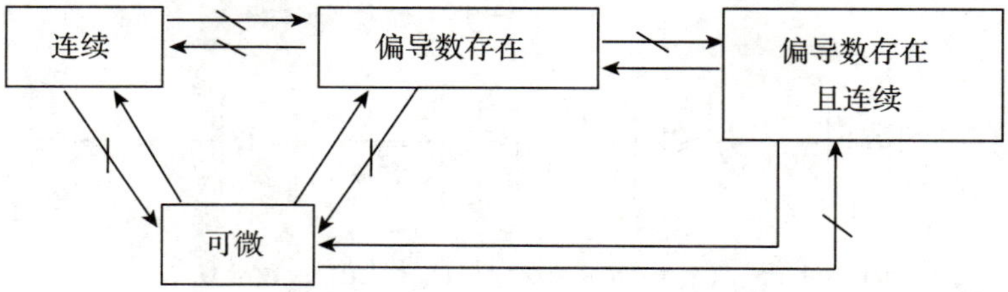

题型一:二元函数的连续性、可导性、可微性

【解题方法】

(1)判断二元函数在点(x_0,y_0)处的连续性:用一点处连续的定义.

(2)判断二元函数在点(x_0,y_0)处的可导性及计算:用一点处偏导数的定义.

(3)判断二元函数在点(x_0,y_0)处的可微性:用定义法, 判断$\lim\limits_{(\Delta x,\Delta y)\to(0,0)}\dfrac{\Delta z-(A\Delta x+B\Delta y)}{\sqrt{(\Delta x)^2+(\Delta y)^2}}\overset{?}{=}0$.

【例 1】

已知函数$f(x,y)=\begin{cases}\dfrac{x|y|}{\sqrt{x^2+y^2}}, & (x,y)\neq(0,0),\\ 0, & (x,y)=(0,0),\end{cases}$在点(0,0)处, 给出以下结论:

①$f(x,y)$连续;

②$\dfrac{\partial f}{\partial x}$存在, $\dfrac{\partial f}{\partial y}$不存在;

③$\dfrac{\partial f}{\partial x}=0,\dfrac{\partial f}{\partial y}=0$;

④$\mathrm{d}f=0$.

其中所有正确结论的序号是(　　).

(A)①　　(B)②　　(C)①②　　(D)①③　　(E)①③④

【答案】(D)

【解析】

$$\lim_{(x,y)\to(0,0)}\frac{x|y|}{\sqrt{x^2+y^2}}=0=f(0,0),$$

因此在点 $(0,0)$ 处 $f(x,y)$ 连续, 故①正确.

$$\lim_{x\to 0}\frac{f(x,0)-f(0,0)}{x}=\lim_{x\to 0}\frac{\frac{x|0|}{\sqrt{x^2+0}}-0}{x}=0,$$

因此在点 $(0,0)$ 处 $\frac{\partial f}{\partial x}=0$.

$$\lim_{y\to 0}\frac{f(0,y)-f(0,0)}{y}=\lim_{y\to 0}\frac{\frac{0|y|}{\sqrt{0+y^2}}-0}{y}=0,$$

因此在点 $(0,0)$ 处 $\frac{\partial f}{\partial y}=0$, 故②错误, ③正确.

$$\begin{aligned}\lim_{(\Delta x,\Delta y)\to(0,0)}\frac{f(0+\Delta x,0+\Delta y)-f(0,0)-0\Delta x-0\Delta y}{\sqrt{(\Delta x)^2+(\Delta y)^2}}&=\lim_{(\Delta x,\Delta y)\to(0,0)}\frac{\frac{\Delta x|\Delta y|}{\sqrt{(\Delta x)^2+(\Delta y)^2}}}{\sqrt{(\Delta x)^2+(\Delta y)^2}}\\&=\lim_{(\Delta x,\Delta y)\to(0,0)}\frac{\Delta x|\Delta y|}{(\Delta x)^2+(\Delta y)^2},\end{aligned}$$

令 $\Delta y=k\Delta x(k\neq 0)$, 则 $\lim\limits_{\Delta x\to 0^+}\frac{|k|(\Delta x)^2}{(1+k^2)(\Delta x)^2}=\frac{|k|}{1+k^2}$, 与 k 有关, 因此 $\lim\limits_{(\Delta x,\Delta y)\to(0,0)}\frac{\Delta x|\Delta y|}{(\Delta x)^2+(\Delta y)^2}$ 不存在, 故在点 $(0,0)$ 处 $f(x,y)$ 不可微, 因此④错误.

【例 2】

已知函数 $f(x,y)=\begin{cases}\frac{\sin x^2\cdot\cos y}{\sqrt{x^2+y^2}}, & (x,y)\neq(0,0),\\ 0, & (x,y)=(0,0),\end{cases}$ 则在点 $(0,0)$ 处(　　).

(A) $\frac{\partial f}{\partial x}$ 不存在, $\frac{\partial f}{\partial y}$ 不存在

(B) $\frac{\partial f}{\partial x}$ 存在且等于 1, $\frac{\partial f}{\partial y}$ 不存在

(C) $\frac{\partial f}{\partial x}$ 不存在, $\frac{\partial f}{\partial y}$ 存在且等于 0

(D) $\frac{\partial f}{\partial x}$存在且等于1，$\frac{\partial f}{\partial y}$存在且等于0

(E) $\frac{\partial f}{\partial x}$存在但不等于1，$\frac{\partial f}{\partial y}$存在但不等于0

【答案】(C)

【解析】

当 $x\neq 0$ 时，$f(x,0)=\frac{\sin x^2}{|x|}$，由于左导数 $\lim\limits_{x\to 0^-}\frac{f(x,0)-f(0,0)}{x}=\lim\limits_{x\to 0^-}\frac{\sin x^2}{-x^2}=-1$，右导数 $\lim\limits_{x\to 0^+}\frac{f(x,0)-f(0,0)}{x}=\lim\limits_{x\to 0^+}\frac{\sin x^2}{x^2}=1$，故在点(0,0)处$\frac{\partial f}{\partial x}$不存在；$f(0,y)=0$，则在点(0,0)处$\frac{\partial f}{\partial y}$存在且等于0.

【例 3】

已知函数$f(x,y)=2x+3y+\sqrt[3]{4xy(5x-3y)}$，令$g(x)=f(x,x)$，$h(x)=f(x,2x)$，给出以下4个结论：① $\left.\frac{\partial f}{\partial x}\right|_{(0,0)}=2$，$\left.\frac{\partial f}{\partial y}\right|_{(0,0)}=3$；② $\left.\mathrm{d}f\right|_{(0,0)}=2\mathrm{d}x+3\mathrm{d}y$；③ $g'(0)=5$；④ $h'(0)=6$. 其中正确结论的个数是(　　).

(A)0　　(B)1　　(C)2　　(D)3　　(E)4

【答案】(C)

【解析】

对于①，$f(x,0)=2x$，$f(0,y)=3y$，则$\left.\frac{\partial f}{\partial x}\right|_{(0,0)}=2$，$\left.\frac{\partial f}{\partial y}\right|_{(0,0)}=3$，①正确.

对于②，$\lim\limits_{(x,y)\to(0,0)}\frac{f(x,y)-f(0,0)-2x-3y}{\sqrt{x^2+y^2}}=\lim\limits_{(x,y)\to(0,0)}\frac{\sqrt[3]{4xy(5x-3y)}}{\sqrt{x^2+y^2}}$，取$y=x,x\to 0^+$时，原极限为$\sqrt{2}$；$x\to 0^-$时，原极限为$-\sqrt{2}$，故该极限不存在，故$f(x,y)$在点(0,0)处不可微，②不正确.

对于③，$g(x)=f(x,x)=7x$，于是$g'(0)=7$，③不正确.

对于④，$h(x)=f(x,2x)=6x$，于是$h'(0)=6$，④正确.

考向二：多元函数微分法则

考点1：具体函数求偏导

对其中一个变量求导，将其他变量看成常数，再利用一元函数的求导法则进行求导.

考点2：复合函数求偏导

(1) 中间变量均为一元函数的情形.

如果函数 $u=\varphi(t)$ 及 $v=\psi(t)$ 都在点 t 处可导，且函数 $z=f(u,v)$ 在对应点处具有连续偏导数，则复合函数 $z=f[\varphi(t),\psi(t)]$ 在点 t 处可导，且其导数公式为 $\frac{\mathrm{d}z}{\mathrm{d}t}=\frac{\partial z}{\partial u}\frac{\mathrm{d}u}{\mathrm{d}t}+\frac{\partial z}{\partial v}\frac{\mathrm{d}v}{\mathrm{d}t}$ (其中 $\frac{\mathrm{d}z}{\mathrm{d}t}$ 称为全导数).

(2) 中间变量均为二元函数的情形.

若 $u=\varphi(x,y)$ 及 $v=\psi(x,y)$ 在点 (x,y) 处具有偏导数，而函数 $z=f(u,v)$ 在对应点 (u,v) 处具有连续偏导数，则复合函数 $z=f[\varphi(x,y),\psi(x,y)]$ 在点 (x,y) 处偏导数存在，且有公式

$$\frac{\partial z}{\partial x}=\frac{\partial z}{\partial u}\frac{\partial u}{\partial x}+\frac{\partial z}{\partial v}\frac{\partial v}{\partial x};\ \frac{\partial z}{\partial y}=\frac{\partial z}{\partial u}\frac{\partial u}{\partial y}+\frac{\partial z}{\partial v}\frac{\partial v}{\partial y}.$$

(3) 中间变量既有一元函数又有二元函数的情形.

设函数 $u=\varphi(x,y)$ 在点 (x,y) 处具有偏导数，$v=\psi(y)$ 在 y 处可导，而函数 $z=f(u,v)$ 在对应点 (u,v) 处具有连续偏导数，则复合函数 $z=f[\varphi(x,y),\psi(y)]$ 在点 (x,y) 处偏导数存在，且有公式

$$\frac{\partial z}{\partial x}=\frac{\partial z}{\partial u}\frac{\partial u}{\partial x};\ \frac{\partial z}{\partial y}=\frac{\partial z}{\partial u}\frac{\partial u}{\partial y}+\frac{\partial z}{\partial v}\frac{\mathrm{d}v}{\mathrm{d}y}.$$

(4) 复合函数的某些中间变量本身又是复合函数的自变量情形.

设函数 $u=\varphi(x,y)$ 具有偏导数，而函数 $z=f(u,x,y)$ 有连续偏导数，则复合函数 $z=f[\varphi(x,y),x,y]$ 在点 (x,y) 处偏导数存在，且有公式

$$\frac{\partial z}{\partial x}=\frac{\partial f}{\partial u}\frac{\partial u}{\partial x}+\frac{\partial f}{\partial x};\ \frac{\partial z}{\partial y}=\frac{\partial z}{\partial u}\frac{\partial u}{\partial y}+\frac{\partial f}{\partial y}.$$

考点3：隐函数求偏导

设函数 $F(x,y,z)$ 在点 $P(x_0,y_0,z_0)$ 的某邻域内具有连续偏导数，且 $F(x_0,y_0,z_0)=0$，$F_z'(x_0,y_0,z_0)\neq 0$，则方程 $F(x,y,z)=0$ 在点 $P(x_0,y_0,z_0)$ 的某邻域内恒能唯一确定一个连续且具有连续偏导数的函数 $z=f(x,y)$，它满足 $z_0=f(x_0,y_0)$，并有

$$\frac{\partial z}{\partial x}=-\frac{F_x'(x,y,z)}{F_z'(x,y,z)},\quad \frac{\partial z}{\partial y}=-\frac{F_y'(x,y,z)}{F_z'(x,y,z)}.$$

题型二：偏导数的计算

【解题方法】

(1)具体函数求偏导.

对其中一个变量求偏导, 将其他变量看成常数, 再利用一元函数的求导法则进行求导.

(2)复合函数(抽象复合函数)求偏导.

中间变量有多个变量：用角标法.先对中间变量求偏导, 然后再让中间变量分别对 x 或 y 求偏导.

中间变量只有一个变量：不用角标法.直接对中间变量求偏导, 然后再让中间变量分别对 x 或 y 求偏导.

(3)隐函数求偏导.

将方程中所有非零项移到等式一边, 并将其设为函数 $F(x,y,z)$, 注意应将 x,y,z 看作地位相同的独立变量, 对 $F(x,y,z)$ 分别求偏导数, 利用公式

$$\frac{\partial z}{\partial x}=-\frac{F_x'(x,y,z)}{F_z'(x,y,z)},\quad \frac{\partial z}{\partial y}=-\frac{F_y'(x,y,z)}{F_z'(x,y,z)}.$$

【例 1】

已知函数 $f(x,y)=\dfrac{x^2+y^2}{x^2+y^2-xy}$, 则 $x\dfrac{\partial f(x,y)}{\partial x}+y\dfrac{\partial f(x,y)}{\partial y}=($　　$)$.

(A)0　　(B)1　　(C)2　　(D)3　　(E)4

【答案】(A)

【解析】

$$\frac{\partial f(x,y)}{\partial x}=\frac{2x\cdot(x^2+y^2-xy)-(x^2+y^2)(2x-y)}{(x^2+y^2-xy)^2}=\frac{y^3-x^2y}{(x^2+y^2-xy)^2},$$

$$\frac{\partial f(x,y)}{\partial y}=\frac{2y\cdot(x^2+y^2-xy)-(x^2+y^2)(2y-x)}{(x^2+y^2-xy)^2}=\frac{x^3-xy^2}{(x^2+y^2-xy)^2},$$

从而可得 $x\dfrac{\partial f(x,y)}{\partial x}+y\dfrac{\partial f(x,y)}{\partial y}=0$.

【例 2】

设函数$f(u,v)$可微且满足$\frac{\partial f(u,v)}{\partial u}+\frac{\partial f(u,v)}{\partial v}=0$，令$z=f(2x+y,x+3y)$，则(　　).

(A) $\frac{\partial z}{\partial x}+\frac{\partial z}{\partial y}=0$　　(B) $2\frac{\partial z}{\partial x}+3\frac{\partial z}{\partial y}=0$　　(C) $\frac{\partial z}{\partial x}+2\frac{\partial z}{\partial y}=0$

(D) $3\frac{\partial z}{\partial x}+2\frac{\partial z}{\partial y}=0$　　(E) $2\frac{\partial z}{\partial x}+\frac{\partial z}{\partial y}=0$

【答案】(E)

【解析】

$$\frac{\partial z}{\partial x}=2\frac{\partial f}{\partial u}+\frac{\partial f}{\partial v},$$

$$\frac{\partial z}{\partial y}=\frac{\partial f}{\partial u}+3\frac{\partial f}{\partial v},$$

$$2\frac{\partial z}{\partial x}+\frac{\partial z}{\partial y}=5\left(\frac{\partial f}{\partial u}+\frac{\partial f}{\partial v}\right),$$

因为$\frac{\partial f(u,v)}{\partial u}+\frac{\partial f(u,v)}{\partial v}=0$，所以$2\frac{\partial z}{\partial x}+\frac{\partial z}{\partial y}=0$.

【例 3】

设函数$f(x,y)$满足$\frac{\partial f(x,y)}{\partial x}=x^2+axy+y^2$，$\frac{\partial f(x,y)}{\partial y}=3x^2+2xy+y^2$，则常数$a=$(　　).

(A)2　　(B)4　　(C)6　　(D)8　　(E)10

【答案】(C)

【解析】

由偏积分法，可得

$$f(x,y)=\int f_x'(x,y)\mathrm{d}x=\frac{1}{3}x^3+\frac{a}{2}x^2y+y^2x+C_1(y),$$

$$f(x,y)=\int f_y'(x,y)\mathrm{d}y=3x^2y+xy^2+\frac{1}{3}y^3+C_2(x).$$

两式对比，可得$\frac{a}{2}=3$，则$a=6$，选(C).

【例 4】

已知函数$f(u)$可导且$f'(0)=2$，设$z=f\left(\arctan\frac{x}{y}\right)$，则$\left.\frac{\partial z}{\partial x}\right|_{(0,2)}$与$\left.\frac{\partial z}{\partial y}\right|_{(0,2)}$的值分别为(　　).

(A) $\frac{1}{2},\frac{1}{2}$　　(B) $\frac{1}{2},-\frac{1}{2}$　　(C) 1,0　　(D) 2,0　　(E) 1,−1

【答案】(C)

【解析】

该题考查抽象复合函数的偏导数计算.

求 $\left.\frac{\partial z}{\partial x}\right|_{(0,2)}$，先代入 $y=2$，得 $z=f\left(\arctan\frac{x}{2}\right)$，则 $\frac{\partial z}{\partial x}=f'\left(\arctan\frac{x}{2}\right)\cdot\frac{1}{1+\left(\frac{x}{2}\right)^2}\cdot\frac{1}{2}$，故 $\left.\frac{\partial z}{\partial x}\right|_{(0,2)}=1$.

同理可求得 $\left.\frac{\partial z}{\partial y}\right|_{(0,2)}=0.$

【例 5】

设 $f(u,v)$ 是可微函数，令 $y=f\left[f(\sin x,\cos x),\cos x\right]$，若 $f(1,0)=1,\left.\frac{\partial f}{\partial u}\right|_{(1,0)}=2,\left.\frac{\partial f}{\partial v}\right|_{(1,0)}=3$，则 $\left.\frac{\mathrm{d}y}{\mathrm{d}x}\right|_{x=\frac{\pi}{2}}=($　　$)$.

(A) −9　　(B) −6　　(C) −3　　(D) 3　　(E) 9

【答案】(A)

【解析】

函数 $y=f\left[f(\sin x,\cos x),\cos x\right]$ 对 x 求导，得

$$\frac{\mathrm{d}y}{\mathrm{d}x}=f_1'\left[f(\sin x,\cos x),\cos x\right]\cdot\left[f_1'(\sin x,\cos x)\cdot\cos x-f_2'(\sin x,\cos x)\cdot\sin x\right]-f_2'\left[f(\sin x,\cos x),\cos x\right]\cdot\sin x.$$

将 $x=\frac{\pi}{2}$，$f(1,0)=1$，$\left.\frac{\partial f}{\partial u}\right|_{(1,0)}=2$，$\left.\frac{\partial f}{\partial v}\right|_{(1,0)}=3$ 代入，得

$$\begin{aligned}\left.\frac{\mathrm{d}y}{\mathrm{d}x}\right|_{x=\frac{\pi}{2}}&=f_1'\left[f(1,0),0\right]\cdot\left[f_1'(1,0)\cdot 0-f_2'(1,0)\cdot 1\right]-f_2'\left[f(1,0),0\right]\cdot 1\\&=-f_1'(1,0)\cdot f_2'(1,0)-f_2'(1,0)=-2\times 3-3=-9.\end{aligned}$$

【例 6】

设 $u=f(r)$，其中 f 具有二阶连续导数，$r=\sqrt{x^2+y^2+z^2}$，则 $\frac{\partial^2 u}{\partial x^2}+\frac{\partial^2 u}{\partial y^2}+\frac{\partial^2 u}{\partial z^2}=($　　$)$.

(A) $f''(r)+\frac{1}{r}f'(r)$　　(B) $f''(r)+\frac{2}{r}f'(r)$

(C) $f''(r)+\frac{1}{2r}f'(r)$　　(D) $f''(r)+\frac{1}{r^2}f'(r)$

(E) $f''(r)+\frac{2}{r^2}f'(r)$

【答案】(B)

【解析】

该题考查利用对称性求高阶偏导数，x 换成 y，y 换成 z，z 换成 x，表达式保持不变.

$$\frac{\partial u}{\partial x}=f'(r)\cdot\frac{\partial r}{\partial x}=f'(r)\cdot\frac{x}{r},\ \frac{\partial u}{\partial y}=f'(r)\cdot\frac{\partial r}{\partial y}=f'(r)\cdot\frac{y}{r},\ \frac{\partial u}{\partial z}=f'(r)\cdot\frac{\partial r}{\partial z}=f'(r)\cdot\frac{z}{r}.$$

$$\frac{\partial^2 u}{\partial x^2}=f''(r)\cdot\left(\frac{x}{r}\right)^2+f'(r)\cdot\frac{r-x\frac{x}{r}}{r^2}=\frac{x^2}{r^2}f''(r)+\frac{r^2-x^2}{r^3}f'(r).$$

类似地，

$$\frac{\partial^2 u}{\partial y^2}=\frac{y^2}{r^2}f''(r)+\frac{r^2-y^2}{r^3}f'(r),\ \frac{\partial^2 u}{\partial z^2}=\frac{z^2}{r^2}f''(r)+\frac{r^2-z^2}{r^3}f'(r).$$

于是，

$$\frac{\partial^2 u}{\partial x^2}+\frac{\partial^2 u}{\partial y^2}+\frac{\partial^2 u}{\partial z^2}=\frac{x^2+y^2+z^2}{r^2}f''(r)+\frac{3r^2-(x^2+y^2+z^2)}{r^3}f'(r)=f''(r)+\frac{2}{r}f'(r).$$

应选(B).

【例 7】

若函数 $z=z(x,y)$ 由方程 $e^{x+2y+3z}+xyz=1$ 确定，则 $dz\big|_{(0,0)}=($　　$)$.

(A) $-\frac{1}{3}dx-\frac{2}{3}dy$　　(B) $-\frac{2}{3}dx-\frac{1}{3}dy$　　(C) $\frac{2}{3}dx+\frac{1}{3}dy$

(D) $\frac{1}{3}dx+\frac{2}{3}dy$　　(E) $\frac{1}{3}dx-\frac{2}{3}dy$

【答案】(A)

【解析】

先求 $z(0,0)$. 在原方程中令 $x=0,y=0$, 得 $e^{3z(0,0)}=1$, 故 $z(0,0)=0$.

令 $F(x,y,z)=e^{x+2y+3z}+xyz-1$，则由公式法，知

$$\frac{\partial z}{\partial x}=-\frac{F_x'}{F_z'}=-\frac{e^{x+2y+3z}\cdot 1+yz}{e^{x+2y+3z}\cdot 3+xy},$$

$$\frac{\partial z}{\partial y}=-\frac{F_y'}{F_z'}=-\frac{e^{x+2y+3z}\cdot 2+xz}{e^{x+2y+3z}\cdot 3+xy},$$

当 $x=0,y=0,z=0$ 时，$\frac{\partial z}{\partial x}=-\frac{1}{3},\frac{\partial z}{\partial y}=-\frac{2}{3}$，则

$$\mathrm{d}z\Big|_{(0,0)}=-\frac{1}{3}\mathrm{d}x-\frac{2}{3}\mathrm{d}y.$$

考向三：多元函数极值、最值问题

考点1：无条件求极值问题

（1）极值定义.

设二元函数 $f(x,y)$ 在点 $P_0(x_0,y_0)$ 的某邻域内有定义，若对该邻域内异于 $P_0(x_0,y_0)$ 的任意一点 $P(x,y)$，都有 $f(x,y)<f(x_0,y_0)$（或 $f(x,y)>f(x_0,y_0)$），则称 $f(x_0,y_0)$ 为函数 $f(x,y)$ 的一个极大值(或极小值).

（2）取得极值的必要条件.

设函数 $z=f(x,y)$ 在点 (x_0,y_0) 具有偏导数，且在点 (x_0,y_0) 处有极值，则 $f_x'(x_0,y_0)=0$，$f_y'(x_0,y_0)=0$.

（3）极值存在的充分条件.

设函数 $z=f(x,y)$ 在驻点 (x_0,y_0) 的某邻域内连续且有一阶及二阶连续偏导数，令 $f''_{xx}(x_0,y_0)=A$，$f''_{xy}(x_0,y_0)=B$，$f''_{yy}(x_0,y_0)=C$，则

①当 $AC-B^2>0$ 时，在 (x_0,y_0) 处取得极值，且当 $A<0$ 时取极大值，当 $A>0$ 时取极小值；

②当 $AC-B^2<0$ 时，在 (x_0,y_0) 处不取极值；

③当 $AC-B^2=0$ 时，无法判断，方法失效，需另作讨论.

考点2：有条件求极值、最值问题

$z=f(x,y)$ 在约束条件 $\varphi(x,y)=0$ 下的最值问题.

方法一：将二元函数转化为一元函数求最值问题.

通过约束条件 $\varphi(x,y)=0$ 解出 $y=g(x)$ 或 $x=h(y)$，再将其代入目标函数，将有条件求最值问题转化为一元函数的最值问题.

方法二：拉格朗日乘数法.

第一步：构造拉格朗日函数 $F(x,y,\lambda)=f(x,y)+\lambda\varphi(x,y)$.

第二步：求偏导 F'_x,F'_y,F'_λ.

第三步：令 $\begin{cases}F'_x=0,\\F'_y=0,\\F'_\lambda=0,\end{cases}$ 求驻点 $P(x_0,y_0)$.

第四步：解出所有驻点 $P(x_0,y_0)$，并代入 $f(x,y)$，取其最大值和最小值.

第五步：根据实际问题，必存在最大值和最小值，所得即为所求.

考点 3：封闭条件下求最值问题

设函数 $z=f(x,y)$ 在闭区域 $D=\{(x,y)|\varphi(x,y)\leqslant 0\}$ 上连续，求 $f(x,y)$ 在闭区域 D 上的最大值和最小值.

第一步：先求区域内部可疑点的函数值——函数 $f(x,y)$ 在开区域 $D=\{(x,y)|\varphi(x,y)<0\}$ 内的可疑点的函数值.

方法：按无条件求极值计算.

(1) 求出 $z=f(x,y)$ 在 D 内的驻点和一阶偏导不存在的点.

(2) 求出 $z=f(x,y)$ 在这些点处的函数值.

第二步：求边界上可疑点的函数值——$f(x,y)$ 在 D 的边界：$\varphi(x,y)=0$ 上的可疑点的函数值.

方法：按照 $z=f(x,y)$ 在约束条件 $\varphi(x,y)=0$ 下的最值问题的方法求解.

第三步：比较上述两步中所得函数值，从而得到 $f(x,y)$ 在 D 上的最大值和最小值.

题型三：多元函数极值、最值的计算

【解题方法】

(1) 掌握无条件求极值的方法：利用极值的必要条件，求出可疑的极值点，再利用极值的定义及充分条件判断所求或所给是否为极值点.

(2)掌握有条件求极值、最值的方法:按照考点2来计算.

(3)掌握封闭条件下求最值的方法:按照考点3来计算.

【例1】

已知函数$f(x,y)=x^2y+2xy+\frac{1}{3}y^3$,则(　　).

(A) $(0,0)$是$f(x,y)$的极值点　　(B) $(1,-1)$是$f(x,y)$的极值点

(C) $(-2,0)$是$f(x,y)$的极值点　　(D) $(-1,1)$是$f(x,y)$的极大值点

(E) $(-1,-1)$是$f(x,y)$的极大值点

【答案】(E)

【解析】

由$\begin{cases} f_x'=2xy+2y=0, \\ f_y'=x^2+2x+y^2=0, \end{cases}$ 可得四个驻点为$(-1,1),(-1,-1),(0,0),(-2,0)$.

由$f_{xx}''=2y, f_{xy}''=2x+2, f_{yy}''=2y$,可得:

在$(-1,1)$点,$A=2,B=0,C=2,AC-B^2=4>0$,又$A>0$,可得$(-1,1)$为极小值点;

在$(-1,-1)$点,$A=-2,B=0,C=-2,AC-B^2=4>0$,又$A<0$,可得$(-1,-1)$为极大值点;

在$(0,0)$点,$A=0,B=2,C=0,AC-B^2=-4<0,(0,0)$不是极值点;

在$(-2,0)$点,$A=0,B=-2,C=0,AC-B^2=-4<0,(-2,0)$不是极值点.

【例2】

函数$f(x,y)=2x^2+y^2$在约束条件$x^2+\frac{y^2}{3}=1$下的最大值与最小值之和为(　　).

(A)1　　(B)$\frac{4}{3}$　　(C)3　　(D)4　　(E)5

【答案】(E)

【解析】

求目标函数在约束条件下的最值,可以化为一元函数最值问题进行计算,或者用拉格朗日乘数法计算.

方法一:通过代入化为一元函数最值问题.

$x^2+\frac{y^2}{3}=1 \Rightarrow y^2=3(1-x^2)$,$-1\leqslant x\leqslant 1$,代入$f(x,y)=2x^2+y^2$,则原问题可化为求

$g(x)=3-x^2$，$-1\leqslant x\leqslant 1$ 的最大值与最小值之和.

$g(x)$ 的最大值为 $g(0)=3$，最小值为 $g(\pm 1)=2$，则其最大值与最小值之和为 5.

方法二：拉格朗日乘数法.

令 $L(x,y,\lambda)=2x^2+y^2+\lambda\left(x^2+\dfrac{y^2}{3}-1\right)$，由

$$\begin{cases}\dfrac{\partial L}{\partial x}=4x+2\lambda x=0,\\ \dfrac{\partial L}{\partial y}=2y+\dfrac{2\lambda y}{3}=0,\\ \dfrac{\partial L}{\partial \lambda}=x^2+\dfrac{y^2}{3}-1=0,\end{cases}$$

解得 $f(x,y)$ 可能的极值点为 $(0,\pm\sqrt{3})$，$(\pm 1,0)$，又 $f(0,\pm\sqrt{3})=3$，$f(\pm 1,0)=2$，故所求最大值与最小值之和为 5.

【例 3】

已知 $D=\{(x,y)\mid x^2+y^2\leqslant 16\}$，$f(x,y)=x^2-y^2+\dfrac{1}{3}y^3$，则 $f(x,y)$ 在 D 上的最大值与最小值分别是(　　).

(A) 16,0　　(B) $16,-\dfrac{4}{3}$　　(C) $16,-\dfrac{112}{3}$　　(D) $18,-\dfrac{112}{3}$　　(E) 18,−38

【答案】(C)

【解析】

①对于区域 D 的内部，利用无条件极值，求出可疑点并计算出可疑点处的函数值.

②对于区域 D 的边界，这是条件极值，考虑用拉格朗日乘数法或直接代入法，本题用直接代入法比较简单.

区域内部：$x^2+y^2<16$. 由无条件极值，令 $\begin{cases}f'_x=2x=0,\\ f'_y=-2y+y^2=0,\end{cases}$ 可得驻点为 $(0,0)$ 和 $(0,2)$，从而解得 $f(0,0)=0$，$f(0,2)=-\dfrac{4}{3}$.

区域边界上：$x^2+y^2=16$. 根据有条件最值，本题使用代入法，可得 $x^2=16-y^2(-4\leqslant y\leqslant 4)$，从而 $g(y)=16-y^2-y^2+\dfrac{1}{3}y^3=\dfrac{1}{3}y^3-2y^2+16$，由 $g'(y)=y^2-4y=0$，得 $y=0$ 或 $y=4$，驻点与边

界对应函数值为$g(0)=16, g(4)=\frac{16}{3}, g(-4)=-\frac{112}{3}$.

比较上述函数值的大小, 可得最大值为16, 最小值为$-\frac{112}{3}$, 因此答案选(C).

【例 4】

内接于半径为$\sqrt{3}$的球的圆柱体的体积的最大值为(　　).

(A) π　　(B) 2π　　(C) 3π　　(D) 4π　　(E) 6π

【答案】(D)

【解析】

设圆柱体的高为h, 底半径为r, 则$r^2+\frac{1}{4}h^2=3$. 于是, 圆柱体的体积为

$$V=\pi r^2 h=\pi\left(3h-\frac{1}{4}h^3\right)\ (0<h<2\sqrt{3}).$$

令$V'(h)=\pi\left(3-\frac{3}{4}h^2\right)=0$, 得$h=2$. 又$V''(2)=-3\pi<0$, 故当$h=2$时, V取最大值, $V_{\max}=4\pi$. 应选(D).

第二部分

线性代数

第5讲 行列式

本讲解读

本讲从内容上划分为两个部分，一是行列式的定义、性质；二是行列式的计算，共计3个考向、4个考点、4个题型. 从真题对考试大纲的实践来看，本讲在考试中大约占1道题(试卷数学部分共35道题)，约占线性代数部分的14%、数学部分的3%.

行列式是学习线性代数的基础，本讲定义、概念较多. 考试大纲要求掌握行列式的运算，理解行列式的概念和性质，掌握行列式的化简方法，核心考点是行列式和代数余子式的计算，重点是3阶行列式的计算和行列式的展开法则的应用.

真题分析

考试清单 \ 数量 \ 年份		2021年	2022年	2023年	2024年	2025年
行列式的性质及计算	行列式的定义	1				
	数值型行列式的计算		1			
	行列式表示的函数和方程的计算		1	1	1	1
余子式和代数余子式	余子式和代数余子式的关系	1				
	余子式和代数余子式的线性和计算			1		

考向一：行列式的概念

考点1：行列式的计算公式

(1)1阶行列式：$D_1=|a_{11}|=a_{11}$；

(2)2阶行列式：$D_2=\begin{vmatrix} a & b \\ c & d \end{vmatrix}=ad-bc$；

(3)3阶行列式:

$$D_3=\begin{vmatrix}a_{11}&a_{12}&a_{13}\\a_{21}&a_{22}&a_{23}\\a_{31}&a_{32}&a_{33}\end{vmatrix}=a_{11}a_{22}a_{33}+a_{12}a_{23}a_{31}+a_{13}a_{21}a_{32}-a_{13}a_{22}a_{31}-a_{12}a_{21}a_{33}-a_{11}a_{23}a_{32};$$

(4)n阶行列式(逆序数定义):

$$D_n=\begin{vmatrix}a_{11}&a_{12}&\cdots&a_{1n}\\a_{21}&a_{22}&\cdots&a_{2n}\\\vdots&\vdots&&\vdots\\a_{n1}&a_{n2}&\cdots&a_{nn}\end{vmatrix}=\sum_{j_1j_2\cdots j_n}(-1)^{\tau(j_1j_2\cdots j_n)}a_{1j_1}a_{2j_2}\cdots a_{nj_n}.$$

【特点】

①n阶行列式的展开式共有$n!$项.

②每一项必须是由处在不同行不同列的n个元素的乘积构成(即每行每列只能取1个元素, 不可重复).

③行列式的值等于所有取自不同行不同列的元素乘积的代数和(即$n!$项的代数和).

④每项符号的确定: 在行标自然排序的前提下, 找列标逆序数的奇偶性.

⑤行列式的结果是一个数, 行列式相等与否只看结果, 不注重其数表本身.

考点2:行列式的性质

性质1:转置.行列式与其转置行列式相等, 即$|A^{\mathrm{T}}|=|A|$.

【示例】

$$\begin{vmatrix}a_1&a_2&a_3\\b_1&b_2&b_3\\c_1&c_2&c_3\end{vmatrix}=\begin{vmatrix}a_1&b_1&c_1\\a_2&b_2&c_2\\a_3&b_3&c_3\end{vmatrix}.$$

性质2:互换.互换行列式的两行(列), 行列式变号.

【示例】

$$\begin{vmatrix}a_1&a_2&a_3\\b_1&b_2&b_3\\c_1&c_2&c_3\end{vmatrix}=-\begin{vmatrix}b_1&b_2&b_3\\a_1&a_2&a_3\\c_1&c_2&c_3\end{vmatrix}.$$

【推论】

若行列式中有两行(列)完全相同, 则行列式为零.

性质3:倍乘.将行列式的某一行(列)乘以一个常数k后, 行列式的值变为原来的k倍.

【示例】

$$\begin{vmatrix} ka_1 & ka_2 & ka_3 \\ b_1 & b_2 & b_3 \\ c_1 & c_2 & c_3 \end{vmatrix} = k\begin{vmatrix} a_1 & a_2 & a_3 \\ b_1 & b_2 & b_3 \\ c_1 & c_2 & c_3 \end{vmatrix}.$$

【推论】

①若行列式某行(列)各元素有公因子$k(k \neq 0)$，则k可以提到行列式外面，即

$$\begin{vmatrix} a_1 & a_2 & a_3 \\ ka_1 & ka_2 & ka_3 \\ c_1 & c_2 & c_3 \end{vmatrix} = k\begin{vmatrix} a_1 & a_2 & a_3 \\ a_1 & a_2 & a_3 \\ c_1 & c_2 & c_3 \end{vmatrix} = 0 .$$

②若行列式某行(列)元素全为零，则行列式为零.

③若行列式有两行(列)元素对应成比例，则行列式为零.

性质4：倍加. 将行列式某一行(列)的各元素的k倍加到另一行(列)对应的元素上，行列式的值不变.

【示例】

$$\begin{vmatrix} a_1 & a_2 & a_3 \\ b_1 & b_2 & b_3 \\ c_1 + ka_1 & c_2 + ka_2 & c_3 + ka_3 \end{vmatrix} = \begin{vmatrix} a_1 & a_2 & a_3 \\ b_1 & b_2 & b_3 \\ c_1 & c_2 & c_3 \end{vmatrix}.$$

性质5：拆分. 如果行列式某一行(列)的所有元素都可以写成两个元素的和，则该行列式可以写成两个行列式的和，这两个行列式的这一行(列)分别为对应两个加数，其余行(列)与原行列式相等.

【示例】

$$\begin{vmatrix} a_1 & b_1 & x_1 + y_1 \\ a_2 & b_2 & x_2 + y_2 \\ a_3 & b_3 & x_3 + y_3 \end{vmatrix} = \begin{vmatrix} a_1 & b_1 & x_1 \\ a_2 & b_2 & x_2 \\ a_3 & b_3 & x_3 \end{vmatrix} + \begin{vmatrix} a_1 & b_1 & y_1 \\ a_2 & b_2 & y_2 \\ a_3 & b_3 & y_3 \end{vmatrix}.$$

题型一：行列式表示的函数和方程的计算

【解题方法】

利用2阶和3阶行列式的计算公式及行列式的性质来解题.

【例1】

已知$f(x) = \begin{vmatrix} 1 & -2 & 1 \\ -1 & 4 & x \\ 1 & -8 & x^2 \end{vmatrix}$，则$f(x) = 0$的根为(　　).

(A) $x_1=-1,x_2=1$　　(B) $x_1=1,x_2=-2$　　(C) $x_1=1,x_2=2$

(D) $x_1=-1,x_2=2$　　(E) $x_1=-1,x_2=-2$

【答案】(E)

【解析】

该题考查行列式方程的求解.

$$f(x)=\begin{vmatrix}1&-2&1\\-1&4&x\\1&-8&x^2\end{vmatrix}=\begin{vmatrix}1&-2&1\\0&2&1+x\\0&-6&x^2-1\end{vmatrix}=2(x^2+3x+2)=0,$$

解得 $x_1=-1,x_2=-2$.

【例 2】

若向量 $\boldsymbol{\alpha}=(x,y)$ 满足 $\begin{vmatrix}x&2&2\\2&y&2\\2&2&1\end{vmatrix}=\begin{vmatrix}2&y&2\\x&2&2\\2&2&1\end{vmatrix}$, 且 $|x-y|=3$, 则这样的向量的个数为(　　).

(A)1　　(B)2　　(C)3　　(D)4　　(E)6

【答案】(D)

【解析】

由向量 $\boldsymbol{\alpha}=(x,y)$ 满足的第一个式子可得 $(x-4)(y-4)-4=4-(x-4)(y-4)$，从而 $(x-4)(y-4)=4$，又 $|x-y|=3$，即 $|(x-4)-(y-4)|=3$，则 $\begin{cases}x-4=4,\\y-4=1\end{cases}$ 或 $\begin{cases}x-4=1,\\y-4=4\end{cases}$ 或 $\begin{cases}x-4=-4,\\y-4=-1\end{cases}$ 或 $\begin{cases}x-4=-1,\\y-4=-4,\end{cases}$ 即 $\begin{cases}x=8,\\y=5\end{cases}$ 或 $\begin{cases}x=5,\\y=8\end{cases}$ 或 $\begin{cases}x=0,\\y=3\end{cases}$ 或 $\begin{cases}x=3,\\y=0,\end{cases}$ 故这样的向量 $\boldsymbol{\alpha}=(x,y)$ 有4个.

【例 3】

已知 $\begin{vmatrix}x&-m&-1&0\\0&-x&m&1\\-1&0&x&-m\\m&1&0&-x\end{vmatrix}=a_4x^4+a_3x^3+a_2x^2+a_1x+a_0$, 则 $a_4+a_3+a_2+a_1+a_0=$(　　).

(A) $-m^4+4m^2$　　(B) m^4+4m^2　　(C) $-m^4+2m^2$　　(D) m^4-4m^2　　(E) $-m^4-4m^2$

【答案】(E)

【解析】

$$a_4+a_3+a_2+a_1+a_0=\begin{vmatrix}1&-m&-1&0\\0&-1&m&1\\-1&0&1&-m\\m&1&0&-1\end{vmatrix}=\begin{vmatrix}1&-m&-1&0\\0&-1&m&1\\0&-m&0&-m\\m&1&0&-1\end{vmatrix}=-m\begin{vmatrix}1&-m&-1&0\\0&-1&m&1\\0&1&0&1\\m&1&0&-1\end{vmatrix}$$

$$=-m\left(\begin{vmatrix}-1&m&1\\1&0&1\\1&0&-1\end{vmatrix}-m\begin{vmatrix}-m&-1&0\\-1&m&1\\1&0&1\end{vmatrix}\right)$$

$$=-m\left[2m-m(-m^2-2)\right]=-m^4-4m^2\ .$$

【例 4】

设 a 为实数, $f(x)=\begin{vmatrix}a+1&x+1&x+a\\x+1&x+a&a+1\\x+a&a+1&x+1\end{vmatrix}$, 则(　　).

(A) 当 $a=0$ 时, $f(x)=0$ 有 2 个不同的实根

(B) 当 $a=0$ 时, $f(x)=0$ 有 3 个不同的实根

(C) 当 $a=1$ 时, $f(x)=0$ 仅有 1 个实根

(D) 当 $a=1$ 时, $f(x)=0$ 有 2 个不同的实根

(E) 当 $a=1$ 时, $f(x)=0$ 有 3 个不同的实根

【答案】(D)

【解析】

$$f(x)=\begin{vmatrix}a+1&x+1&x+a\\x+1&x+a&a+1\\x+a&a+1&x+1\end{vmatrix}=\begin{vmatrix}2(a+x+1)&2(a+x+1)&2(a+x+1)\\x+1&x+a&a+1\\x+a&a+1&x+1\end{vmatrix}$$

$$=2(a+x+1)\begin{vmatrix}1&1&1\\x+1&x+a&a+1\\x+a&a+1&x+1\end{vmatrix}=2(a+x+1)\begin{vmatrix}1&1&1\\0&a-1&a-x\\0&1-x&1-a\end{vmatrix},$$

当 $a=0$ 时, $f(x)=2(x+1)(-1-x^2+x)=-2(x+1)(x^2-x+1)=0$ 仅有 1 个实根; 当 $a=1$ 时, $f(x)=-2(x+2)(1-x)^2=0$ 有 2 个不同的实根. 故选(D).

考向二：几个重要行列式

考点：几个重要行列式

（1）主对角线行列式(上(下)三角形行列式).

$$\begin{vmatrix} a_{11} & a_{12} & \cdots & a_{1n} \\ 0 & a_{22} & \cdots & a_{2n} \\ \vdots & \vdots & & \vdots \\ 0 & 0 & \cdots & a_{nn} \end{vmatrix} = \begin{vmatrix} a_{11} & 0 & \cdots & 0 \\ a_{21} & a_{22} & \cdots & 0 \\ \vdots & \vdots & & \vdots \\ a_{n1} & a_{n2} & \cdots & a_{nn} \end{vmatrix} = \begin{vmatrix} a_{11} & 0 & \cdots & 0 \\ 0 & a_{22} & \cdots & 0 \\ \vdots & \vdots & & \vdots \\ 0 & 0 & \cdots & a_{nn} \end{vmatrix} = a_{11}a_{22}\cdots a_{nn}.$$

（2）副对角线行列式.

$$\begin{vmatrix} a_{11} & \cdots & a_{1,n-1} & a_{1n} \\ a_{21} & \cdots & a_{2,n-1} & 0 \\ \vdots & & \vdots & \vdots \\ a_{n1} & \cdots & 0 & 0 \end{vmatrix} = \begin{vmatrix} 0 & \cdots & 0 & a_{1n} \\ 0 & \cdots & a_{2,n-1} & a_{2n} \\ \vdots & & \vdots & \vdots \\ a_{n1} & \cdots & a_{n,n-1} & a_{nn} \end{vmatrix} = \begin{vmatrix} 0 & \cdots & 0 & a_{1n} \\ 0 & \cdots & a_{2,n-1} & 0 \\ \vdots & & \vdots & \vdots \\ a_{n1} & \cdots & 0 & 0 \end{vmatrix} = (-1)^{\frac{n(n-1)}{2}} a_{1n}a_{2,n-1}\cdots a_{n1}.$$

（3）拉普拉斯公式.

已知$\boldsymbol{A},\boldsymbol{B}$分别为$m$阶和$n$阶方阵，则

①主对角：$\begin{vmatrix} \boldsymbol{A} & \boldsymbol{O} \\ \boldsymbol{O} & \boldsymbol{B} \end{vmatrix} = \begin{vmatrix} \boldsymbol{A} & \boldsymbol{C} \\ \boldsymbol{O} & \boldsymbol{B} \end{vmatrix} = \begin{vmatrix} \boldsymbol{A} & \boldsymbol{O} \\ \boldsymbol{C} & \boldsymbol{B} \end{vmatrix} = |\boldsymbol{A}||\boldsymbol{B}|.$

②副对角：$\begin{vmatrix} \boldsymbol{O} & \boldsymbol{A} \\ \boldsymbol{B} & \boldsymbol{O} \end{vmatrix} = \begin{vmatrix} \boldsymbol{O} & \boldsymbol{A} \\ \boldsymbol{B} & \boldsymbol{C} \end{vmatrix} = \begin{vmatrix} \boldsymbol{C} & \boldsymbol{A} \\ \boldsymbol{B} & \boldsymbol{O} \end{vmatrix} = (-1)^{mn}|\boldsymbol{A}||\boldsymbol{B}|.$

（4）范德蒙德行列式.

$$\begin{vmatrix} 1 & 1 & 1 & \cdots & 1 \\ a_1 & a_2 & a_3 & \cdots & a_n \\ a_1^2 & a_2^2 & a_3^2 & \cdots & a_n^2 \\ \vdots & \vdots & \vdots & & \vdots \\ a_1^{n-1} & a_2^{n-1} & a_3^{n-1} & \cdots & a_n^{n-1} \end{vmatrix} = \begin{vmatrix} 1 & a_1 & a_1^2 & \cdots & a_1^{n-1} \\ 1 & a_2 & a_2^2 & \cdots & a_2^{n-1} \\ 1 & a_3 & a_3^2 & \cdots & a_3^{n-1} \\ \vdots & \vdots & \vdots & & \vdots \\ 1 & a_n & a_n^2 & \cdots & a_n^{n-1} \end{vmatrix} = \prod_{1\leqslant i<j\leqslant n}(a_j-a_i), n\geqslant 2.$$

考向三：行列式的展开定理

考点：行列式的展开定理

1.余子式

去掉n阶行列式D中元素a_{ij}所在的第i行和第j列的元素，剩下的元素按原次序构成的$n-1$阶行列式称为元素a_{ij}的余子式，记为M_{ij}.

2.代数余子式

记 $A_{ij}=(-1)^{i+j}M_{ij}$，A_{ij} 称为元素 a_{ij} 的代数余子式.

【注】

①代数余子式的阶数比原行列式低一阶.

②某点处的代数余子式与该点所在行、所在列的元素无关.

3.行列式的按行(列)展开定理

行列式的值等于其任何一行(列)所有元素与其代数余子式乘积之和, 即

$$\begin{aligned}|\boldsymbol{A}|&=a_{i1}A_{i1}+a_{i2}A_{i2}+\cdots+a_{in}A_{in}(i=1,2,\cdots,n)\\&=a_{1j}A_{1j}+a_{2j}A_{2j}+\cdots+a_{nj}A_{nj}(j=1,2,\cdots,n).\end{aligned}$$

【推论】

行列式一行(列)的所有元素与另一行(列)对应元素的代数余子式的乘积之和为零, 即

$$a_{i1}A_{k1}+a_{i2}A_{k2}+\cdots+a_{in}A_{kn}=0(i\neq k),$$

$$a_{1j}A_{1k}+a_{2j}A_{2k}+\cdots+a_{nj}A_{nk}=0(j\neq k).$$

【注】

① $a_{i1}A_{j1}+a_{i2}A_{j2}+\cdots+a_{in}A_{jn}=\begin{cases}|\boldsymbol{A}|, & i=j,\\0, & i\neq j.\end{cases}$

②展开定理使用原则: 选择0多的行或列; 首行或首列.

题型二: 具体型行列式的计算

【解题方法】

(1)掌握行列式性质、展开定理, 熟记特殊行列式的计算公式;

(2)化零降阶法, 先利用性质将行列式的某一行或某一列化到只有一个元素不为0, 再用行列式展开定理化为低一阶的行列式;

(3)化三角形行列式法, 对于各行(列)元素之和相等的行列式, 先将各列(行)全部加到第一列(行), 再将第一列(行)元素提取到行列式外, 这时, 第一列(行)元素全部变为1, 然后利用倍加将行列式化为三角形行列式, 最后使用三角形行列式的计算方法解得行列式的值;

(4)对爪形行列式, 各行倍加到第一行, 消去平爪;

(5)对三对角行列式, 逐行相减, 化为三角形行列式.

【例 1】

设$\begin{vmatrix} a_{11} & a_{12} & a_{13} \\ a_{21} & a_{22} & a_{23} \\ a_{31} & a_{32} & a_{33} \end{vmatrix} = m \neq 0$，则$\begin{vmatrix} 3a_{11} & 2a_{11}-4a_{12} & 2a_{12}+a_{13} \\ 3a_{21} & 2a_{21}-4a_{22} & 2a_{22}+a_{23} \\ 3a_{31} & 2a_{31}-4a_{32} & 2a_{32}+a_{33} \end{vmatrix} = (\quad)$.

(A) $-24m$　　(B) $-12m$　　(C) $6m$

(D) $12m$　　(E) $24m$

【答案】(B)

【解析】

$$\begin{vmatrix} 3a_{11} & 2a_{11}-4a_{12} & 2a_{12}+a_{13} \\ 3a_{21} & 2a_{21}-4a_{22} & 2a_{22}+a_{23} \\ 3a_{31} & 2a_{31}-4a_{32} & 2a_{32}+a_{33} \end{vmatrix} = \begin{vmatrix} 3a_{11} & -4a_{12} & 2a_{12}+a_{13} \\ 3a_{21} & -4a_{22} & 2a_{22}+a_{23} \\ 3a_{31} & -4a_{32} & 2a_{32}+a_{33} \end{vmatrix}$$

$$= \begin{vmatrix} 3a_{11} & -4a_{12} & a_{13} \\ 3a_{21} & -4a_{22} & a_{23} \\ 3a_{31} & -4a_{32} & a_{33} \end{vmatrix} = -12\begin{vmatrix} a_{11} & a_{12} & a_{13} \\ a_{21} & a_{22} & a_{23} \\ a_{31} & a_{32} & a_{33} \end{vmatrix} = -12m.$$

【例 2】

行列式$\begin{vmatrix} a & b & c & d \\ b & 0 & 0 & c \\ c & 0 & 0 & b \\ d & c & b & a \end{vmatrix} = (\quad)$.

(A) $(d^2-a^2)(b^2-c^2)$　　(B) $(a^2-d^2)(b^2-c^2)$　　(C) $(a^2-c^2)(b^2-d^2)$

(D) $(b^2-c^2)^2$　　(E) $(a^2-d^2)^2$

【答案】(D)

【解析】

该题考查拉普拉斯公式.

$$\begin{vmatrix} a & b & c & d \\ b & 0 & 0 & c \\ c & 0 & 0 & b \\ d & c & b & a \end{vmatrix} \xlongequal{c_2 \leftrightarrow c_4} -\begin{vmatrix} a & d & c & b \\ b & c & 0 & 0 \\ c & b & 0 & 0 \\ d & a & b & c \end{vmatrix} \xlongequal{r_1 \leftrightarrow r_3} \begin{vmatrix} c & b & 0 & 0 \\ b & c & 0 & 0 \\ a & d & c & b \\ d & a & b & c \end{vmatrix},$$

令$\boldsymbol{A} = \begin{pmatrix} c & b \\ b & c \end{pmatrix}$，$\boldsymbol{B} = \begin{pmatrix} a & d \\ d & a \end{pmatrix}$，根据拉普拉斯公式，则

$$\text{原式} = \begin{vmatrix} \boldsymbol{A} & \boldsymbol{O} \\ \boldsymbol{B} & \boldsymbol{A} \end{vmatrix} = |\boldsymbol{A}|^2 = \left(\begin{vmatrix} c & b \\ b & c \end{vmatrix}\right)^2 = (c^2-b^2)^2.$$

【例3】

$$\begin{vmatrix} x+a & a & a & a \\ a & x+a & a & a \\ a & a & x+a & a \\ a & a & a & x+a \end{vmatrix} = (\quad).$$

(A) $(x+4a)x^3$ (B) $(x+4a)x^4$ (C) $(x+5a)x^3$

(D) $(x+3a)x^3$ (E) $(x+4a)x^5$

【答案】(A)

【解析】

$$\begin{vmatrix} x+a & a & a & a \\ a & x+a & a & a \\ a & a & x+a & a \\ a & a & a & x+a \end{vmatrix} \xlongequal{r_1+r_2+r_3+r_4} \begin{vmatrix} x+4a & x+4a & x+4a & x+4a \\ a & x+a & a & a \\ a & a & x+a & a \\ a & a & a & x+a \end{vmatrix}$$

$$\xlongequal{r_1\text{提取}(x+4a)} (x+4a)\begin{vmatrix} 1 & 1 & 1 & 1 \\ a & x+a & a & a \\ a & a & x+a & a \\ a & a & a & x+a \end{vmatrix}$$

$$= (x+4a)\begin{vmatrix} 1 & 1 & 1 & 1 \\ 0 & x & 0 & 0 \\ 0 & 0 & x & 0 \\ 0 & 0 & 0 & x \end{vmatrix}$$

$$\xlongequal{\text{根据上三角形行列式}} (x+4a)x^3.$$

【例4】

设 a,b,c 是互异的实数，$D = \begin{vmatrix} a & b & c \\ a^2 & b^2 & c^2 \\ b+c & c+a & a+b \end{vmatrix}$，则 $D=0$ 的充分必要条件是(　　).

(A) $a+b+c=0$ (B) $abc=1$

(C) $ab+bc+ca=0$ (D) $ab+bc+ca=1$

(E) $a^3+b^3+c^3=0$

【答案】(A)

【解析】

该题考查范德蒙德行列式的计算.

$$D=\begin{vmatrix} a & b & c \\ a^2 & b^2 & c^2 \\ b+c & c+a & a+b \end{vmatrix} \xlongequal{r_3+r_1} \begin{vmatrix} a & b & c \\ a^2 & b^2 & c^2 \\ a+b+c & a+b+c & a+b+c \end{vmatrix}$$

$$\xlongequal[r_3 \leftrightarrow r_2]{r_3 \leftrightarrow r_1}(a+b+c)\begin{vmatrix} 1 & 1 & 1 \\ a & b & c \\ a^2 & b^2 & c^2 \end{vmatrix}=(a+b+c)(b-a)(c-a)(c-b),$$

由于 a,b,c 是互异的实数，故 $D=0$ 的充分必要条件是 $a+b+c=0$.

【例 5】

行列式 $D_4=\begin{vmatrix} 1 & 1 & 1 & 1 \\ 1 & a & 0 & 0 \\ 1 & 0 & b & 0 \\ 1 & 0 & 0 & c \end{vmatrix}=(\quad)$.

(A) $\left(1-\frac{1}{a}-\frac{1}{b}-\frac{1}{c}\right)abc$ (B) abc (C) $\frac{1}{a}\cdot\frac{1}{b}\cdot\frac{1}{c}$

(D) $a^2b^2c^2$ (E) $a\cdot\frac{1}{b^2}\cdot\frac{1}{c^2}$

【答案】(A)

【解析】

该题考查爪形行列式，将爪形行列式变形得

$$D_4=\begin{vmatrix} 1 & 1 & 1 & 1 \\ 1 & a & 0 & 0 \\ 1 & 0 & b & 0 \\ 1 & 0 & 0 & c \end{vmatrix}$$

$$\xlongequal[\substack{r_1+r_3\times\left(-\frac{1}{b}\right) \\ r_1+r_4\times\left(-\frac{1}{c}\right)}]{r_1+r_2\times\left(-\frac{1}{a}\right)} \begin{vmatrix} 1-\frac{1}{a}-\frac{1}{b}-\frac{1}{c} & 0 & 0 & 0 \\ 1 & a & 0 & 0 \\ 1 & 0 & b & 0 \\ 1 & 0 & 0 & c \end{vmatrix}$$

$$=\left(1-\frac{1}{a}-\frac{1}{b}-\frac{1}{c}\right)abc.$$

题型三：余子式和代数余子式的线性和计算

【解题方法】

目标：构造新的行列式求解.

方法：代数余子式的角标提供“位置”；组合系数为“替换元素”，即

$$k_1A_{i1}+k_2A_{i2}+\cdots+k_nA_{in}=\begin{vmatrix} a_{11} & a_{12} & \cdots & a_{1n} \\ \vdots & \vdots & & \vdots \\ k_1 & k_2 & \cdots & k_n \\ \vdots & \vdots & & \vdots \\ a_{n1} & a_{n2} & \cdots & a_{nn} \end{vmatrix}(\text{此为第 } i \text{ 行}).$$

【例 6】

已知行列式 $\begin{vmatrix} 1 & 2 & -1 & 1 \\ 0 & 2 & t & 1 \\ 3 & -1 & 2 & 2 \\ -1 & 3 & 2 & 1 \end{vmatrix}$，$A_{ij}$ 为元素 a_{ij} 的代数余子式，若 $A_{31}-A_{32}+2A_{33}-A_{34}=0$，则 $t=$(　　).

(A) -1　　(B) $-\frac{1}{2}$　　(C) 0　　(D) $\frac{1}{2}$　　(E) 1

【答案】(B)

【解析】

构造新的行列式求解，代数余子式的角标提供“位置”；组合系数为“替换元素”，故

$$A_{31}-A_{32}+2A_{33}-A_{34}=\begin{vmatrix} 1 & 2 & -1 & 1 \\ 0 & 2 & t & 1 \\ 1 & -1 & 2 & -1 \\ -1 & 3 & 2 & 1 \end{vmatrix}=0,$$

解得 $t=-\frac{1}{2}$.

【例 7】

设 $D=\begin{vmatrix} 1 & 1 & 1 & 1 \\ 1 & 2 & 0 & 0 \\ 1 & 0 & 3 & 0 \\ 1 & 0 & 0 & 4 \end{vmatrix}$，则行列式 D 的所有元素的代数余子式之和为(　　).

(A) -4　　(B) -2　　(C) 0　　(D) 2　　(E) 4

【答案】(B)

【解析】

$$D=\begin{vmatrix}1&1&1&1\\1&2&0&0\\1&0&3&0\\1&0&0&4\end{vmatrix}\xlongequal[j=2,3,4]{c_1+c_j\cdot\left(-\frac{1}{j}\right)}\begin{vmatrix}-\frac{1}{12}&1&1&1\\0&2&0&0\\0&0&3&0\\0&0&0&4\end{vmatrix}=-2 .$$

故 D 的所有元素的代数余子式之和为

$$\sum_{j=1}^{4}\sum_{i=1}^{4}A_{ij}=\sum_{j=1}^{4}A_{1j}+\sum_{j=1}^{4}A_{2j}+\sum_{j=1}^{4}A_{3j}+\sum_{j=1}^{4}A_{4j}=\sum_{j=1}^{4}1\cdot A_{1j}+\sum_{j=1}^{4}1\cdot A_{2j}+\sum_{j=1}^{4}1\cdot A_{3j}+\sum_{j=1}^{4}1\cdot A_{4j}$$

$$=D+0+0+0=D=-2 .$$

题型四：抽象型行列式的计算

【解题方法】

抽象型行列式的计算题，主要以4阶或4阶以上阶数为主.

(1)利用行列式的性质：互换、倍加、拆分、提公因式；

(2)拆分成分块矩阵：将抽象型行列式具体化.

【例 8】

已知 $\boldsymbol{\alpha}_1,\boldsymbol{\alpha}_2,\boldsymbol{\alpha}_3,\boldsymbol{\beta},\boldsymbol{\gamma}$ 均是4维列向量，且 $|\boldsymbol{\gamma},\boldsymbol{\alpha}_1,\boldsymbol{\alpha}_2,\boldsymbol{\alpha}_3|=n,|\boldsymbol{\alpha}_1,\boldsymbol{\beta}+\boldsymbol{\gamma},\boldsymbol{\alpha}_2,\boldsymbol{\alpha}_3|=m$，则 $|\boldsymbol{\alpha}_1,\boldsymbol{\alpha}_2,\boldsymbol{\alpha}_3,3\boldsymbol{\beta}|=$ (　　).

(A) $m+n$　　(B) $3m$　　(C) $m-n$　　(D) $3m-n$　　(E) $3(m+n)$

【答案】(E)

【解析】

该题考查行列式的性质.

$$|\boldsymbol{\alpha}_1,\boldsymbol{\alpha}_2,\boldsymbol{\alpha}_3,3\boldsymbol{\beta}|=3|\boldsymbol{\alpha}_1,\boldsymbol{\alpha}_2,\boldsymbol{\alpha}_3,\boldsymbol{\beta}|,$$

又
$$|\boldsymbol{\alpha}_1,\boldsymbol{\beta}+\boldsymbol{\gamma},\boldsymbol{\alpha}_2,\boldsymbol{\alpha}_3|=|\boldsymbol{\alpha}_1,\boldsymbol{\beta},\boldsymbol{\alpha}_2,\boldsymbol{\alpha}_3|+|\boldsymbol{\alpha}_1,\boldsymbol{\gamma},\boldsymbol{\alpha}_2,\boldsymbol{\alpha}_3|=m,$$

故
$$m=|\boldsymbol{\alpha}_1,\boldsymbol{\alpha}_2,\boldsymbol{\alpha}_3,\boldsymbol{\beta}|-|\boldsymbol{\gamma},\boldsymbol{\alpha}_1\ \boldsymbol{\alpha}_2,\boldsymbol{\alpha}_3|,$$

则
$$|\boldsymbol{\alpha}_1,\boldsymbol{\alpha}_2,\boldsymbol{\alpha}_3,\boldsymbol{\beta}|=m+n,$$

得
$$|\boldsymbol{\alpha}_1,\boldsymbol{\alpha}_2,\boldsymbol{\alpha}_3,3\boldsymbol{\beta}|=3(m+n).$$

【例 9】

已知4阶行列式 $|\boldsymbol{\alpha}_1,\boldsymbol{\alpha}_2,\boldsymbol{\alpha}_3,\boldsymbol{\beta}|=a,|\boldsymbol{\beta}+\boldsymbol{\gamma},\boldsymbol{\alpha}_2,\boldsymbol{\alpha}_3,\boldsymbol{\alpha}_1|=b$，则 $|\boldsymbol{\alpha}_2+\boldsymbol{\alpha}_3,\boldsymbol{\alpha}_1,\boldsymbol{\alpha}_3,\boldsymbol{\gamma}|=$(　　).

(A) $a+b$　　(B) $a-2b$　　(C) $a-b$　　(D) $3a-b$　　(E) $2a-b$

【答案】(A)

【解析】

该题考查行列式的性质.

$$|\boldsymbol{\alpha}_2+\boldsymbol{\alpha}_3,\boldsymbol{\alpha}_1,\boldsymbol{\alpha}_3,\boldsymbol{\gamma}|=|\boldsymbol{\alpha}_2,\boldsymbol{\alpha}_1,\boldsymbol{\alpha}_3,\boldsymbol{\gamma}|+|\boldsymbol{\alpha}_3,\boldsymbol{\alpha}_1,\boldsymbol{\alpha}_3,\boldsymbol{\gamma}|=|\boldsymbol{\alpha}_2,\boldsymbol{\alpha}_1,\boldsymbol{\alpha}_3,\boldsymbol{\gamma}|,$$

又已知 $$|\boldsymbol{\beta}+\boldsymbol{\gamma},\boldsymbol{\alpha}_2,\boldsymbol{\alpha}_3,\boldsymbol{\alpha}_1|=|\boldsymbol{\beta},\boldsymbol{\alpha}_2,\boldsymbol{\alpha}_3,\boldsymbol{\alpha}_1|+|\boldsymbol{\gamma},\boldsymbol{\alpha}_2,\boldsymbol{\alpha}_3,\boldsymbol{\alpha}_1|=b,$$

即 $$b=-|\boldsymbol{\alpha}_1,\boldsymbol{\alpha}_2,\boldsymbol{\alpha}_3,\boldsymbol{\beta}|+|\boldsymbol{\alpha}_2,\boldsymbol{\alpha}_1,\boldsymbol{\alpha}_3,\boldsymbol{\gamma}|,$$

则 $$a+b=|\boldsymbol{\alpha}_2,\boldsymbol{\alpha}_1,\boldsymbol{\alpha}_3,\boldsymbol{\gamma}|,$$

故 $|\boldsymbol{\alpha}_2+\boldsymbol{\alpha}_3,\boldsymbol{\alpha}_1,\boldsymbol{\alpha}_3,\boldsymbol{\gamma}|=a+b.$

第6讲 矩阵

本讲解读

本讲从内容上划分为矩阵的概念和运算、伴随矩阵和逆矩阵、初等变换与初等矩阵、矩阵的秩四个部分，共计7个考向、26个考点、6个题型，从真题对考试大纲的实践来看，本讲在考试中大约占4道题(试卷数学部分共35道题)，约占线性代数部分的57%、数学部分的11%.

矩阵是线性代数活动的基地，应用广泛，考纲要求考生掌握矩阵的运算，其中考试的重点是矩阵的乘法运算、伴随矩阵、可逆矩阵和初等矩阵.

真题分析

考试清单 \ 数量 \ 年份		2021年	2022年	2023年	2024年	2025年
矩阵的运算	矩阵的基础运算	1			1	1
	矩阵多项式运算	1			1	1
方阵的逆				2		
初等变换和初等矩阵	初等变换		1			
	左行右列定理		1		1	1
	矩阵可交换					1

考向一：矩阵的概念

考点1：定义

由 $m\times n$ 个数 $a_{ij}(i=1,2,\cdots,m;j=1,2,\cdots,n)$ 排成的 m 行 n 列的数表

$$\begin{pmatrix} a_{11} & a_{12} & \cdots & a_{1n} \\ a_{21} & a_{22} & \cdots & a_{2n} \\ \vdots & \vdots & & \vdots \\ a_{m1} & a_{m2} & \cdots & a_{mn} \end{pmatrix}$$

称为 m 行 n 列矩阵，简称 $m\times n$ 矩阵，简记为 $\boldsymbol{A}=(a_{ij})_{m\times n}$.

（1）当 $m=n$ 时，称 $\boldsymbol{A}_{n\times n}$ 为 n 阶矩阵(方阵)，$|\boldsymbol{A}|$ 称为方阵 $\boldsymbol{A}$ 的行列式.

（2）当 $m=1$ 时，$\boldsymbol{A}_{1\times n}$ 为行向量；当 $n=1$ 时，$\boldsymbol{A}_{m\times 1}$ 为列向量.

考点2：常见的矩阵关系

（1）同型矩阵：行数、列数都相同的矩阵称为同型矩阵.

（2）矩阵相等：如果两个同型矩阵 $\boldsymbol{A}=(a_{ij})_{m\times n}$，$\boldsymbol{B}=(b_{ij})_{m\times n}$ 对应的元素全部相等，则称矩阵 $\boldsymbol{A}$ 与矩阵 $\boldsymbol{B}$ 相等，记作 $\boldsymbol{A}=\boldsymbol{B}$.

（3）行列式与矩阵的区别.

①行列式是一种运算法则，结果为一个具体的数值，行数和列数必须相等；矩阵是一个数表，行数和列数可以不相等.

②两个行列式的值相等不一定对应元素相等；但两个矩阵相等必须是同型矩阵且对应元素全部相等.

考点3：常见的特殊矩阵

（1）零矩阵：$\boldsymbol{A}=(a_{ij})_{m\times n}$，任意 $i\in\{1,2,\cdots,m\},j\in\{1,2,\cdots,n\}$，都有 $a_{ij}=0$，记为 $\boldsymbol{O}$.

【注】

不同型的零矩阵不相等.

（2）单位矩阵：$\boldsymbol{E}_n=\begin{pmatrix}1&&&\\&1&&\\&&\ddots&\\&&&1\end{pmatrix}$.

【注】

单位矩阵的作用类似于单位1，如 $\boldsymbol{AE}=\boldsymbol{EA}=\boldsymbol{A}$；$\boldsymbol{A}^0=\boldsymbol{E},\boldsymbol{E}^n=\boldsymbol{E}$.

（3）数量矩阵：$\boldsymbol{A}=k\boldsymbol{E}=\begin{pmatrix}k&&&\\&k&&\\&&\ddots&\\&&&k\end{pmatrix}$.

【注】

①若 $\boldsymbol{A}$ 为数量矩阵，$\boldsymbol{B}$ 为同阶方阵，则 $\boldsymbol{AB}=\boldsymbol{BA}=k\boldsymbol{B}$；

②$|\boldsymbol{A}|=k^n$.

（4）**对角矩阵**：$A_{n\times n}=\begin{pmatrix}\lambda_1 & & & \\ & \lambda_2 & & \\ & & \ddots & \\ & & & \lambda_n\end{pmatrix}$.

【注】

若A为对角矩阵，则$A^{\mathrm{T}}=A,|A|=\lambda_1\lambda_2\cdots\lambda_n$.

（5）**上(下)三角形矩阵**：

上三角形矩阵$\begin{pmatrix}a_{11} & a_{12} & \cdots & a_{1n}\\ 0 & a_{22} & \cdots & a_{2n}\\ \vdots & \vdots & & \vdots\\ 0 & 0 & \cdots & a_{nn}\end{pmatrix}$，下三角形矩阵$\begin{pmatrix}a_{11} & 0 & \cdots & 0\\ a_{21} & a_{22} & \cdots & 0\\ \vdots & \vdots & & \vdots\\ a_{n1} & a_{n2} & \cdots & a_{nn}\end{pmatrix}$.

【注】

若A为上(下)三角形矩阵，则$|A|=a_{11}a_{22}\cdots a_{nn}$.

（6）**对称矩阵**：若$A=(a_{ij})_{n\times n}$，$a_{ij}=a_{ji}(i,j=1,2,\cdots,n)$，即$A^{\mathrm{T}}=A$，称$A$为对称矩阵.

（7）**反对称矩阵**：若$A=(a_{ij})_{n\times n}$，$a_{ij}=-a_{ji}\ (i,j=1,2,\cdots,n)$，即$A^{\mathrm{T}}=-A$，称$A$为反对称矩阵.

考向二：矩阵的基本运算(加法、数乘、乘法、转置)

考点1：矩阵的加法

设$A=(a_{ij})_{m\times n}$，$B=(b_{ij})_{m\times n}$是两个$m\times n$的同型矩阵，规定：

$$A+B=(a_{ij}+b_{ij})_{m\times n}=\begin{pmatrix}a_{11}+b_{11} & a_{12}+b_{12} & \cdots & a_{1n}+b_{1n}\\ a_{21}+b_{21} & a_{22}+b_{22} & \cdots & a_{2n}+b_{2n}\\ \vdots & \vdots & & \vdots\\ a_{m1}+b_{m1} & a_{m2}+b_{m2} & \cdots & a_{mn}+b_{mn}\end{pmatrix}.$$

考点2：矩阵的数乘

设$A=(a_{ij})_{m\times n}$是一个$m\times n$矩阵，k为任意实数，则$kA=(ka_{ij})_{m\times n}$，即

$$kA=\begin{pmatrix}ka_{11} & ka_{12} & \cdots & ka_{1n}\\ ka_{21} & ka_{22} & \cdots & ka_{2n}\\ \vdots & \vdots & & \vdots\\ ka_{m1} & ka_{m2} & \cdots & ka_{mn}\end{pmatrix}.$$

考点3：矩阵的乘法

设 $A=(a_{ij})_{m\times n}$，$B=(b_{ij})_{n\times s}$，定义矩阵 $C=(c_{ij})_{m\times s}$，其中，$c_{ij}=a_{i1}b_{1j}+a_{i2}b_{2j}+\cdots+a_{in}b_{nj}=\sum_{k=1}^{n}a_{ik}b_{kj}$，矩阵 C 称为矩阵 A 与矩阵 B 的乘积，记作 $C=AB$.

$$\begin{pmatrix} \cdots & \cdots & \cdots & \cdots \\ a_{i1} & a_{i2} & \cdots & a_{in} \\ \cdots & \cdots & \cdots & \cdots \end{pmatrix}_{m\times n}\begin{pmatrix} \vdots & b_{1j} & \vdots \\ \vdots & b_{2j} & \vdots \\ \vdots & \vdots & \vdots \\ \vdots & b_{nj} & \vdots \end{pmatrix}_{n\times s}=\begin{pmatrix} \cdots & \cdots & \cdots \\ \cdots & c_{ij} & \cdots \\ \cdots & \cdots & \cdots \end{pmatrix}_{m\times s}.$$

【注】

①矩阵 A,B 相乘的前提是矩阵 A 的列数和矩阵 B 的行数相等.

② C 中的每个元素均为左边矩阵“一行的数”与右边矩阵“一列的数”对应相乘再相加的结果.

③矩阵的乘法一般无交换律，即 $AB\neq BA$.

④ $AB=O$ 不能得到 $A=O$ 或 $B=O$.

⑤矩阵乘法无消去律，即 $AB=AC$ 不能推出 $B=C$.

⑥若 A 可逆，则 $AB=O$ 可以推出 $B=O$；$AB=AC$ 可以推出 $B=C$.

⑦若 $AB=BA$（A 与 B 可交换），则

a. $(A+B)^2=A^2+AB+BA+B^2=A^2+2AB+B^2$；

b. $(A+B)(A-B)=A^2-B^2$；

c. $(AB)^m=(AB)(AB)\cdots(AB)=A^mB^m$；

d. $(A+B)^n=\sum_{k=0}^{n}\mathrm{C}_n^kA^kB^{n-k}$.

考点4：矩阵的转置

把矩阵 A 的行和列的同序数的元素互换位置，叫作 A 的转置矩阵，记作 A^{T}，即

$$A=\begin{pmatrix} a_{11} & a_{12} & \cdots & a_{1n} \\ a_{21} & a_{22} & \cdots & a_{2n} \\ \vdots & \vdots & & \vdots \\ a_{m1} & a_{m2} & \cdots & a_{mn} \end{pmatrix}_{m\times n},A^{\mathrm{T}}=\begin{pmatrix} a_{11} & a_{21} & \cdots & a_{m1} \\ a_{12} & a_{22} & \cdots & a_{m2} \\ \vdots & \vdots & & \vdots \\ a_{1n} & a_{2n} & \cdots & a_{mn} \end{pmatrix}_{n\times m}.$$

【注】

转置矩阵的运算性质.

① $(A^{T})^{T}=A$;

② $(A+B)^{T}=A^{T}+B^{T}$;

③ $(kA)^{T}=kA^{T}$;

④ $(AB)^{T}=B^{T}A^{T}$.

题型一：矩阵多项式运算

【解题方法】

掌握矩阵的加法、数乘、乘法、转置的运算.

【例 1】

已知矩阵 $A=\begin{pmatrix}1&-1\\2&3\end{pmatrix}$, E 为 2 阶单位矩阵, 则 $A^2-4A+3E=$(　　).

(A) $\begin{pmatrix}0&2\\2&0\end{pmatrix}$　(B) $\begin{pmatrix}0&-2\\-2&0\end{pmatrix}$　(C) $\begin{pmatrix}2&0\\0&2\end{pmatrix}$　(D) $\begin{pmatrix}-2&0\\0&-2\end{pmatrix}$　(E) $\begin{pmatrix}-2&0\\0&2\end{pmatrix}$

【答案】(D)

【解析】

$$A^2-4A+3E=(A-E)(A-3E)=\begin{pmatrix}0&-1\\2&2\end{pmatrix}\begin{pmatrix}-2&-1\\2&0\end{pmatrix}=\begin{pmatrix}-2&0\\0&-2\end{pmatrix},$$ 故选(D).

【例 2】

已知矩阵 $A=\begin{pmatrix}1&2\\2&3\end{pmatrix}$, E 为 2 阶单位矩阵, 则 $A^4-2A^3-9A^2=$(　　).

(A) $2E$　(B) $-2E$　(C) $-A$　(D) $-2A$　(E) $2A$

【答案】(E)

【解析】

由 $A=\begin{pmatrix}1&2\\2&3\end{pmatrix}$ 可得 $A^2=\begin{pmatrix}5&8\\8&13\end{pmatrix}$, 则

$$\begin{aligned}A^4-2A^3-9A^2&=A^2(A^2-2A-9E)\\&=\begin{pmatrix}5&8\\8&13\end{pmatrix}\begin{pmatrix}-6&4\\4&-2\end{pmatrix}=2A.\end{aligned}$$

考向三：方阵的幂

考点1：定义

如果矩阵$\boldsymbol{A}$为方阵，则定义$\boldsymbol{A}^n=\underbrace{\boldsymbol{A}\boldsymbol{A}\cdots\boldsymbol{A}}_{n\text{个}\boldsymbol{A}}$为矩阵$\boldsymbol{A}$的$n$次幂.特别地，若存在正整数$m$，使得$\boldsymbol{A}^m=\boldsymbol{O}$，则称$\boldsymbol{A}$为幂零矩阵，规定$\boldsymbol{A}^0=\boldsymbol{E}$.

考点2：方阵的幂的运算性质

(1) $\boldsymbol{A}^m\boldsymbol{A}^n=\boldsymbol{A}^{m+n}$;

(2) $(\boldsymbol{A}^m)^n=\boldsymbol{A}^{m\cdot n}$;

(3) 若$\boldsymbol{A}=\begin{pmatrix}\lambda_1&&&\\&\lambda_2&&\\&&\ddots&\\&&&\lambda_n\end{pmatrix}$，则$\boldsymbol{A}^k=\begin{pmatrix}\lambda_1^k&&&\\&\lambda_2^k&&\\&&\ddots&\\&&&\lambda_n^k\end{pmatrix}$;

(4) 分块对角矩阵的幂，即

$$\begin{pmatrix}\boldsymbol{A}_1&&&\\&\boldsymbol{A}_2&&\\&&\ddots&\\&&&\boldsymbol{A}_n\end{pmatrix}^k=\begin{pmatrix}\boldsymbol{A}_1^k&&&\\&\boldsymbol{A}_2^k&&\\&&\ddots&\\&&&\boldsymbol{A}_n^k\end{pmatrix}.$$

题型二：方阵幂的计算

【解题方法】

(1) 总结规律.计算$\boldsymbol{A}^2,\boldsymbol{A}^3,\cdots$，总结规律得到$\boldsymbol{A}^n$的表达式.

(2) 利用矩阵乘法的结合律来计算方阵的幂，当方阵$\boldsymbol{A}$各行以及各列元素均成比例时，$\boldsymbol{A}^n=M^{n-1}\boldsymbol{A}$，其中$M$为方阵$\boldsymbol{A}$的主对角线元素之和.

(3) 结合二项式定理计算方阵的幂，该方法适用于所有形如$\begin{pmatrix}\lambda&0&0\\a&\lambda&0\\c&b&\lambda\end{pmatrix}$(或$\begin{pmatrix}\lambda&a&c\\0&\lambda&b\\0&0&\lambda\end{pmatrix}$)的矩阵.计算步骤：首先将矩阵$\begin{pmatrix}\lambda&0&0\\a&\lambda&0\\c&b&\lambda\end{pmatrix}$分解为$\lambda\boldsymbol{E}+\begin{pmatrix}0&0&0\\a&0&0\\c&b&0\end{pmatrix}$，再利用二项式定理计算该矩

阵的 n 次幂，由于 $\begin{pmatrix} 0 & 0 & 0 \\ a & 0 & 0 \\ c & b & 0 \end{pmatrix}^3 = \boldsymbol{O}$，故利用二项式定理展开之后最多只需计算前三项即可．

【例 1】

已知 $\boldsymbol{\alpha}=(1,2,3)$，$\boldsymbol{\beta}=\left(1,\frac{1}{2},\frac{1}{3}\right)$，设 $\boldsymbol{A}=\boldsymbol{\alpha}^{\mathrm{T}}\boldsymbol{\beta}$，则 $\boldsymbol{A}^n=$________．

【答案】$3^{n-1}\begin{pmatrix} 1 & \frac{1}{2} & \frac{1}{3} \\ 2 & 1 & \frac{2}{3} \\ 3 & \frac{3}{2} & 1 \end{pmatrix}$

【解析】

由矩阵乘法有结合律，注意 $\boldsymbol{\beta}\boldsymbol{\alpha}^{\mathrm{T}}=\left(1,\frac{1}{2},\frac{1}{3}\right)\begin{pmatrix} 1 \\ 2 \\ 3 \end{pmatrix}=3$ 是一个数，而 $\boldsymbol{A}=\boldsymbol{\alpha}^{\mathrm{T}}\boldsymbol{\beta}$ 是一个3阶矩阵，即

$$\boldsymbol{A}=\boldsymbol{\alpha}^{\mathrm{T}}\boldsymbol{\beta}=\begin{pmatrix} 1 \\ 2 \\ 3 \end{pmatrix}\left(1,\frac{1}{2},\frac{1}{3}\right)=\begin{pmatrix} 1 & \frac{1}{2} & \frac{1}{3} \\ 2 & 1 & \frac{2}{3} \\ 3 & \frac{3}{2} & 1 \end{pmatrix},$$

于是，$\boldsymbol{A}^n=\boldsymbol{\alpha}^{\mathrm{T}}\boldsymbol{\beta}\boldsymbol{\alpha}^{\mathrm{T}}\cdots\boldsymbol{\alpha}^{\mathrm{T}}\boldsymbol{\beta}=3^{n-1}\boldsymbol{\alpha}^{\mathrm{T}}\boldsymbol{\beta}=3^{n-1}\begin{pmatrix} 1 & \frac{1}{2} & \frac{1}{3} \\ 2 & 1 & \frac{2}{3} \\ 3 & \frac{3}{2} & 1 \end{pmatrix}$．

【例 2】

已知矩阵 $\boldsymbol{A}=\begin{pmatrix} 2 & -1 & 2 \\ 4 & -2 & 4 \\ 2 & -1 & 2 \end{pmatrix}$，则矩阵 $\boldsymbol{A}^{100}=$________．

【答案】$2^{99}\boldsymbol{A}$

【解析】

该矩阵特点为行(列)之间成比例.

将$\boldsymbol{A}$变形
$$\boldsymbol{A}=\begin{pmatrix}-1\\-2\\-1\end{pmatrix}(-2,1,-2),$$

$$\boldsymbol{A}^2=\boldsymbol{A}\boldsymbol{A}=\begin{pmatrix}-1\\-2\\-1\end{pmatrix}(-2,1,-2)\begin{pmatrix}-1\\-2\\-1\end{pmatrix}(-2,1,-2)=2\boldsymbol{A},$$

$$\boldsymbol{A}^3=\begin{pmatrix}-1\\-2\\-1\end{pmatrix}(-2,1,-2)\begin{pmatrix}-1\\-2\\-1\end{pmatrix}(-2,1,-2)\begin{pmatrix}-1\\-2\\-1\end{pmatrix}(-2,1,-2)=2^2\boldsymbol{A},$$

……

根据递推性, 则$\boldsymbol{A}^{100}=2^{99}\boldsymbol{A}$.

【例 3】

设$\boldsymbol{A}=\begin{pmatrix}\lambda&2&4\\0&\lambda&3\\0&0&\lambda\end{pmatrix}$, $n\geqslant 3$, 则矩阵$\boldsymbol{A}^n=$________.

【答案】$\begin{pmatrix}\lambda^n&2n\lambda^{n-1}&4n\lambda^{n-1}+3n(n-1)\lambda^{n-2}\\0&\lambda^n&3n\lambda^{n-1}\\0&0&\lambda^n\end{pmatrix}$

【解析】

将$\boldsymbol{A}$变形为两个矩阵相加, 再利用二项式定理.

$$\boldsymbol{A}=\begin{pmatrix}\lambda&0&0\\0&\lambda&0\\0&0&\lambda\end{pmatrix}+\begin{pmatrix}0&2&4\\0&0&3\\0&0&0\end{pmatrix}=\lambda\boldsymbol{E}+\boldsymbol{B},$$

又
$$\boldsymbol{B}^2=\begin{pmatrix}0&2&4\\0&0&3\\0&0&0\end{pmatrix}\begin{pmatrix}0&2&4\\0&0&3\\0&0&0\end{pmatrix}=\begin{pmatrix}0&0&6\\0&0&0\\0&0&0\end{pmatrix},$$

$$\boldsymbol{B}^3=\boldsymbol{B}^2\boldsymbol{B}=\begin{pmatrix}0&0&0\\0&0&0\\0&0&0\end{pmatrix},$$

则$\boldsymbol{B}^n=\boldsymbol{O}(n\geqslant 3)$, 故

$$
\begin{aligned}
\boldsymbol{A}^n &= (\lambda\boldsymbol{E}+\boldsymbol{B})^n \\
&= \mathrm{C}_n^0(\lambda\boldsymbol{E})^n\boldsymbol{B}^0+\mathrm{C}_n^1(\lambda\boldsymbol{E})^{n-1}\boldsymbol{B}^1+\mathrm{C}_n^2(\lambda\boldsymbol{E})^{n-2}\boldsymbol{B}^2+\mathrm{C}_n^3(\lambda\boldsymbol{E})^{n-3}\boldsymbol{B}^3+\cdots+\mathrm{C}_n^n(\lambda\boldsymbol{E})^0\boldsymbol{B}^n \\
&= \begin{pmatrix}\lambda^n & 0 & 0\\ 0 & \lambda^n & 0\\ 0 & 0 & \lambda^n\end{pmatrix}+\begin{pmatrix}0 & 2n\lambda^{n-1} & 4n\lambda^{n-1}\\ 0 & 0 & 3n\lambda^{n-1}\\ 0 & 0 & 0\end{pmatrix}+\frac{n(n-1)}{2}\begin{pmatrix}0 & 0 & 6\lambda^{n-2}\\ 0 & 0 & 0\\ 0 & 0 & 0\end{pmatrix} \\
&= \begin{pmatrix}\lambda^n & 2n\lambda^{n-1} & 4n\lambda^{n-1}+3n(n-1)\lambda^{n-2}\\ 0 & \lambda^n & 3n\lambda^{n-1}\\ 0 & 0 & \lambda^n\end{pmatrix}.
\end{aligned}
$$

考向四：方阵的逆

考点1：逆矩阵的定义

对 n 阶方阵 $\boldsymbol{A}$，若存在 n 阶方阵 $\boldsymbol{B}$，使得 $\boldsymbol{AB}=\boldsymbol{BA}=\boldsymbol{E}$，则称 $\boldsymbol{A}$ 为可逆矩阵，并称 $\boldsymbol{B}$ 为 $\boldsymbol{A}$ 的逆矩阵，记为 $\boldsymbol{A}^{-1}=\boldsymbol{B}$.

考点2：逆矩阵的性质

若矩阵 $\boldsymbol{A}$ 与矩阵 $\boldsymbol{B}$ 均可逆，则有

（1）$(\boldsymbol{A}^{\mathrm{T}})^{-1}=(\boldsymbol{A}^{-1})^{\mathrm{T}},(\boldsymbol{A}^{-1})^{-1}=\boldsymbol{A}$.

（2）$(k\boldsymbol{A})^{-1}=\dfrac{1}{k}\boldsymbol{A}^{-1}$.

（3）$(\boldsymbol{AB})^{-1}=\boldsymbol{B}^{-1}\boldsymbol{A}^{-1}$.

【推论】

$(\boldsymbol{A}_1\boldsymbol{A}_2\cdots\boldsymbol{A}_m)^{-1}=\boldsymbol{A}_m^{-1}\boldsymbol{A}_{m-1}^{-1}\cdots\boldsymbol{A}_1^{-1}$，$(\boldsymbol{A}^n)^{-1}=(\boldsymbol{A}^{-1})^n$.

（4）$|\boldsymbol{A}^{-1}|=|\boldsymbol{A}|^{-1}=\dfrac{1}{|\boldsymbol{A}|}$.

（5）$(\boldsymbol{A}+\boldsymbol{B})^{-1}\neq\boldsymbol{A}^{-1}+\boldsymbol{B}^{-1}$.

（6）$\begin{pmatrix}a & & \\ & b & \\ & & c\end{pmatrix}^{-1}=\begin{pmatrix}a^{-1} & & \\ & b^{-1} & \\ & & c^{-1}\end{pmatrix}$.

考点3：可逆性的等价命题

（1）$|\boldsymbol{A}|\neq 0\Leftrightarrow r(\boldsymbol{A})=n\Leftrightarrow\boldsymbol{A}$可逆；

(2) $|A|=0 \Leftrightarrow r(A)<n \Leftrightarrow A$不可逆 .

考点4：方阵的行列式

由n阶方阵A的元素构成的n阶行列式(各元素位置不变)称为方阵A的行列式，记为$|A|$.

$|A|=|A^{\mathrm{T}}|$；　　$|kA|=k^n|A|$；　　$|AB|=|A||B|$(B为n阶方阵)；

$|A^k|=|A|^k$；　　$|A^{-1}|=|A|^{-1}$(A可逆)；　　$|A^*|=|A|^{n-1}$.

【注】

①一般地，$|A\pm B|\neq|A|\pm|B|$；

②若$A=O$可推出$|A|=0$，但$|A|=0$推不出$A=O$;

③行列式的本质就是对方阵的一种运算.

题型三：方阵的逆运算

【解题方法】

(1)定义法.

根据题设条件，找到一个矩阵B，使$AB=E$，则$A^{-1}=B$.

(2)凑乘积(即把A写成多个矩阵的乘积).

凑$A=BC$，其中B，C可逆，则A可逆，且$A^{-1}=C^{-1}B^{-1}$.

(3)初等行变换.

$$(A \mid E)\xrightarrow{\text{初等行变换}}(E \mid A^{-1}) .$$

(4)公式法.

$$A^{-1}=\frac{A^*}{|A|} .$$

(5)分块矩阵求逆.

$$\begin{pmatrix} B & O \\ O & C \end{pmatrix}^{-1}=\begin{pmatrix} B^{-1} & O \\ O & C^{-1} \end{pmatrix};\begin{pmatrix} O & B \\ C & O \end{pmatrix}^{-1}=\begin{pmatrix} O & C^{-1} \\ B^{-1} & O \end{pmatrix}.$$

【例1】

设A，B，C，D均为n阶矩阵，满足$ABCD=E$，其中E为n阶单位矩阵，则(　　).

(A) $CABD=E$　　(B) $CADB=E$　　(C) $CBDA=E$

(D) $CDBA=E$　　(E) $CDAB=E$

【答案】(E)

【解析】

由 $ABCD=E$ 知 AB 的逆矩阵是 CD，故 $CDAB=E$.

【例 2】

设 A,B 是3阶可逆矩阵，A^* 是 A 的伴随矩阵，若 $|A|=2$，则 $(A^*B^{-1}A)^{-1}=($　　$)$.

(A) $\frac{1}{2}A^{-1}BA$　(B) $\frac{1}{8}A^{-1}BA$　(C) $2A^{-1}BA$　(D) $\frac{1}{2}ABA^{-1}$　(E) $2ABA^{-1}$

【答案】(A)

【解析】

$$(A^*B^{-1}A)^{-1}=A^{-1}B(A^*)^{-1}=A^{-1}B\frac{A}{|A|}=\frac{1}{2}A^{-1}BA .$$

【例 3】

已知矩阵 $A=\begin{pmatrix}0&1\\1&3\end{pmatrix}$，$E$ 为2阶单位矩阵，则 $(A^2-4A+2E)^{-1}=($　　$)$.

(A) A　(B) $-A$　(C) $2A$　(D) $-2A$　(E) $\frac{1}{2}A$

【答案】(B)

【解析】

$$A^2-4A+2E=\begin{pmatrix}0&1\\1&3\end{pmatrix}\begin{pmatrix}0&1\\1&3\end{pmatrix}-\begin{pmatrix}0&4\\4&12\end{pmatrix}+\begin{pmatrix}2&0\\0&2\end{pmatrix}=\begin{pmatrix}3&-1\\-1&0\end{pmatrix},$$

故
$$(A^2-4A+2E)^{-1}=\begin{pmatrix}3&-1\\-1&0\end{pmatrix}^{-1}=\begin{pmatrix}0&-1\\-1&-3\end{pmatrix}=-A.$$

【例 4】

设 A,B 为3阶方阵，$B=\begin{pmatrix}2&-2&0\\-2&2&-2\\0&-2&2\end{pmatrix}$，且满足 $AB=A-B$，则 $(A+E)^{-1}=($　　$)$.

(A) $\begin{pmatrix}1&-2&0\\-2&1&-2\\0&-2&1\end{pmatrix}$　(B) $\begin{pmatrix}-3&2&0\\2&-3&2\\0&2&-3\end{pmatrix}$　(C) $\begin{pmatrix}3&-2&0\\-2&3&-2\\0&-2&3\end{pmatrix}$

(D) $\begin{pmatrix}-1&2&0\\2&-1&2\\0&2&-1\end{pmatrix}$　(E) $\begin{pmatrix}-2&2&0\\2&-2&2\\0&2&-2\end{pmatrix}$

【答案】(D)

【解析】

由 $\boldsymbol{AB}=\boldsymbol{A}-\boldsymbol{B}$，得 $(\boldsymbol{A}+\boldsymbol{E})(\boldsymbol{E}-\boldsymbol{B})=\boldsymbol{E}$，故 $(\boldsymbol{A}+\boldsymbol{E})^{-1}=\boldsymbol{E}-\boldsymbol{B}=\begin{pmatrix}-1&2&0\\2&-1&2\\0&2&-1\end{pmatrix}$.

考向五：伴随矩阵

考点1：伴随矩阵的定义

设矩阵 $\boldsymbol{A}=(a_{ij})_{n\times n}$，$A_{ij}$ 为元素 a_{ij} 的代数余子式，定义矩阵 $\boldsymbol{A}$ 的伴随矩阵为

$$\boldsymbol{A}^*=(A_{ij})^{\mathrm{T}}=\begin{pmatrix}A_{11}&A_{21}&\cdots&A_{n1}\\A_{12}&A_{22}&\cdots&A_{n2}\\\vdots&\vdots&&\vdots\\A_{1n}&A_{2n}&\cdots&A_{nn}\end{pmatrix}.$$

【结论】

对于2阶矩阵，用“主交换，副相反”即可得伴随矩阵.

考点2：伴随矩阵的性质

(1) 核心公式：$\boldsymbol{AA}^*=\boldsymbol{A}^*\boldsymbol{A}=|\boldsymbol{A}|\boldsymbol{E}$.

(2) $|\boldsymbol{A}^*|=|\boldsymbol{A}|^{n-1}$.

(3) $(\boldsymbol{A}^*)^*=|\boldsymbol{A}|^{n-2}\boldsymbol{A}$.

(4) 若 $\boldsymbol{A}$ 可逆，$(\boldsymbol{A}^*)^{-1}=(\boldsymbol{A}^{-1})^*$；$(\boldsymbol{A}^*)^{\mathrm{T}}=(\boldsymbol{A}^{\mathrm{T}})^*$；$(\boldsymbol{A}^*)^k=(\boldsymbol{A}^k)^*$.

(5) $(\boldsymbol{AB})^*=\boldsymbol{B}^*\boldsymbol{A}^*$.

(6) $(k\boldsymbol{A})^*=k^{n-1}\boldsymbol{A}^*$.

题型四：伴随矩阵的运算

【解题方法】

(1) 利用核心公式：$\boldsymbol{AA}^*=\boldsymbol{A}^*\boldsymbol{A}=|\boldsymbol{A}|\boldsymbol{E}$.

(2) 通过核心公式将伴随矩阵问题转化为逆矩阵问题.

【例 1】

已知$A=\begin{pmatrix}2&1&1\\-1&1&1\\-1&-1&-2\end{pmatrix}$，且$A^*$是$A$的伴随矩阵，则$(A^*)^{-1}=$(　　).

(A) $\frac{1}{3}A^{\mathrm{T}}$　(B) $-\frac{1}{3}A^{\mathrm{T}}$　(C) $\frac{1}{3}A$　(D) $-\frac{1}{3}A$　(E) $-3A$

【答案】(D)

【解析】

由题可知，A为可逆矩阵，故

$$A^*=|A|A^{-1}=-3A^{-1}，(A^*)^{-1}=(-3A^{-1})^{-1}=-\frac{1}{3}A .$$

【例 2】

设A是3阶矩阵，已知$A^{-1}=\begin{pmatrix}2&1&1\\1&2&1\\1&1&2\end{pmatrix}$，则$|A^*|=$(　　).

(A) $\frac{1}{16}$　(B)1　(C)2　(D) $\frac{3}{8}$　(E) $\frac{1}{8}$

【答案】(A)

【解析】

由$|A^*|=|A|^{n-1},|A^{-1}|=\frac{1}{|A|}$，可知

$$|A^{-1}|=\begin{vmatrix}2&1&1\\1&2&1\\1&1&2\end{vmatrix}=4,$$

则$|A|=\frac{1}{4}$，故$|A^*|=|A|^{n-1}=\left(\frac{1}{4}\right)^2=\frac{1}{16}$.

【例 3】

设A, B是n阶方阵，$|A|=2,|B|=-4$，则$|2B^*A^{-1}|=$(　　).

(A) $(-2)^{n-1}$　(B) $(-4)^{n-1}$　(C) $(-8)^{n-1}$　(D) $(-3)^{n-1}$　(E) $(-8)^{n-2}$

【答案】(C)

【解析】

由 $B^*=B^{-1}|B|$ 得 $B^*=-4B^{-1}$，则

$$|2B^*A^{-1}|=|2(-4B^{-1})A^{-1}|=(-8)^n|B^{-1}A^{-1}|$$

$$=(-8)^n\cdot\frac{1}{|B|}\cdot\frac{1}{|A|}=(-8)^{n-1}.$$

【例 4】

设矩阵 $A=\begin{pmatrix}2&1&0\\1&2&0\\0&0&1\end{pmatrix}$，矩阵 B 满足 $ABA^*=2BA^*+E$，其中 E 为3阶单位矩阵，则 $|B|=$ (　　).

(A) -1　　(B) $-\frac{1}{9}$　　(C) $\frac{1}{9}$　　(D) 1　　(E) 9

【答案】(C)

【解析】

由 $ABA^*=2BA^*+E$，可知 $(A-2E)BA^*=E$，故

$$(A-2E)^{-1}(A-2E)BA^*(A^*)^{-1}=(A-2E)^{-1}E(A^*)^{-1},$$

则

$$B=(A-2E)^{-1}E(A^*)^{-1},$$

$$|B|=|(A-2E)^{-1}E(A^*)^{-1}|$$

$$=|(A-2E)^{-1}||(A^*)^{-1}|$$

$$=\frac{1}{|A-2E|}\times\left|\frac{A}{|A|}\right|$$

$$=1\times\left(\frac{1}{3}\right)^3\times 3=\frac{1}{9}.$$

考向六：初等变换与初等矩阵

考点1：初等变换

(1) **互换**：交换矩阵的两行(列).

(2) **倍乘**：将一个非零数 k 乘到矩阵的某一行(列).

(3)**倍加**：将矩阵的某行(列)的k倍加到另一行(列).

考点2：初等矩阵

单位矩阵$\boldsymbol{E}$实施一次初等变换得到的矩阵称为**初等矩阵**.

$\boldsymbol{E}_{ij}$：交换单位矩阵的第i行(列)和第j行(列)得到的初等矩阵.

$\boldsymbol{E}_{i}(k)$：将一个非零数k乘到单位矩阵的第i行(列)得到的初等矩阵.

$\boldsymbol{E}_{ij}(k)$：**从行的角度**，将单位矩阵的第j行的k倍加到第i行上得到的初等矩阵；**从列的角度**，将单位矩阵的第i列的k倍加到第j列上得到的初等矩阵.

考点3：左行右列定理

(1)在矩阵$\boldsymbol{A}$的左边乘一个初等矩阵，相当于对$\boldsymbol{A}$实施一次相应的初等行变换.

(2)在矩阵$\boldsymbol{A}$的右边乘一个初等矩阵，相当于对$\boldsymbol{A}$实施一次相应的初等列变换.

考点4：初等矩阵的重要结论

(1) $|\boldsymbol{E}_{ij}|=-1$，$|\boldsymbol{E}_{i}(k)|=k$，$|\boldsymbol{E}_{ij}(k)|=1$.

(2) $\boldsymbol{E}_{i}^{n}(k)=\boldsymbol{E}_{i}(k^{n})$，$\boldsymbol{E}_{ij}^{n}(k)=\boldsymbol{E}_{ij}(nk)$，$\boldsymbol{E}_{ij}^{2n}=\boldsymbol{E}$，$\boldsymbol{E}_{ij}^{2n+1}=\boldsymbol{E}_{ij}$.

(3) $\boldsymbol{E}_{ij}^{-1}=\boldsymbol{E}_{ij}$，$\boldsymbol{E}_{i}^{-1}(k)=\boldsymbol{E}_{i}\left(\dfrac{1}{k}\right)$，$\boldsymbol{E}_{ij}^{-1}(k)=\boldsymbol{E}_{ij}(-k)$.

【示例】

$$\boldsymbol{E}_{12}^{-1}=\begin{pmatrix}0&1&0\\1&0&0\\0&0&1\end{pmatrix}^{-1}=\begin{pmatrix}0&1&0\\1&0&0\\0&0&1\end{pmatrix}=\boldsymbol{E}_{12},$$

$$\boldsymbol{E}_{3}^{-1}(-2)=\begin{pmatrix}1&0&0\\0&1&0\\0&0&-2\end{pmatrix}^{-1}=\begin{pmatrix}1&0&0\\0&1&0\\0&0&-\dfrac{1}{2}\end{pmatrix}=\boldsymbol{E}_{3}\left(-\dfrac{1}{2}\right),$$

$$\boldsymbol{E}_{21}^{-1}(3)=\begin{pmatrix}1&0&0\\3&1&0\\0&0&1\end{pmatrix}^{-1}=\begin{pmatrix}1&0&0\\-3&1&0\\0&0&1\end{pmatrix}=\boldsymbol{E}_{21}(-3).$$

考点5：初等变换下的几种特殊矩阵

1.行阶梯形矩阵的特点

①如果有零行，全在下方；

②每一行的第一个不为零的元素的左边及其所在列以下全为0.

【示例】

$$A=\begin{pmatrix}1&1&-2&1&4\\0&1&-1&1&3\\0&0&0&1&-3\\0&0&0&0&0\end{pmatrix}$$为一个行阶梯形矩阵.

2.行最简形矩阵的特点

行阶梯形矩阵如果满足以下条件，则为行最简形矩阵：

①非零行的首个非零元为1；

②首非零元所在列的其他元素均为0.

【示例】

$$A=\begin{pmatrix}1&0&-1&0&4\\0&1&-1&0&3\\0&0&0&1&-3\\0&0&0&0&0\end{pmatrix}$$为一个行最简形矩阵.

【结论】

①初等变换不改变矩阵的秩；

②初等矩阵均是可逆矩阵；

③任何一个可逆矩阵都可经过有限次初等行变换化为单位矩阵；

④一个可逆矩阵可分解为一系列初等矩阵的乘积.

考点6：等价矩阵

设矩阵A，B为同型矩阵，若矩阵A经过有限次初等变换之后可以变成B，则称矩阵A,B等价，记为$A\cong B$.

同型矩阵等价的充要条件有

①$r(A)=r(B)\Leftrightarrow A\cong B$.

②存在可逆矩阵P和Q，使得$PAQ=B\Leftrightarrow A\cong B$.

题型五：初等变换与初等矩阵的应用

【解题方法】

(1)能够熟练应用左行右列定理；

(2)能够将矩阵的初等变换与矩阵的乘法相互“翻译”；

(3)熟记初等矩阵的相关性质及定理.

【例 1】

设$\boldsymbol{A}$是3阶可逆矩阵，将$\boldsymbol{A}$的第1行和第2行互换后得到矩阵$\boldsymbol{B}$，其中$\boldsymbol{A}^{-1}=\begin{pmatrix} a_{11} & a_{12} & a_{13} \\ a_{21} & a_{22} & a_{23} \\ a_{31} & a_{32} & a_{33} \end{pmatrix}$，则$\boldsymbol{B}$可逆，且$\boldsymbol{B}^{-1}=$(　　).

(A) $\begin{pmatrix} a_{12} & a_{11} & a_{13} \\ a_{22} & a_{21} & a_{23} \\ a_{32} & a_{31} & a_{33} \end{pmatrix}$

(B) $\begin{pmatrix} a_{32} & a_{31} & a_{33} \\ a_{22} & a_{21} & a_{23} \\ a_{12} & a_{11} & a_{13} \end{pmatrix}$

(C) $\begin{pmatrix} a_{32} & a_{31} & a_{33} \\ a_{12} & a_{11} & a_{13} \\ a_{22} & a_{21} & a_{23} \end{pmatrix}$

(D) $\begin{pmatrix} a_{21} & a_{22} & a_{23} \\ a_{11} & a_{12} & a_{13} \\ a_{31} & a_{32} & a_{33} \end{pmatrix}$

(E) $\begin{pmatrix} a_{33} & a_{31} & a_{32} \\ a_{13} & a_{11} & a_{12} \\ a_{23} & a_{21} & a_{22} \end{pmatrix}$

【答案】(A)

【解析】

根据左行右列定理，有

$$\boldsymbol{E}_{12}\boldsymbol{A}=\boldsymbol{B},$$

则

$$\boldsymbol{B}^{-1}=\left(\boldsymbol{E}_{12}\boldsymbol{A}\right)^{-1}=\boldsymbol{A}^{-1}\boldsymbol{E}_{12}^{-1}=\boldsymbol{A}^{-1}\boldsymbol{E}_{12}$$

$$=\begin{pmatrix} a_{11} & a_{12} & a_{13} \\ a_{21} & a_{22} & a_{23} \\ a_{31} & a_{32} & a_{33} \end{pmatrix}\boldsymbol{E}_{12}$$

$$=\begin{pmatrix} a_{12} & a_{11} & a_{13} \\ a_{22} & a_{21} & a_{23} \\ a_{32} & a_{31} & a_{33} \end{pmatrix}.$$

【例 2】

$$\begin{pmatrix}0&0&1\\0&1&0\\1&0&0\end{pmatrix}^5\begin{pmatrix}a_{11}&a_{12}\\a_{21}&a_{22}\\a_{31}&a_{32}\end{pmatrix}\begin{pmatrix}1&k\\0&1\end{pmatrix}^2=(\quad).$$

(A) $\begin{pmatrix}a_{31}&a_{32}+2ka_{31}\\a_{21}&a_{22}+2ka_{21}\\a_{11}&a_{12}+2ka_{11}\end{pmatrix}$

(B) $\begin{pmatrix}a_{11}&a_{32}+2ka_{31}\\a_{21}&a_{22}+2ka_{21}\\a_{31}&a_{12}+2ka_{11}\end{pmatrix}$

(C) $\begin{pmatrix}a_{21}&a_{32}+2ka_{31}\\a_{31}&a_{22}+2ka_{21}\\a_{11}&a_{12}+2ka_{11}\end{pmatrix}$

(D) $\begin{pmatrix}a_{32}&a_{32}+2ka_{31}\\a_{22}&a_{22}+2ka_{21}\\a_{12}&a_{12}+2ka_{11}\end{pmatrix}$

(E) $\begin{pmatrix}a_{31}&a_{32}+ka_{31}\\a_{21}&a_{22}+ka_{21}\\a_{11}&a_{12}+ka_{11}\end{pmatrix}$

【答案】(A)

【解析】

由题可得 $\begin{pmatrix}0&0&1\\0&1&0\\1&0&0\end{pmatrix}^5=\begin{pmatrix}0&0&1\\0&1&0\\1&0&0\end{pmatrix}$,

$$\begin{pmatrix}1&k\\0&1\end{pmatrix}^2=\begin{pmatrix}1&2k\\0&1\end{pmatrix},$$

则

$$\begin{aligned}&\begin{pmatrix}0&0&1\\0&1&0\\1&0&0\end{pmatrix}^5\begin{pmatrix}a_{11}&a_{12}\\a_{21}&a_{22}\\a_{31}&a_{32}\end{pmatrix}\begin{pmatrix}1&k\\0&1\end{pmatrix}^2\\=&\begin{pmatrix}0&0&1\\0&1&0\\1&0&0\end{pmatrix}\begin{pmatrix}a_{11}&a_{12}\\a_{21}&a_{22}\\a_{31}&a_{32}\end{pmatrix}\begin{pmatrix}1&2k\\0&1\end{pmatrix}\\=&\begin{pmatrix}a_{31}&a_{32}\\a_{21}&a_{22}\\a_{11}&a_{12}\end{pmatrix}\begin{pmatrix}1&2k\\0&1\end{pmatrix}=\begin{pmatrix}a_{31}&a_{32}+2ka_{31}\\a_{21}&a_{22}+2ka_{21}\\a_{11}&a_{12}+2ka_{11}\end{pmatrix}.\end{aligned}$$

考向七：矩阵的秩

考点1：矩阵A的k阶子式

在$m\times n$矩阵$\boldsymbol{A}$中，任取k行与k列，位于这些行列相交处的k^2个元素，按原相对位置构成的k阶行列式，称为矩阵$\boldsymbol{A}$的一个k阶子式（$1\leqslant k\leqslant \min\{m,n\}$）.

【注】

①矩阵$\boldsymbol{A}$中任意一个元素都是$\boldsymbol{A}$的一个1阶子式；

②n阶方阵$\boldsymbol{A}$的唯一n阶子式为$|\boldsymbol{A}|$.

考点2：矩阵秩的定义

设矩阵$\boldsymbol{A}$中有一个非零的r阶子式D，而且所有$r+1$阶子式(如果存在的话)值全为0，则D称为矩阵$\boldsymbol{A}$的最高阶非零子式，r称为矩阵$\boldsymbol{A}$的秩，记作$r(\boldsymbol{A})$，即$r(\boldsymbol{A})=r$.规定零矩阵的秩为0.

【注】

若$r(A)=r$，则非零子式最高阶数为r，其他r阶子式或低于r阶的子式可以为零，但任意高于r阶的子式(如果有)必须为零.

考点3：常用结论

（1）矩阵$\boldsymbol{A}\neq\boldsymbol{O}\Leftrightarrow r(\boldsymbol{A})\geqslant 1$；

（2）若矩阵$\boldsymbol{A}$存在两行(列)不成比例，则$r(\boldsymbol{A})\geqslant 2$；

（3）$r(\boldsymbol{A})=1\Leftrightarrow\boldsymbol{A}\neq\boldsymbol{O}$，且$\boldsymbol{A}$各行(列)元素成比例；

（4）若矩阵$\boldsymbol{A}$，$\boldsymbol{B}$等价，则$r(\boldsymbol{A})=r(\boldsymbol{B})$.

考点4：求矩阵的秩的方法

（1）将矩阵$\boldsymbol{A}$化成行阶梯形，则$r(\boldsymbol{A})$等于矩阵$\boldsymbol{A}$中非零行的行数.

（2）对于方阵，可以利用行列式求秩：

$|\boldsymbol{A}|\neq 0\Leftrightarrow r(\boldsymbol{A})=n\Leftrightarrow \boldsymbol{A}$可逆；$|\boldsymbol{A}|=0\Leftrightarrow r(\boldsymbol{A})<n\Leftrightarrow \boldsymbol{A}$不可逆.

考点5：矩阵的秩的重要公式

（1）$r(\boldsymbol{A}_{m\times n})\leqslant\min\{m,n\}$；

（2）$r(\boldsymbol{A})=r(\boldsymbol{A}^{\mathrm{T}})=r(\boldsymbol{A}\boldsymbol{A}^{\mathrm{T}})=r(\boldsymbol{A}^{\mathrm{T}}\boldsymbol{A})$；

(3) 若 $\boldsymbol{P}$, $\boldsymbol{Q}$ 均可逆, 则 $r(\boldsymbol{PA})=r(\boldsymbol{AQ})=r(\boldsymbol{PAQ})=r(\boldsymbol{A})$;

(4) $r(\boldsymbol{A}\pm\boldsymbol{B})\leqslant r(\boldsymbol{A})+r(\boldsymbol{B})$;

(5) $\max\{r(\boldsymbol{A}),r(\boldsymbol{B})\}\leqslant r(\boldsymbol{A},\boldsymbol{B})\leqslant r(\boldsymbol{A})+r(\boldsymbol{B})$;

(6) $r(\boldsymbol{AB})\leqslant \min\{r(\boldsymbol{A}),r(\boldsymbol{B})\}$;

(7) 若 $\boldsymbol{A}_{m\times n}\boldsymbol{B}_{n\times s}=\boldsymbol{O}$, 则 $r(\boldsymbol{A})+r(\boldsymbol{B})\leqslant n$;

(8) $r(\boldsymbol{A}^*)=\begin{cases} n, & r(\boldsymbol{A})=n, \\ 1, & r(\boldsymbol{A})=n-1, \\ 0, & r(\boldsymbol{A})<n-1. \end{cases}$

题型六：对矩阵秩的考查

【解题方法】

(1) 用初等变换: 将矩阵用初等行变换化成行阶梯形, 行阶梯形矩阵中非零行数即是该矩阵的秩.

(2) 计算矩阵的各阶子式, 从阶数最高的子式开始, 找到不等于零的子式中阶数最大的一个子式, 则这个子式的阶数就是矩阵的秩.

【例 1】

已知 $\boldsymbol{A}=\begin{pmatrix} 1 & 2 & a \\ 1 & a+1 & 1 \\ a & 2 & a \end{pmatrix}$, $\boldsymbol{B}$ 是 3 阶非零矩阵, 且 $\boldsymbol{AB}=\boldsymbol{O}$, 那么(　　).

(A) 当 $a=1$ 时, $\boldsymbol{B}$ 的秩必为 1　　(B) 当 $a=1$ 时, $\boldsymbol{B}$ 的秩必为 2

(C) 当 $a=-2$ 时, $\boldsymbol{B}$ 的秩必为 1　　(D) 当 $a=-2$ 时, $\boldsymbol{B}$ 的秩必为 2

(E) 以上均不正确

【答案】 (C)

【解析】

由 $\boldsymbol{AB}=\boldsymbol{O}$, 可知 $r(\boldsymbol{A})+r(\boldsymbol{B})\leqslant 3$.

若 $a=1$, 易见 $r(\boldsymbol{A})=1$, 那么 $r(\boldsymbol{B})\leqslant 2$, 故 $r(\boldsymbol{B})=1$ 与 $r(\boldsymbol{B})=2$ 均有可能, 所以(A), (B) 均不正确.

若 $a=-2$, 可求出 $r(\boldsymbol{A})=2$, 那么 $r(\boldsymbol{B})\leqslant 3-r(\boldsymbol{A})=1$, 又因矩阵 $\boldsymbol{B}$ 为非零矩阵, 有 $r(\boldsymbol{B})\geqslant 1$, 从而必有 $r(\boldsymbol{B})=1$, 故应选(C).

【例 2】

设$A=\begin{pmatrix}1&1&1&1\\0&1&-1&a\\2&3&a&4\\3&5&1&9\end{pmatrix}$，若$r(A^*)=1$，则$a=$(　　).

(A)1　　(B)3　　(C)1 或 3　　(D)1 或 2　　(E)2

【答案】(C)

【解析】

由$r(A^*)=1$，得$r(A)=3$，则$|A|=0$，即

$$0=\begin{vmatrix}1&1&1&1\\0&1&-1&a\\2&3&a&4\\3&5&1&9\end{vmatrix}=\begin{vmatrix}1&1&1&1\\0&1&-1&a\\0&0&a-1&2-a\\0&0&0&6-2a\end{vmatrix}=(a-1)(6-2a),$$

得$a=1$或$a=3$，且均满足$r(A)=3$，故选(C).

【例 3】

设3阶矩阵$A=\begin{pmatrix}1&0&-1\\2&\lambda&-1\\1&2&1\end{pmatrix}$，$B$为3阶矩阵，且$r(B)=2, r(AB)=1$，则$\lambda=$(　　).

(A)1　　(B)2　　(C)3　　(D)4　　(E)5

【答案】(A)

【解析】

由题可知，矩阵A中存在2阶子式$\begin{vmatrix}1&-1\\1&1\end{vmatrix}=2$不为0，故$r(A)\geq 2$，则$r(A)=2$或$r(A)=3$. 若$r(A)=2$，则$|A|=0$，故

$$\begin{vmatrix}1&0&-1\\2&\lambda&-1\\1&2&1\end{vmatrix}=2\lambda-2=0\Rightarrow\lambda=1.$$

若$r(A)=3$，则A可逆，故$r(AB)=r(B)=2\neq 1$，与已知矛盾.

综上，$r(A)=2$，$\lambda=1$.

【例 4】

已知 $\boldsymbol{A}$ 为 n 阶矩阵, 且 $\boldsymbol{A}^2=\boldsymbol{A}$, 则 $r(\boldsymbol{A})+r(\boldsymbol{A}-\boldsymbol{E})=($　　$)$.

(A)0　　(B)1　　(C) $n-1$　　(D) n　　(E) $n+1$

【答案】(D)

【解析】

由 $\boldsymbol{A}^2=\boldsymbol{A}$ 得 $\boldsymbol{A}^2-\boldsymbol{A}=\boldsymbol{O}$, $\boldsymbol{A}(\boldsymbol{A}-\boldsymbol{E})=\boldsymbol{O}$, 则 $r(\boldsymbol{A})+r(\boldsymbol{A}-\boldsymbol{E})\leqslant n$.

又因为

$$r(\boldsymbol{A})+r(\boldsymbol{A}-\boldsymbol{E})\geqslant r[\boldsymbol{A}-(\boldsymbol{A}-\boldsymbol{E})],$$

故

$$r(\boldsymbol{A})+r(\boldsymbol{A}-\boldsymbol{E})\geqslant r(\boldsymbol{E})=n,$$

联立

$$\begin{cases} r(\boldsymbol{A})+r(\boldsymbol{A}-\boldsymbol{E})\leqslant n, \\ r(\boldsymbol{A})+r(\boldsymbol{A}-\boldsymbol{E})\geqslant n, \end{cases}$$

故 $r(\boldsymbol{A})+r(\boldsymbol{A}-\boldsymbol{E})=n$.

第7讲　向量和线性方程组

本讲解读

本讲从内容上划分为向量组、线性方程组和线性方程组的解的结构三个部分，共计6个考向、21个考点、6个题型，从真题对考试大纲的实践来看，本讲在考试中大约占2道题(试卷数学部分共35道题)，约占线性代数部分的29%、数学部分的6%.

本讲是线性代数的核心内容，考试大纲要求考生掌握向量组的线性相关和线性无关、线性方程组的解的结构，重点为向量组的线性组合与线性表示；向量组的线性相关与线性无关；向量组或矩阵的秩；线性方程组的解的判定；齐次线性方程组的基础解系、通解、公共非零解；非齐次线性方程组的通解.

真题分析

考试清单 \ 数量 \ 年份		2021年	2022年	2023年	2024年	2025年
向量组的线性相关性	具体型向量组的线性相关性		1	1	1	1
	抽象型向量组的线性相关性	1			1	
秩相关问题			1			1
公共解问题		1				
基础解系		1	1		1	
线性方程组解的判定				2		

考向一：向量组的线性表示

考点1：向量的定义

由 n 个实数 $a_1,a_2,\cdots,a_n$ 组成的 n 元有序实数组 $(a_1,a_2,\cdots,a_n)$ 称为 n 维**行向量**.

如果该实数组是纵向排列的 $\begin{pmatrix} a_1 \\ a_2 \\ \vdots \\ a_n \end{pmatrix}$，则称为 n 维**列向量**.

考点2：向量的运算

记 $\boldsymbol{\alpha}=(a_1,a_2,\cdots,a_n)^{\mathrm{T}}$，$\boldsymbol{\beta}=(b_1,b_2,\cdots,b_n)^{\mathrm{T}}$.

（1）**向量相等**：两个 n 维向量相等当且仅当它们对应的各分量都相等.

（2）**零向量**：所有分量全为零的向量称为零向量，记作 $\boldsymbol{\alpha}=\mathbf{0}$.

（3）**向量加法**：$\boldsymbol{\alpha}\pm\boldsymbol{\beta}=(a_1\pm b_1,a_2\pm b_2,\cdots,a_n\pm b_n)^{\mathrm{T}}$.

（4）**向量数乘**：$k\boldsymbol{\alpha}=(ka_1,ka_2,\cdots,ka_n)^{\mathrm{T}}$.

（5）**向量内积**：$\boldsymbol{\alpha}^{\mathrm{T}}\boldsymbol{\beta}=(a_1,a_2,\cdots,a_n)\begin{pmatrix} b_1 \\ b_2 \\ \vdots \\ b_n \end{pmatrix}=a_1b_1+a_2b_2+\cdots+a_nb_n$.

考点3：向量组的线性表示

给定向量组 $\boldsymbol{\alpha}_1,\boldsymbol{\alpha}_2,\cdots,\boldsymbol{\alpha}_s$ 和向量 $\boldsymbol{\beta}$，若存在一组数 $k_1,k_2,\cdots,k_s$，使

$$\boldsymbol{\beta}=k_1\boldsymbol{\alpha}_1+k_2\boldsymbol{\alpha}_2+\cdots+k_s\boldsymbol{\alpha}_s,$$

则称向量 $\boldsymbol{\beta}$ 能由向量组 $\boldsymbol{\alpha}_1,\boldsymbol{\alpha}_2,\cdots,\boldsymbol{\alpha}_s$ 线性表示，又称向量 $\boldsymbol{\beta}$ 是向量组 $\boldsymbol{\alpha}_1,\boldsymbol{\alpha}_2,\cdots,\boldsymbol{\alpha}_s$ 的一个线性组合.

【注】

几条基本认知.

①零向量可由任意一组同维向量线性表示；

②向量组 $\boldsymbol{\alpha}_1,\boldsymbol{\alpha}_2,\cdots,\boldsymbol{\alpha}_m$ 中的任一向量 $\boldsymbol{\alpha}_j$ 都可以由此向量组线性表示；

③若向量 $\boldsymbol{\beta}$ 可由向量组 $\boldsymbol{\alpha}_1,\boldsymbol{\alpha}_2,\cdots,\boldsymbol{\alpha}_m$ 的某部分向量线性表示，则 $\boldsymbol{\beta}$ 可由该向量组线性表示.

考点4：向量组线性表示的等价命题

（1）向量 $\boldsymbol{\beta}$ 能由向量组 $\boldsymbol{\alpha}_1,\boldsymbol{\alpha}_2,\cdots,\boldsymbol{\alpha}_s$ 线性表示且表示法唯一

$\Leftrightarrow$ 存在且仅存在一组常数 $k_1,k_2,\cdots,k_s$，使 $k_1\boldsymbol{\alpha}_1+k_2\boldsymbol{\alpha}_2+\cdots+k_s\boldsymbol{\alpha}_s=\boldsymbol{\beta}$

$$\Leftrightarrow \text{非齐次线性方程组}(\boldsymbol{\alpha}_1,\boldsymbol{\alpha}_2\cdots,\boldsymbol{\alpha}_s)\begin{pmatrix}x_1\\x_2\\\vdots\\x_s\end{pmatrix}=\boldsymbol{\beta}\text{有唯一解}$$

$\Leftrightarrow r(\boldsymbol{\alpha}_1,\boldsymbol{\alpha}_2,\cdots,\boldsymbol{\alpha}_s)=r(\boldsymbol{\alpha}_1,\boldsymbol{\alpha}_2,\cdots,\boldsymbol{\alpha}_s,\boldsymbol{\beta})=s$.

(2)向量$\boldsymbol{\beta}$能由向量组$\boldsymbol{\alpha}_1,\boldsymbol{\alpha}_2,\cdots,\boldsymbol{\alpha}_s$线性表示且表示法不唯一

$\Leftrightarrow$存在无穷多组常数$k_1,k_2,\cdots,k_s$，使$k_1\boldsymbol{\alpha}_1+k_2\boldsymbol{\alpha}_2+\cdots+k_s\boldsymbol{\alpha}_s=\boldsymbol{\beta}$

$$\Leftrightarrow \text{非齐次线性方程组}(\boldsymbol{\alpha}_1,\boldsymbol{\alpha}_2\cdots,\boldsymbol{\alpha}_s)\begin{pmatrix}x_1\\x_2\\\vdots\\x_s\end{pmatrix}=\boldsymbol{\beta}\text{有无穷多解}$$

$\Leftrightarrow r(\boldsymbol{\alpha}_1,\boldsymbol{\alpha}_2,\cdots,\boldsymbol{\alpha}_s)=r(\boldsymbol{\alpha}_1,\boldsymbol{\alpha}_2,\cdots,\boldsymbol{\alpha}_s,\boldsymbol{\beta})<s$.

(3)向量$\boldsymbol{\beta}$不能由向量组$\boldsymbol{\alpha}_1,\boldsymbol{\alpha}_2,\cdots,\boldsymbol{\alpha}_s$线性表示

$\Leftrightarrow$不存在常数$k_1,k_2,\cdots,k_s$，使$k_1\boldsymbol{\alpha}_1+k_2\boldsymbol{\alpha}_2+\cdots+k_s\boldsymbol{\alpha}_s=\boldsymbol{\beta}$

$$\Leftrightarrow \text{非齐次线性方程组}(\boldsymbol{\alpha}_1,\boldsymbol{\alpha}_2,\cdots,\boldsymbol{\alpha}_s)\begin{pmatrix}x_1\\x_2\\\vdots\\x_s\end{pmatrix}=\boldsymbol{\beta}\text{无解}$$

$\Leftrightarrow r(\boldsymbol{\alpha}_1,\boldsymbol{\alpha}_2,\cdots,\boldsymbol{\alpha}_s)<r(\boldsymbol{\alpha}_1,\boldsymbol{\alpha}_2,\cdots,\boldsymbol{\alpha}_s,\boldsymbol{\beta})\Leftrightarrow r(\boldsymbol{\alpha}_1,\boldsymbol{\alpha}_2,\cdots,\boldsymbol{\alpha}_s)+1=r(\boldsymbol{\alpha}_1,\boldsymbol{\alpha}_2,\cdots,\boldsymbol{\alpha}_s,\boldsymbol{\beta})$.

(4)向量组$\boldsymbol{\beta}_1,\boldsymbol{\beta}_2,\cdots,\boldsymbol{\beta}_s$能由向量组$\boldsymbol{\alpha}_1,\boldsymbol{\alpha}_2,\cdots,\boldsymbol{\alpha}_m$线性表示

$\Leftrightarrow r(\boldsymbol{\alpha}_1,\boldsymbol{\alpha}_2,\cdots,\boldsymbol{\alpha}_m,\boldsymbol{\beta}_1,\boldsymbol{\beta}_2,\cdots,\boldsymbol{\beta}_s)=r(\boldsymbol{\alpha}_1,\boldsymbol{\alpha}_2,\cdots,\boldsymbol{\alpha}_m)$

$\Rightarrow r(\boldsymbol{\beta}_1,\boldsymbol{\beta}_2,\cdots,\boldsymbol{\beta}_s)\leqslant r(\boldsymbol{\alpha}_1,\boldsymbol{\alpha}_2,\cdots,\boldsymbol{\alpha}_m)$.

题型一：向量组的线性表示

【解题方法】

(1)对于具体的向量组，一般结合非齐次线性方程组是否有解来判断.

(2)对于抽象的向量组，主要有三个思路.

①结合秩：$\boldsymbol{\beta}$可由向量组$\boldsymbol{\alpha}_1,\boldsymbol{\alpha}_2,\cdots,\boldsymbol{\alpha}_s$线性表示$\Leftrightarrow r(\boldsymbol{\alpha}_1,\boldsymbol{\alpha}_2,\cdots,\boldsymbol{\alpha}_s)=r(\boldsymbol{\alpha}_1,\boldsymbol{\alpha}_2,\cdots,\boldsymbol{\alpha}_s,\boldsymbol{\beta})$.

②利用相关定理：若$\boldsymbol{\alpha}_1,\boldsymbol{\alpha}_2,\cdots,\boldsymbol{\alpha}_s$线性无关，$\boldsymbol{\alpha}_1,\boldsymbol{\alpha}_2,\cdots,\boldsymbol{\alpha}_s,\boldsymbol{\beta}$线性相关，则$\boldsymbol{\beta}$可由$\boldsymbol{\alpha}_1,\boldsymbol{\alpha}_2,\cdots,\boldsymbol{\alpha}_s$

线性表示，且表示法唯一.

③利用向量组线性表示的定义：主要是结合条件证明$\boldsymbol{\beta}$在某等式中的系数不为零.

【例1】

若向量$\boldsymbol{\beta}=(1,k,5)^{\mathrm{T}}$可由$\boldsymbol{\alpha}_1=(1,-3,2)^{\mathrm{T}},\boldsymbol{\alpha}_2=(2,-1,1)^{\mathrm{T}}$线性表示，则$k=$(　　).

(A)-2　　(B)-8　　(C)0　　(D)2　　(E)8

【答案】(B)

【解析】

根据$\boldsymbol{\beta}$可由$\boldsymbol{\alpha}_1,\boldsymbol{\alpha}_2$线性表示$\Leftrightarrow(\boldsymbol{\alpha}_1,\boldsymbol{\alpha}_2)\begin{pmatrix}x_1\\x_2\end{pmatrix}=\boldsymbol{\beta}$有解$\Leftrightarrow r(\boldsymbol{\alpha}_1,\boldsymbol{\alpha}_2)=r(\boldsymbol{\alpha}_1,\boldsymbol{\alpha}_2,\boldsymbol{\beta})$，故

$$\begin{pmatrix}1&2\\-3&-1\\2&1\end{pmatrix}\to\begin{pmatrix}1&2\\0&5\\0&-3\end{pmatrix}\to\begin{pmatrix}1&2\\0&5\\0&0\end{pmatrix},$$

则
$$r(\boldsymbol{\alpha}_1,\boldsymbol{\alpha}_2)=2,$$
故
$$r(\boldsymbol{\alpha}_1,\boldsymbol{\alpha}_2,\boldsymbol{\beta})=2,$$
则$|\boldsymbol{\alpha}_1,\boldsymbol{\alpha}_2,\boldsymbol{\beta}|=0$，即

$$\begin{vmatrix}1&2&1\\-3&-1&k\\2&1&5\end{vmatrix}=0,$$

解得$k=-8$.

【例2】

已知向量$\boldsymbol{\alpha}_1=(1,2,1)^{\mathrm{T}},\boldsymbol{\alpha}_2=(2,3,a)^{\mathrm{T}},\boldsymbol{\alpha}_3=(1,a+2,-2)^{\mathrm{T}},\boldsymbol{\beta}_1=(1,-1,a)^{\mathrm{T}},\boldsymbol{\beta}_2=(1,3,4)^{\mathrm{T}}$，且$\boldsymbol{\beta}_1$不能由$\boldsymbol{\alpha}_1,\boldsymbol{\alpha}_2,\boldsymbol{\alpha}_3$线性表示，$\boldsymbol{\beta}_2$可以由$\boldsymbol{\alpha}_1,\boldsymbol{\alpha}_2,\boldsymbol{\alpha}_3$线性表示，则参数$a$的值为(　　).

(A)-1　　(B)1　　(C)2　　(D)$\dfrac{5}{2}$　　(E)0

【答案】(A)

【解析】

已知$\boldsymbol{\beta}_1$不能由$\boldsymbol{\alpha}_1,\boldsymbol{\alpha}_2,\boldsymbol{\alpha}_3$线性表示，$\boldsymbol{\beta}_2$可由$\boldsymbol{\alpha}_1,\boldsymbol{\alpha}_2,\boldsymbol{\alpha}_3$线性表示，故$(\boldsymbol{\alpha}_1,\boldsymbol{\alpha}_2,\boldsymbol{\alpha}_3)\begin{pmatrix}x_1\\x_2\\x_3\end{pmatrix}=\boldsymbol{\beta}_1$无解，

$(\boldsymbol{\alpha}_1,\boldsymbol{\alpha}_2,\boldsymbol{\alpha}_3)\begin{pmatrix}x_1\\x_2\\x_3\end{pmatrix}=\boldsymbol{\beta}_2$ 有解.

由 $(\boldsymbol{\alpha}_1,\boldsymbol{\alpha}_2,\boldsymbol{\alpha}_3)\begin{pmatrix}x_1\\x_2\\x_3\end{pmatrix}=\boldsymbol{\beta}_1$ 无解, 有 $r(\boldsymbol{\alpha}_1,\boldsymbol{\alpha}_2,\boldsymbol{\alpha}_3)<r(\boldsymbol{\alpha}_1,\boldsymbol{\alpha}_2,\boldsymbol{\alpha}_3,\boldsymbol{\beta}_1)$, 则

$$(\boldsymbol{\alpha}_1,\boldsymbol{\alpha}_2,\boldsymbol{\alpha}_3,\boldsymbol{\beta}_1)=\begin{pmatrix}1&2&1&1\\2&3&a+2&-1\\1&a&-2&a\end{pmatrix}\to\begin{pmatrix}1&2&1&1\\0&-1&a&-3\\0&0&(a+1)(a-3)&5-2a\end{pmatrix}.$$

若 $(a+1)(a-3)=0$, 解得 $a=-1$ 或 $a=3$.

当 $a=-1$ 时, $r(\boldsymbol{\alpha}_1,\boldsymbol{\alpha}_2,\boldsymbol{\alpha}_3)=2$, $r(\boldsymbol{\alpha}_1,\boldsymbol{\alpha}_2,\boldsymbol{\alpha}_3,\boldsymbol{\beta}_1)=3$, $\boldsymbol{\beta}_1$ 不能由 $\boldsymbol{\alpha}_1,\boldsymbol{\alpha}_2,\boldsymbol{\alpha}_3$ 线性表示, 此时

$$(\boldsymbol{\alpha}_1,\boldsymbol{\alpha}_2,\boldsymbol{\alpha}_3,\boldsymbol{\beta}_2)=\begin{pmatrix}1&2&1&1\\2&3&1&3\\1&-1&-2&4\end{pmatrix}\to\begin{pmatrix}1&2&1&1\\0&1&1&-1\\0&0&0&0\end{pmatrix},$$

$r(\boldsymbol{\alpha}_1,\boldsymbol{\alpha}_2,\boldsymbol{\alpha}_3)=r(\boldsymbol{\alpha}_1,\boldsymbol{\alpha}_2,\boldsymbol{\alpha}_3,\boldsymbol{\beta}_2)=2$, $\boldsymbol{\beta}_2$ 可由 $\boldsymbol{\alpha}_1,\boldsymbol{\alpha}_2,\boldsymbol{\alpha}_3$ 线性表示.

当 $a=3$ 时, $r(\boldsymbol{\alpha}_1,\boldsymbol{\alpha}_2,\boldsymbol{\alpha}_3)=2$, $r(\boldsymbol{\alpha}_1,\boldsymbol{\alpha}_2,\boldsymbol{\alpha}_3,\boldsymbol{\beta}_1)=3$, $\boldsymbol{\beta}_1$ 不能由 $\boldsymbol{\alpha}_1,\boldsymbol{\alpha}_2,\boldsymbol{\alpha}_3$ 线性表示, 此时

$$(\boldsymbol{\alpha}_1,\boldsymbol{\alpha}_2,\boldsymbol{\alpha}_3,\boldsymbol{\beta}_2)=\begin{pmatrix}1&2&1&1\\2&3&5&3\\1&3&-2&4\end{pmatrix}\to\begin{pmatrix}1&2&1&1\\0&-1&3&1\\0&0&0&4\end{pmatrix},$$

此时, $\boldsymbol{\beta}_2$ 不能由 $\boldsymbol{\alpha}_1,\boldsymbol{\alpha}_2,\boldsymbol{\alpha}_3$ 线性表示, 不符合题意.

综上所述, $a=-1$.

考向二：向量组的线性相关性

考点 1：线性相关性

(1)线性相关.

$\boldsymbol{\alpha}_1,\boldsymbol{\alpha}_2,\cdots,\boldsymbol{\alpha}_s$ 线性相关 $\Leftrightarrow$ 存在不全为 0 的数 $k_1,k_2,\cdots,k_s$, 使得 $k_1\boldsymbol{\alpha}_1+k_2\boldsymbol{\alpha}_2+\cdots+k_s\boldsymbol{\alpha}_s=\boldsymbol{0}$

$\Leftrightarrow$ 至少有一个向量可以由其余向量线性表示.

(2)线性无关.

$\boldsymbol{\alpha}_1,\boldsymbol{\alpha}_2,\cdots,\boldsymbol{\alpha}_s$ 线性无关 $\Leftrightarrow$ 只有当 $k_1=k_2=\cdots=k_s=0$ 时才使得 $k_1\boldsymbol{\alpha}_1+k_2\boldsymbol{\alpha}_2+\cdots+k_s\boldsymbol{\alpha}_s=\boldsymbol{0}$

$\Leftrightarrow$ 对于任意不全为零的数 $k_1,k_2,\cdots,k_s$，均有 $k_1\boldsymbol{\alpha}_1+k_2\boldsymbol{\alpha}_2+\cdots+k_s\boldsymbol{\alpha}_s\neq\mathbf{0}$

$\Leftrightarrow$ 其任意向量均不可由其余向量线性表示.

考点2：重要定理

(1) 局部相关，则整体相关.

若向量组的一个部分组线性相关，则该向量组必线性相关.

(2) 整体无关，则局部无关.

若向量组线性无关，则向量组中的任意部分组也线性无关.

(3) 原来无关，延伸也无关.

若一个向量组线性无关，则在每个向量相同位置处增加一个或多个分量后得到的新向量组仍线性无关.

(4) 原来相关，缩短也相关.

若一个向量组线性相关，则在每个向量相同位置处去掉一个或多个分量后得到的新向量组仍线性相关.

(5) 向量组中向量的个数超过维数，该向量组必线性相关.

(6) 向量组中含有零向量必线性相关.

(7) 向量组中含有成比例的向量必线性相关.

(8) 如果向量组 $\boldsymbol{\alpha}_1,\boldsymbol{\alpha}_2,\cdots,\boldsymbol{\alpha}_s$ 线性无关，而 $\boldsymbol{\alpha}_1,\boldsymbol{\alpha}_2,\cdots,\boldsymbol{\alpha}_s,\boldsymbol{\beta}$ 线性相关，则 $\boldsymbol{\beta}$ 可由 $\boldsymbol{\alpha}_1,\boldsymbol{\alpha}_2,\cdots,\boldsymbol{\alpha}_s$ 线性表示，且表示法唯一.

(9) 向量组 $\boldsymbol{\beta}_1,\boldsymbol{\beta}_2,\cdots,\boldsymbol{\beta}_s$ 可由向量组 $\boldsymbol{\alpha}_1,\boldsymbol{\alpha}_2,\cdots,\boldsymbol{\alpha}_n$ 线性表示，且 $s>n$，则 $\boldsymbol{\beta}_1,\boldsymbol{\beta}_2,\cdots,\boldsymbol{\beta}_s$ 线性相关.

【推论】

向量组 $\boldsymbol{\beta}_1,\boldsymbol{\beta}_2,\cdots,\boldsymbol{\beta}_s$ 线性无关，且可由 $\boldsymbol{\alpha}_1,\boldsymbol{\alpha}_2,\cdots,\boldsymbol{\alpha}_n$ 线性表示，则 $s\leqslant n$.

考点3：向量组的线性相关性的判定方法

1.定义法(观察法)

对于向量组 $\boldsymbol{\alpha}_1,\boldsymbol{\alpha}_2,\cdots,\boldsymbol{\alpha}_s$，设 $k_1\boldsymbol{\alpha}_1+k_2\boldsymbol{\alpha}_2+\cdots+k_s\boldsymbol{\alpha}_s=\mathbf{0}$，若存在一组不全为0的系数，使得等式成立，则向量组 $\boldsymbol{\alpha}_1,\boldsymbol{\alpha}_2,\cdots,\boldsymbol{\alpha}_s$ 线性相关；若当且仅当 $k_1=k_2=\cdots=k_s=0$ 时才使得 $k_1\boldsymbol{\alpha}_1+k_2\boldsymbol{\alpha}_2+\cdots+k_s\boldsymbol{\alpha}_s=\mathbf{0}$，则向量组 $\boldsymbol{\alpha}_1,\boldsymbol{\alpha}_2,\cdots,\boldsymbol{\alpha}_s$ 线性无关.

2.用秩(与向量个数进行比较)

(1) $\boldsymbol{\alpha}_1,\boldsymbol{\alpha}_2,\cdots,\boldsymbol{\alpha}_s$ 线性相关

$\Leftrightarrow$ 齐次线性方程组 $(\boldsymbol{\alpha}_1,\boldsymbol{\alpha}_2,\cdots,\boldsymbol{\alpha}_s)\begin{pmatrix}x_1\\x_2\\\vdots\\x_s\end{pmatrix}=\mathbf{0}$ 有非零解

$\Leftrightarrow r(\boldsymbol{\alpha}_1,\boldsymbol{\alpha}_2,\cdots,\boldsymbol{\alpha}_s)<s$

$\Leftrightarrow \boldsymbol{\alpha}_1,\boldsymbol{\alpha}_2,\cdots,\boldsymbol{\alpha}_s$ 至少有一个向量可由其余 $s-1$ 个向量线性表示.

(2) $\boldsymbol{\alpha}_1,\boldsymbol{\alpha}_2,\cdots,\boldsymbol{\alpha}_s$ 线性无关

$\Leftrightarrow$ 齐次线性方程组 $(\boldsymbol{\alpha}_1,\boldsymbol{\alpha}_2,\cdots,\boldsymbol{\alpha}_s)\begin{pmatrix}x_1\\x_2\\\vdots\\x_s\end{pmatrix}=\mathbf{0}$ 只有零解

$\Leftrightarrow r(\boldsymbol{\alpha}_1,\boldsymbol{\alpha}_2,\cdots,\boldsymbol{\alpha}_s)=s$

$\Leftrightarrow \boldsymbol{\alpha}_1,\boldsymbol{\alpha}_2,\cdots,\boldsymbol{\alpha}_s$ 中每一个向量都不能由其余 $s-1$ 个向量线性表示.

【推论】

① n 个 n 维列向量 $\boldsymbol{\alpha}_1,\boldsymbol{\alpha}_2,\cdots,\boldsymbol{\alpha}_n$ 线性相关的充要条件是行列式 $|\boldsymbol{\alpha}_1,\boldsymbol{\alpha}_2,\cdots,\boldsymbol{\alpha}_n|=0$；

② $n+1$ 个 n 维向量一定线性相关.

题型二：向量组的线性相关性

【解题方法】

(1) 定义法.

(2) 对于具体型的向量组，可以结合线性方程组：

向量组 $\boldsymbol{\alpha}_1,\boldsymbol{\alpha}_2,\cdots,\boldsymbol{\alpha}_n$ 线性相关

$\Leftrightarrow$ 齐次线性方程组 $(\boldsymbol{\alpha}_1,\boldsymbol{\alpha}_2,\cdots,\boldsymbol{\alpha}_n)\begin{pmatrix}x_1\\x_2\\\vdots\\x_n\end{pmatrix}=\mathbf{0}$ 有非零解

$\Leftrightarrow r(\boldsymbol{\alpha}_1,\boldsymbol{\alpha}_2,\cdots,\boldsymbol{\alpha}_n)<n$.

(3) 对于抽象型的向量组，主要有两个思路.

①结合秩：向量组 $\boldsymbol{\alpha}_1,\boldsymbol{\alpha}_2,\cdots,\boldsymbol{\alpha}_n$ 线性相关 $\Leftrightarrow r(\boldsymbol{\alpha}_1,\boldsymbol{\alpha}_2,\cdots,\boldsymbol{\alpha}_n)<n$.

②利用相关定理：部分相关，则整体相关；整体无关，则部分无关；$n+1$ 个 n 维向量必然线

性相关；若向量组 $\boldsymbol{\alpha}_1,\boldsymbol{\alpha}_2,\cdots,\boldsymbol{\alpha}_m$ 线性无关，则向量组 $\boldsymbol{\alpha}_1,\boldsymbol{\alpha}_2,\cdots,\boldsymbol{\alpha}_m$ 的延伸组 $\begin{pmatrix}\boldsymbol{\alpha}_1\\\boldsymbol{\beta}_1\end{pmatrix},\begin{pmatrix}\boldsymbol{\alpha}_2\\\boldsymbol{\beta}_2\end{pmatrix},\cdots,\begin{pmatrix}\boldsymbol{\alpha}_m\\\boldsymbol{\beta}_m\end{pmatrix}$ 也线性无关.

【例 1】

设 $\boldsymbol{\alpha}_1=(1,k,3)^{\mathrm{T}}$，$\boldsymbol{\alpha}_2=(2,-1,1)^{\mathrm{T}}$，$\boldsymbol{\alpha}_3=(k-3,1,-1)^{\mathrm{T}}$，$\boldsymbol{\beta}_1=(-1,2,3)^{\mathrm{T}}$，$\boldsymbol{\beta}_2=(1,k,2)^{\mathrm{T}}$，$\boldsymbol{\beta}_3=(2,-5,-1)^{\mathrm{T}}$. 若向量组 $\boldsymbol{\alpha}_1,\boldsymbol{\alpha}_2,\boldsymbol{\alpha}_3$ 线性相关，而向量组 $\boldsymbol{\beta}_1,\boldsymbol{\beta}_2,\boldsymbol{\beta}_3$ 线性无关，则 $k=($　　$)$.

(A) -3　　(B) -1　　(C) 0　　(D) 1　　(E) 3

【答案】(D)

【解析】

$$|\boldsymbol{\alpha}_1,\boldsymbol{\alpha}_2,\boldsymbol{\alpha}_3|=\begin{vmatrix}1&2&k-3\\k&-1&1\\3&1&-1\end{vmatrix}=\begin{vmatrix}1&2&k-1\\k&-1&0\\3&1&0\end{vmatrix},$$

$$|\boldsymbol{\beta}_1,\boldsymbol{\beta}_2,\boldsymbol{\beta}_3|=\begin{vmatrix}-1&1&2\\2&k&-5\\3&2&-1\end{vmatrix}=\begin{vmatrix}-1&1&2\\0&k+2&-1\\0&5&5\end{vmatrix}.$$

由于向量组 $\boldsymbol{\alpha}_1,\boldsymbol{\alpha}_2,\boldsymbol{\alpha}_3$ 线性相关，而向量组 $\boldsymbol{\beta}_1,\boldsymbol{\beta}_2,\boldsymbol{\beta}_3$ 线性无关，所以 $|\boldsymbol{\alpha}_1,\boldsymbol{\alpha}_2,\boldsymbol{\alpha}_3|=0$，$|\boldsymbol{\beta}_1,\boldsymbol{\beta}_2,\boldsymbol{\beta}_3|\neq 0$，从而 $k=1$.

【例 2】

设向量组 $\boldsymbol{\alpha}_1,\boldsymbol{\alpha}_2,\boldsymbol{\alpha}_3$ 线性相关，而向量组 $\boldsymbol{\alpha}_2,\boldsymbol{\alpha}_3,\boldsymbol{\alpha}_4$ 线性无关，则(　　).

(A) $\boldsymbol{\alpha}_1$ 能由 $\boldsymbol{\alpha}_2,\boldsymbol{\alpha}_3,\boldsymbol{\alpha}_4$ 线性表示，$\boldsymbol{\alpha}_4$ 能由 $\boldsymbol{\alpha}_1,\boldsymbol{\alpha}_2,\boldsymbol{\alpha}_3$ 线性表示

(B) $\boldsymbol{\alpha}_1$ 不能由 $\boldsymbol{\alpha}_2,\boldsymbol{\alpha}_3,\boldsymbol{\alpha}_4$ 线性表示，$\boldsymbol{\alpha}_4$ 能由 $\boldsymbol{\alpha}_1,\boldsymbol{\alpha}_2,\boldsymbol{\alpha}_3$ 线性表示

(C) $\boldsymbol{\alpha}_1$ 能由 $\boldsymbol{\alpha}_2,\boldsymbol{\alpha}_3,\boldsymbol{\alpha}_4$ 线性表示，$\boldsymbol{\alpha}_4$ 不能由 $\boldsymbol{\alpha}_1,\boldsymbol{\alpha}_2,\boldsymbol{\alpha}_3$ 线性表示

(D) $\boldsymbol{\alpha}_1$ 不能由 $\boldsymbol{\alpha}_2,\boldsymbol{\alpha}_3,\boldsymbol{\alpha}_4$ 线性表示，$\boldsymbol{\alpha}_4$ 不能由 $\boldsymbol{\alpha}_1,\boldsymbol{\alpha}_2,\boldsymbol{\alpha}_3$ 线性表示

(E) $\boldsymbol{\alpha}_1,\boldsymbol{\alpha}_2,\boldsymbol{\alpha}_4$ 是向量组 $\boldsymbol{\alpha}_1,\boldsymbol{\alpha}_2,\boldsymbol{\alpha}_3,\boldsymbol{\alpha}_4$ 的一个极大线性无关组

【答案】(C)

【解析】

由于向量组 $\boldsymbol{\alpha}_2,\boldsymbol{\alpha}_3,\boldsymbol{\alpha}_4$ 线性无关，故向量组 $\boldsymbol{\alpha}_2,\boldsymbol{\alpha}_3$ 也线性无关，又 $\boldsymbol{\alpha}_1,\boldsymbol{\alpha}_2,\boldsymbol{\alpha}_3$ 线性相关，故 $\boldsymbol{\alpha}_1$ 能由 $\boldsymbol{\alpha}_2,\boldsymbol{\alpha}_3$ 线性表示，从而 $\boldsymbol{\alpha}_1$ 能由 $\boldsymbol{\alpha}_2,\boldsymbol{\alpha}_3,\boldsymbol{\alpha}_4$ 线性表示. 若 $\boldsymbol{\alpha}_4$ 能由 $\boldsymbol{\alpha}_1,\boldsymbol{\alpha}_2,\boldsymbol{\alpha}_3$ 线性表示，则 $\boldsymbol{\alpha}_4$ 也能

由 $\boldsymbol{\alpha}_2,\boldsymbol{\alpha}_3$ 线性表示，这也与条件 $\boldsymbol{\alpha}_2,\boldsymbol{\alpha}_3,\boldsymbol{\alpha}_4$ 线性无关矛盾．因此，$\boldsymbol{\alpha}_4$ 不能由 $\boldsymbol{\alpha}_1,\boldsymbol{\alpha}_2,\boldsymbol{\alpha}_3$ 线性表示．应选(C).

【例 3】

已知向量 $\boldsymbol{\alpha}_1,\boldsymbol{\alpha}_2,\boldsymbol{\alpha}_3$ 线性无关，则以下向量组中线性相关的是(　　).

(A) $\boldsymbol{\alpha}_1+\boldsymbol{\alpha}_2,\boldsymbol{\alpha}_2+\boldsymbol{\alpha}_3,2\boldsymbol{\alpha}_1+\boldsymbol{\alpha}_2+\boldsymbol{\alpha}_3$

(B) $\boldsymbol{\alpha}_1+2\boldsymbol{\alpha}_2,\boldsymbol{\alpha}_2+2\boldsymbol{\alpha}_3,2\boldsymbol{\alpha}_1+\boldsymbol{\alpha}_3$

(C) $\boldsymbol{\alpha}_1+\boldsymbol{\alpha}_2,\boldsymbol{\alpha}_2+\boldsymbol{\alpha}_3,\boldsymbol{\alpha}_1+\boldsymbol{\alpha}_2+2\boldsymbol{\alpha}_3$

(D) $\boldsymbol{\alpha}_1+\boldsymbol{\alpha}_2,\boldsymbol{\alpha}_2+\boldsymbol{\alpha}_3,\boldsymbol{\alpha}_1+\boldsymbol{\alpha}_3$

(E) $\boldsymbol{\alpha}_1+\boldsymbol{\alpha}_2,\boldsymbol{\alpha}_2+\boldsymbol{\alpha}_3,\boldsymbol{\alpha}_1+2\boldsymbol{\alpha}_2+\boldsymbol{\alpha}_3$

【答案】(E)

【解析】

对于(E)选项，可得 $(\boldsymbol{\alpha}_1+\boldsymbol{\alpha}_2,\boldsymbol{\alpha}_2+\boldsymbol{\alpha}_3,\boldsymbol{\alpha}_1+2\boldsymbol{\alpha}_2+\boldsymbol{\alpha}_3)=(\boldsymbol{\alpha}_1,\boldsymbol{\alpha}_2,\boldsymbol{\alpha}_3)\begin{pmatrix}1&0&1\\1&1&2\\0&1&1\end{pmatrix}$，且 $r(\boldsymbol{\alpha}_1+\boldsymbol{\alpha}_2,\boldsymbol{\alpha}_2+\boldsymbol{\alpha}_3,\boldsymbol{\alpha}_1+2\boldsymbol{\alpha}_2+\boldsymbol{\alpha}_3)=r\left[\begin{pmatrix}1&0&1\\1&1&2\\0&1&1\end{pmatrix}\right]=2<3$，因此线性相关．

其他选项类似分析，易得线性无关．

考向三：极大无关组与向量组的秩

考点 1：极大无关组

在向量组中，若存在一个部分组 $\boldsymbol{\alpha}_1,\boldsymbol{\alpha}_2,\cdots,\boldsymbol{\alpha}_r$ 满足：

①部分组 $\boldsymbol{\alpha}_1,\boldsymbol{\alpha}_2,\cdots,\boldsymbol{\alpha}_r$ 线性无关；

②向量组中任意 $r+1$ 个向量(如果向量组有 $r+1$ 个向量的话)都线性相关．

则称部分组 $\boldsymbol{\alpha}_1,\boldsymbol{\alpha}_2,\cdots,\boldsymbol{\alpha}_r$ 是向量组的一个极大线性无关向量组，简称极大无关组．

【注】

①向量组中含有向量个数最多的线性无关的部分组称为向量组的极大无关组．

②如果向量组中的 r 个向量线性无关，且向量组中任何一个向量都可以由这 r 个向量线性表示，则这 r 个向量称为该向量组的一个极大无关组．

③任何一个向量组和它的极大无关组都是相互等价的．

④向量组的任何两个极大无关组是相互等价的．

⑤向量组的任何两个极大无关组所包含向量的个数是相等的.

⑥相互等价的向量组具有相同的秩，但秩相同的向量组不一定等价.

⑦只由一个零向量构成的向量组不存在极大无关组，一个线性无关的向量组的极大无关组就是它本身.

考点2：向量组的秩

向量组 $\boldsymbol{\alpha}_1,\boldsymbol{\alpha}_2,\cdots,\boldsymbol{\alpha}_s$ 的极大线性无关组中所含向量个数称为该向量组的秩，记作 $r(\boldsymbol{\alpha}_1,\boldsymbol{\alpha}_2,\cdots,\boldsymbol{\alpha}_s)$. 若 $r(\boldsymbol{\alpha}_1,\boldsymbol{\alpha}_2,\cdots,\boldsymbol{\alpha}_s)=r$，则 $\boldsymbol{\alpha}_1,\boldsymbol{\alpha}_2,\cdots,\boldsymbol{\alpha}_s$ 中任意 r 个线性无关的向量构成的部分组均可作为该向量组的极大无关组，也就是说向量组的极大无关组是不唯一的.

考点3：三秩相等

矩阵 $\boldsymbol{A}$ 的秩 = 矩阵 $\boldsymbol{A}$ 列向量组的秩(列秩) = 矩阵 $\boldsymbol{A}$ 行向量组的秩(行秩).

题型三：向量组秩的相关问题

【解题方法】

①设 $\boldsymbol{\alpha}_1,\boldsymbol{\alpha}_2,\cdots,\boldsymbol{\alpha}_m$ 为一组列向量，将它们组装成矩阵 $(\boldsymbol{\alpha}_1,\boldsymbol{\alpha}_2,\cdots,\boldsymbol{\alpha}_m)$；

②对该矩阵进行初等行变换，可以将矩阵 $(\boldsymbol{\alpha}_1,\boldsymbol{\alpha}_2,\cdots,\boldsymbol{\alpha}_m)$ 化成阶梯形矩阵，则这个阶梯形矩阵的非零行的行数 r 即等于向量组 $\boldsymbol{\alpha}_1,\boldsymbol{\alpha}_2,\cdots,\boldsymbol{\alpha}_m$ 的秩.

③从每一个不同的阶梯中取一列向量，则所在的列对应的原向量就是原向量组的一个极大线性无关组.

【例1】

设向量组 $\boldsymbol{\alpha}_1=(a,3,1)^{\mathrm{T}},\boldsymbol{\alpha}_2=(2,b,3)^{\mathrm{T}},\boldsymbol{\alpha}_3=(1,2,1)^{\mathrm{T}},\boldsymbol{\alpha}_4=(2,3,1)^{\mathrm{T}}$ 且 $r(\boldsymbol{\alpha}_1,\boldsymbol{\alpha}_2,\boldsymbol{\alpha}_3,\boldsymbol{\alpha}_4)=2$，则 a,b 分别为(　　).

(A)2,5　　(B)1,5　　(C)3,2　　(D)3,5　　(E)5,2

【答案】(A)

【解析】

根据秩的定义，由

$$(\boldsymbol{\alpha}_1,\boldsymbol{\alpha}_2,\boldsymbol{\alpha}_3,\boldsymbol{\alpha}_4)=\begin{pmatrix} a & 2 & 1 & 2 \\ 3 & b & 2 & 3 \\ 1 & 3 & 1 & 1 \end{pmatrix},$$

又 $r(\boldsymbol{\alpha}_1,\boldsymbol{\alpha}_2,\boldsymbol{\alpha}_3,\boldsymbol{\alpha}_4)=2$，则3阶子式均为0，故

$$|\boldsymbol{\alpha}_2,\boldsymbol{\alpha}_3,\boldsymbol{\alpha}_4|=0,|\boldsymbol{\alpha}_1,\boldsymbol{\alpha}_2,\boldsymbol{\alpha}_3|=0,$$

则
$$\begin{vmatrix}2&1&2\\b&2&3\\3&1&1\end{vmatrix}=0\Rightarrow b=5,$$

$$\begin{vmatrix}a&2&1\\3&5&2\\1&3&1\end{vmatrix}=0\Rightarrow a=2.$$

【例 2】

向量组 $\boldsymbol{\alpha}_1=(1,-1,2,4)^{\mathrm{T}}$，$\boldsymbol{\alpha}_2=(0,3,1,2)^{\mathrm{T}}$，$\boldsymbol{\alpha}_3=(3,0,7,14)^{\mathrm{T}}$，$\boldsymbol{\alpha}_4=(1,-2,2,0)^{\mathrm{T}}$，$\boldsymbol{\alpha}_5=(2,1,5,10)^{\mathrm{T}}$ 的极大线性无关组不能是(　　).

(A) $\boldsymbol{\alpha}_1,\boldsymbol{\alpha}_2,\boldsymbol{\alpha}_4$　(B) $\boldsymbol{\alpha}_1,\boldsymbol{\alpha}_3,\boldsymbol{\alpha}_4$　(C) $\boldsymbol{\alpha}_1,\boldsymbol{\alpha}_4,\boldsymbol{\alpha}_5$　(D) $\boldsymbol{\alpha}_1,\boldsymbol{\alpha}_3,\boldsymbol{\alpha}_5$　(E) 以上均不对

【答案】(D)

【解析】

将向量组按列排成矩阵 $\boldsymbol{A}$，对 $\boldsymbol{A}$ 进行初等行变换，有

$$\boldsymbol{A}=\begin{pmatrix}1&0&3&1&2\\-1&3&0&-2&1\\2&1&7&2&5\\4&2&14&0&10\end{pmatrix}\xrightarrow[\substack{r_3+r_1\times(-2)\\r_4+r_1\times(-4)}]{r_2+r_1\times 1}\begin{pmatrix}1&0&3&1&2\\0&3&3&-1&3\\0&1&1&0&1\\0&2&2&-4&2\end{pmatrix}$$

$$\xrightarrow{r_2\leftrightarrow r_3}\begin{pmatrix}1&0&3&1&2\\0&1&1&0&1\\0&3&3&-1&3\\0&2&2&-4&2\end{pmatrix}\to\begin{pmatrix}1&0&3&1&2\\0&1&1&0&1\\0&0&0&1&0\\0&0&0&0&0\end{pmatrix},$$

则 $r(\boldsymbol{A})=3$，则极大无关组包含向量个数为3.

(A)选项，$r(\boldsymbol{\alpha}_1,\boldsymbol{\alpha}_2,\boldsymbol{\alpha}_4)=3$；(B)选项，$r(\boldsymbol{\alpha}_1,\boldsymbol{\alpha}_3,\boldsymbol{\alpha}_4)=3$；(C)选项，$r(\boldsymbol{\alpha}_1,\boldsymbol{\alpha}_4,\boldsymbol{\alpha}_5)=3$，则(A), (B), (C)选项均是极大无关组.

(D)选项，$r(\boldsymbol{\alpha}_1,\boldsymbol{\alpha}_3,\boldsymbol{\alpha}_5)=2$，不是极大无关组. 故选(D).

考向四：齐次线性方程组

考点1：齐次线性方程组形式

（1）一般形式：$\begin{cases} a_{11}x_1+a_{12}x_2+\cdots+a_{1n}x_n=0, \\ a_{21}x_1+a_{22}x_2+\cdots+a_{2n}x_n=0, \\ \cdots\cdots \\ a_{m1}x_1+a_{m2}x_2+\cdots+a_{mn}x_n=0. \end{cases}$

（2）矩阵形式：$\boldsymbol{A}_{m\times n}\boldsymbol{x}=\boldsymbol{0}$，其中$\boldsymbol{A}_{m\times n}=\begin{pmatrix} a_{11} & a_{12} & \cdots & a_{1n} \\ a_{21} & a_{22} & \cdots & a_{2n} \\ \vdots & \vdots & & \vdots \\ a_{m1} & a_{m2} & \cdots & a_{mn} \end{pmatrix}$，$\boldsymbol{x}=\begin{pmatrix} x_1 \\ x_2 \\ \vdots \\ x_n \end{pmatrix}$.

（3）向量形式：$x_1\boldsymbol{\alpha}_1+x_2\boldsymbol{\alpha}_2+\cdots+x_n\boldsymbol{\alpha}_n=\boldsymbol{0}$.

考点2：齐次线性方程组解的判定

（1）$\boldsymbol{Ax}=\boldsymbol{0}$ 有非零解

$\Leftrightarrow r(\boldsymbol{A})<n$（$n$为矩阵$\boldsymbol{A}$的列数）

$\Leftrightarrow \boldsymbol{A}=(\boldsymbol{\alpha}_1,\boldsymbol{\alpha}_2,\cdots,\boldsymbol{\alpha}_n)$的列向量组线性相关

$\Leftrightarrow$ 当$\boldsymbol{A}$为n阶方阵时，$|\boldsymbol{A}|=0$.

【推论】

设$\boldsymbol{A}$是$m\times n$矩阵，若$m<n$，则齐次方程组$\boldsymbol{Ax}=\boldsymbol{0}$必有非零解.

（2）$\boldsymbol{Ax}=\boldsymbol{0}$只有零解

$\Leftrightarrow r(\boldsymbol{A})=n$（即矩阵$\boldsymbol{A}$列满秩，其中$n$为矩阵$\boldsymbol{A}$的列数）

$\Leftrightarrow \boldsymbol{A}=(\boldsymbol{\alpha}_1,\boldsymbol{\alpha}_2,\cdots,\boldsymbol{\alpha}_n)$的列向量组线性无关

$\Leftrightarrow$ 当$\boldsymbol{A}$为n阶方阵时，$|\boldsymbol{A}|\neq 0$.

考点3：齐次线性方程组的基础解系

（1）基础解系.

必须满足三个条件：①是$\boldsymbol{Ax}=\boldsymbol{0}$的解；②线性无关；③个数$s=n-r(\boldsymbol{A})$.

（2）通解结构：$\boldsymbol{\xi}_1,\boldsymbol{\xi}_2,\cdots,\boldsymbol{\xi}_s$为$\boldsymbol{Ax}=\boldsymbol{0}$的基础解系，则$\boldsymbol{Ax}=\boldsymbol{0}$的通解为$k_1\boldsymbol{\xi}_1+k_2\boldsymbol{\xi}_2+\cdots+k_s\boldsymbol{\xi}_s$.

（3）$\boldsymbol{Ax}=\boldsymbol{0}$的基础解系含有$n-r(\boldsymbol{A})$个线性无关的解向量.

考点4:齐次线性方程组求通解

①将系数矩阵进行初等行变换化成行最简形;

②找到自由未知数,确定基础解系中解向量的个数;

③(赋值法)依次对自由未知数赋值"1",其余自由未知数赋值"0";

④其余未知数反号顺抄(抄赋值为"1"的未知量所在的列).

题型四:齐次线性方程组解的判定

【解题方法】

(1)根据齐次线性方程组解的判定定理,再结合矩阵的秩或行列式的方法来判断.

(2)一般当系数矩阵为方阵且含有参数时,可用行列式的判定方法,当系数矩阵为其他矩阵或抽象矩阵时,用秩的方法.

【例1】

设$\boldsymbol{A}$是$m\times n$矩阵,$\boldsymbol{B}$是$n\times m$矩阵,则(　　).

(A)当$m>n$时,齐次线性方程组$\boldsymbol{ABx}=\boldsymbol{0}$只有零解

(B)当$m>n$时,齐次线性方程组$\boldsymbol{ABx}=\boldsymbol{0}$有非零解

(C)当$m<n$时,齐次线性方程组$\boldsymbol{ABx}=\boldsymbol{0}$只有零解

(D)当$m<n$时,齐次线性方程组$\boldsymbol{ABx}=\boldsymbol{0}$有非零解

(E)当$m=n$时,齐次线性方程组$\boldsymbol{ABx}=\boldsymbol{0}$只有零解

【答案】(B)

【解析】

由于$\boldsymbol{A}$是$m\times n$矩阵,$\boldsymbol{B}$是$n\times m$矩阵,故$\boldsymbol{AB}$是m阶方阵.当$m>n$时,

$$r(\boldsymbol{AB})\leqslant r(\boldsymbol{A})\leqslant\min\{m,n\}\leqslant n<m.$$

故当$m>n$时,齐次线性方程组$\boldsymbol{ABx}=\boldsymbol{0}$有非零解.应选(B).

【例2】

设矩阵$\boldsymbol{A}=\begin{pmatrix}1&1&1&1\\1&a&b&b\\1&b&a&b\\1&b&b&a\end{pmatrix}$,且$a\neq b$,则齐次线性方程组$\boldsymbol{Ax}=\boldsymbol{0}$有非零解的充分必要条件为(　　).

(A)$a+2b=-3$　(B)$a+2b=-1$　(C)$a+2b=0$　(D)$a+2b=1$　(E)$a+2b=3$

【答案】(E)

【解析】

由于

$$|A|=\begin{vmatrix}1&1&1&1\\1&a&b&b\\1&b&a&b\\1&b&b&a\end{vmatrix}\xlongequal[i=2,3,4]{r_i+r_1\cdot(-1)}\begin{vmatrix}1&1&1&1\\0&a-1&b-1&b-1\\0&b-1&a-1&b-1\\0&b-1&b-1&a-1\end{vmatrix}$$

$$=\begin{vmatrix}a-1&b-1&b-1\\b-1&a-1&b-1\\b-1&b-1&a-1\end{vmatrix}$$

$$\xlongequal[i=2,3]{c_1+c_i}\begin{vmatrix}a+2b-3&b-1&b-1\\a+2b-3&a-1&b-1\\a+2b-3&b-1&a-1\end{vmatrix}$$

$$\xlongequal[i=2,3]{r_i+r_1\cdot(-1)}\begin{vmatrix}a+2b-3&b-1&b-1\\0&a-b&0\\0&0&a-b\end{vmatrix}$$

$$=(a+2b-3)(a-b)^2,$$

而 $a\neq b$，所以齐次线性方程组 $\boldsymbol{Ax}=\boldsymbol{0}$ 有非零解的充分必要条件为 $a+2b=3$．应选(E).

【例 3】

设 $\boldsymbol{A}=\begin{pmatrix}a_{11}&a_{12}&a_{13}\\a_{21}&a_{22}&a_{23}\end{pmatrix}$，$\boldsymbol{B}=\begin{pmatrix}b_{11}&b_{12}\\b_{21}&b_{22}\\b_{31}&b_{32}\end{pmatrix}$．若 $\boldsymbol{AB}=\begin{pmatrix}1&0\\2&1\end{pmatrix}$，则齐次线性方程组 $\boldsymbol{Ax}=\boldsymbol{0}$ 和 $\boldsymbol{By}=\boldsymbol{0}$ 的线性无关解向量的个数分别为(　　).

(A) 0 和 0　　(B) 1 和 0　　(C) 0 和 1　　(D) 2 和 0　　(E) 1 和 2

【答案】(B)

【解析】

由题意 $\boldsymbol{AB}=\begin{pmatrix}1&0\\2&1\end{pmatrix}$，故 $r(\boldsymbol{AB})=r\left[\begin{pmatrix}1&0\\2&1\end{pmatrix}\right]=2$，

$$2=r(\boldsymbol{AB})\leqslant r(\boldsymbol{A})\leqslant 2,$$

故 $r(\boldsymbol{A})=2$，同理 $2=r(\boldsymbol{AB})\leqslant r(\boldsymbol{B})\leqslant 2$，得 $r(\boldsymbol{B})=2$，因此齐次方程组 $\boldsymbol{Ax}=\boldsymbol{0}$ 的线性无关解向量的个数为 $3-r(\boldsymbol{A})=3-2=1$，齐次方程组 $\boldsymbol{By}=\boldsymbol{0}$ 的线性无关解向量的个数为 0，故选(B).

考向五：非齐次线性方程组

考点1：非齐次线性方程组形式

（1）一般形式：$\begin{cases} a_{11}x_1+a_{12}x_2+\cdots+a_{1n}x_n=b_1, \\ a_{21}x_1+a_{22}x_2+\cdots+a_{2n}x_n=b_2, \\ \cdots\cdots \\ a_{m1}x_1+a_{m2}x_2+\cdots+a_{mn}x_n=b_m. \end{cases}$

（2）矩阵形式：$\boldsymbol{A}_{m\times n}\boldsymbol{x}=\boldsymbol{b}$，其中

$$\boldsymbol{A}_{m\times n}=\begin{pmatrix} a_{11} & a_{12} & \cdots & a_{1n} \\ a_{21} & a_{22} & \cdots & a_{2n} \\ \vdots & \vdots & & \vdots \\ a_{m1} & a_{m2} & \cdots & a_{mn} \end{pmatrix}, \boldsymbol{x}=\begin{pmatrix} x_1 \\ x_2 \\ \vdots \\ x_n \end{pmatrix}, (\boldsymbol{A},\boldsymbol{b})=\left(\begin{array}{cccc:c} a_{11} & a_{12} & \cdots & a_{1n} & b_1 \\ a_{21} & a_{22} & \cdots & a_{2n} & b_2 \\ \vdots & \vdots & & \vdots & \vdots \\ a_{m1} & a_{m2} & \cdots & a_{mn} & b_m \end{array}\right).$$

（3）向量形式：$x_1\boldsymbol{\alpha}_1+x_2\boldsymbol{\alpha}_2+\cdots+x_n\boldsymbol{\alpha}_n=\boldsymbol{b}$.

考点2：非齐次线性方程组解的判定

（1）$\boldsymbol{Ax}=\boldsymbol{b}$ 无解

$\Leftrightarrow r(\boldsymbol{A})<r(\boldsymbol{A},\boldsymbol{b})\Leftrightarrow r(\boldsymbol{A})\neq r(\boldsymbol{A},\boldsymbol{b})\Leftrightarrow r(\boldsymbol{A})+1=r(\boldsymbol{A},\boldsymbol{b})$

$\Leftrightarrow \boldsymbol{b}$ 不能由 $\boldsymbol{A}$ 的列向量组线性表示

$\Rightarrow$ 当 $\boldsymbol{A}$ 为 n 阶方阵时，$|\boldsymbol{A}|=0$.

（2）$\boldsymbol{Ax}=\boldsymbol{b}$ 有唯一解

$\Leftrightarrow r(\boldsymbol{A})=r(\boldsymbol{A},\boldsymbol{b})=n$

$\Leftrightarrow \boldsymbol{b}$ 可由 $\boldsymbol{A}$ 的列向量组线性表示，且表示法唯一

$\Leftrightarrow$ 当 $\boldsymbol{A}$ 为 n 阶方阵时，$|\boldsymbol{A}|\neq 0$，可用克拉默法则解 $\boldsymbol{Ax}=\boldsymbol{b}$

$\Rightarrow \boldsymbol{A}=(\boldsymbol{\alpha}_1,\boldsymbol{\alpha}_2,\cdots,\boldsymbol{\alpha}_n)$ 的列向量组线性无关

$\Rightarrow \boldsymbol{Ax}=\boldsymbol{0}$ 只有零解.

（3）$\boldsymbol{Ax}=\boldsymbol{b}$ 有无穷多解

$\Leftrightarrow r(\boldsymbol{A})=r(\boldsymbol{A},\boldsymbol{b})<n$

$\Leftrightarrow \boldsymbol{b}$ 可由 $\boldsymbol{A}$ 的列向量组线性表示，且表示法不唯一(无穷多种)

$\Rightarrow$ 当 $\boldsymbol{A}$ 为 n 阶方阵时，$|\boldsymbol{A}|=0$

$\Rightarrow \boldsymbol{A}=(\boldsymbol{\alpha}_1,\boldsymbol{\alpha}_2,\cdots,\boldsymbol{\alpha}_n)$ 的列向量组线性相关

$\Rightarrow \boldsymbol{Ax}=\boldsymbol{0}$ 有非零解.

考点3: 非齐次线性方程组解的性质

(1) $\boldsymbol{\eta}_1,\boldsymbol{\eta}_2$ 都是 $\boldsymbol{Ax}=\boldsymbol{b}$ 的解, 则 $\boldsymbol{\eta}_1-\boldsymbol{\eta}_2$ 是导出组 $\boldsymbol{Ax}=\boldsymbol{0}$ 的解.

(2) $\boldsymbol{\eta}_1,\boldsymbol{\eta}_2,\cdots,\boldsymbol{\eta}_s$ 都是 $\boldsymbol{Ax}=\boldsymbol{b}$ 的解, 则

$$k_1\boldsymbol{\eta}_1+k_2\boldsymbol{\eta}_2+\cdots+k_s\boldsymbol{\eta}_s\begin{cases}\text{是 }\boldsymbol{Ax}=\boldsymbol{b}\text{ 的解，}k_1+k_2+\cdots+k_s=1,\\ \text{是 }\boldsymbol{Ax}=\boldsymbol{0}\text{ 的解，}k_1+k_2+\cdots+k_s=0.\end{cases}$$

(3) $\boldsymbol{\eta}$ 是 $\boldsymbol{Ax}=\boldsymbol{b}$ 的一个解, $\boldsymbol{\xi}$ 是它的导出组 $\boldsymbol{Ax}=\boldsymbol{0}$ 的解, 则 $\boldsymbol{\eta}+\boldsymbol{\xi}$ 是 $\boldsymbol{Ax}=\boldsymbol{b}$ 的解.

考点4: 非齐次线性方程组解的结构

当非齐次线性方程组 $\boldsymbol{Ax}=\boldsymbol{b}$ 有无穷多解时, 它的通解可以表示为

$$\boldsymbol{x}=\boldsymbol{\eta}+k_1\boldsymbol{\xi}_1+k_2\boldsymbol{\xi}_2+\cdots+k_s\boldsymbol{\xi}_s,$$

其中 $\boldsymbol{\eta}$ 为 $\boldsymbol{Ax}=\boldsymbol{b}$ 的一个特解, $\boldsymbol{\xi}_1,\boldsymbol{\xi}_2,\cdots,\boldsymbol{\xi}_s$ 为 $\boldsymbol{Ax}=\boldsymbol{0}$ 的基础解系.

考点5: 非齐次线性方程组求通解

①将增广矩阵进行初等行变换化成行最简形;

②利用赋值法求出齐次线性方程组的基础解系;

③将自由未知数赋值"0", 求出对应的非齐次解(常数项直接顺抄).

题型五: 非齐次线性方程组解的判定

【解题方法】

(1) 根据非齐次线性方程组解的判定定理, 再结合矩阵的秩或行列式的方法来判断.

(2) 一般当系数矩阵为方阵且含有参数时, 可用行列式的判定方法, 当系数矩阵为其他矩阵或抽象矩阵时, 用秩的方法.

【例1】

设 $\boldsymbol{A}$ 为3阶矩阵, $\boldsymbol{b}=\begin{pmatrix}2\\2\\2\end{pmatrix}$. 若线性方程组 $\boldsymbol{Ax}=\boldsymbol{b}$ 的通解为 $\boldsymbol{x}=\begin{pmatrix}1\\1\\1\end{pmatrix}+k_1\begin{pmatrix}2\\1\\0\end{pmatrix}+k_2\begin{pmatrix}1\\0\\1\end{pmatrix}$, 则 $\boldsymbol{A}$ 的第一列元素为(　　).

(A) $\begin{pmatrix}-4\\-4\\-4\end{pmatrix}$　(B) $\begin{pmatrix}-2\\-2\\-2\end{pmatrix}$　(C) $\begin{pmatrix}-1\\-1\\-1\end{pmatrix}$　(D) $\begin{pmatrix}1\\1\\1\end{pmatrix}$　(E) $\begin{pmatrix}2\\2\\2\end{pmatrix}$

【答案】(C)

【解析】

令 $\boldsymbol{A}=(\boldsymbol{\alpha}_1,\boldsymbol{\alpha}_2,\boldsymbol{\alpha}_3)$, 则由题设知,

$$(\boldsymbol{\alpha}_1,\boldsymbol{\alpha}_2,\boldsymbol{\alpha}_3)\begin{pmatrix}2\\1\\0\end{pmatrix}=\mathbf{0},\ (\boldsymbol{\alpha}_1,\boldsymbol{\alpha}_2,\boldsymbol{\alpha}_3)\begin{pmatrix}1\\0\\1\end{pmatrix}=\mathbf{0},\ (\boldsymbol{\alpha}_1,\boldsymbol{\alpha}_2,\boldsymbol{\alpha}_3)\begin{pmatrix}1\\1\\1\end{pmatrix}=\boldsymbol{b}.$$

于是, $\begin{cases}2\boldsymbol{\alpha}_1+\boldsymbol{\alpha}_2=\mathbf{0},\\ \boldsymbol{\alpha}_1+\boldsymbol{\alpha}_3=\mathbf{0},\\ \boldsymbol{\alpha}_1+\boldsymbol{\alpha}_2+\boldsymbol{\alpha}_3=\boldsymbol{b}.\end{cases}$ 故 $\boldsymbol{\alpha}_1=-\dfrac{1}{2}\boldsymbol{b}=\begin{pmatrix}-1\\-1\\-1\end{pmatrix}$. 应选(C).

【例 2】

设方程组 $\begin{cases}x_2+x_3-x_4=10,\\ x_1+3x_2+x_4=13,\\ x_1+4x_2+x_3=23\end{cases}$ 线性无关的解向量组中的向量个数最多为 s, 其对应的齐次线性方程组的基础解系中的向量个数为 t, 则 s, t 分别为(　　).

(A)1,1　　(B)2,1　　(C)2,3　　(D)4,2　　(E)3,2

【答案】(E)

【解析】

$$(\boldsymbol{A},\boldsymbol{b})=\left(\begin{array}{cccc:c}0&1&1&-1&10\\1&3&0&1&13\\1&4&1&0&23\end{array}\right)\to\left(\begin{array}{cccc:c}1&3&0&1&13\\0&1&1&-1&10\\0&1&1&-1&10\end{array}\right)\to\left(\begin{array}{cccc:c}1&3&0&1&13\\0&1&1&-1&10\\0&0&0&0&0\end{array}\right),$$

则 $r(\boldsymbol{A})=2$, 即 $t=n-r(\boldsymbol{A})=4-2=2$, 故 $s=t+1=3$.

【例 3】

设 $\boldsymbol{A}=\begin{pmatrix}\lambda&1&1\\0&\lambda-1&0\\1&1&\lambda\end{pmatrix}$, $\boldsymbol{b}=\begin{pmatrix}a\\1\\1\end{pmatrix}$, 已知线性方程组 $\boldsymbol{Ax}=\boldsymbol{b}$ 存在 2 个不同的解, 求:

(1) λ,a;

(2) 方程组 $\boldsymbol{Ax}=\boldsymbol{b}$ 的通解.

【解析】

(1) 已知 $\boldsymbol{Ax}=\boldsymbol{b}$ 有 2 个不同的解, 故 $r(\boldsymbol{A})=r(\bar{\boldsymbol{A}})<3$, 对增广矩阵进行初等行变换, 得

$$\overline{A}=\left(\begin{array}{ccc:c}\lambda & 1 & 1 & a\\ 0 & \lambda-1 & 0 & 1\\ 1 & 1 & \lambda & 1\end{array}\right)\to\left(\begin{array}{ccc:c}1 & 1 & \lambda & 1\\ 0 & \lambda-1 & 0 & 1\\ \lambda & 1 & 1 & a\end{array}\right)$$

$$\to\left(\begin{array}{ccc:c}1 & 1 & \lambda & 1\\ 0 & \lambda-1 & 0 & 1\\ 0 & 1-\lambda & 1-\lambda^2 & a-\lambda\end{array}\right)\to\left(\begin{array}{ccc:c}1 & 1 & \lambda & 1\\ 0 & \lambda-1 & 0 & 1\\ 0 & 0 & 1-\lambda^2 & a-\lambda+1\end{array}\right).$$

当 $\lambda=1$ 时，$\overline{A}\to\left(\begin{array}{ccc:c}1 & 1 & 1 & 1\\ 0 & 0 & 0 & 1\\ 0 & 0 & 0 & a\end{array}\right)\to\left(\begin{array}{ccc:c}1 & 1 & 1 & 1\\ 0 & 0 & 0 & 1\\ 0 & 0 & 0 & 0\end{array}\right)$，此时 $r(A)\neq r(\overline{A})$，故 $Ax=b$ 无解（舍去）.

当 $\lambda=-1$ 时，$\overline{A}\to\left(\begin{array}{ccc:c}1 & 1 & -1 & 1\\ 0 & -2 & 0 & 1\\ 0 & 0 & 0 & a+2\end{array}\right)$，由于 $r(A)=r(\overline{A})<3$，因此 $a=-2$，故 $\lambda=-1$，$a=-2$.

（2）对增广矩阵作初等行变换.

$$\overline{A}=\left(\begin{array}{ccc:c}-1 & 1 & 1 & -2\\ 0 & -2 & 0 & 1\\ 1 & 1 & -1 & 1\end{array}\right)\to\left(\begin{array}{ccc:c}1 & -1 & -1 & 2\\ 0 & 2 & 0 & -1\\ 0 & 0 & 0 & 0\end{array}\right)\to\left(\begin{array}{ccc:c}1 & 0 & -1 & \frac{3}{2}\\ 0 & 1 & 0 & -\frac{1}{2}\\ 0 & 0 & 0 & 0\end{array}\right),$$

可知原方程组等价为 $\begin{cases}x_1-x_3=\frac{3}{2},\\ x_2=-\frac{1}{2},\end{cases}$ 写成向量的形式，即 $\begin{pmatrix}x_1\\ x_2\\ x_3\end{pmatrix}=x_3\begin{pmatrix}1\\ 0\\ 1\end{pmatrix}+\begin{pmatrix}\frac{3}{2}\\ -\frac{1}{2}\\ 0\end{pmatrix}$.

因此 $Ax=b$ 的通解为 $x=k\begin{pmatrix}1\\ 0\\ 1\end{pmatrix}+\begin{pmatrix}\frac{3}{2}\\ -\frac{1}{2}\\ 0\end{pmatrix}$，其中 k 为任意常数.

【例 4】

设 A 为 4×5 矩阵，且 $r(A)=4$，α_1,α_2 是非齐次线性方程组 $Ax=b$ 的两个不同解，k 为任意常数，则方程组 $Ax=b$ 的通解为（　　）.

(A) $(k+1)\alpha_1-k\alpha_2$　　(B) $(k+1)\alpha_1+k\alpha_2$

(C) $(k-1)\alpha_1+k\alpha_2$　　(D) $(k-1)\alpha_1-k\alpha_2$

(E) $(k-1)\boldsymbol{\alpha}_2+k\boldsymbol{\alpha}_1$

【答案】(A)

【解析】

由于 $\boldsymbol{A}$ 为 4×5 矩阵，且 $r(\boldsymbol{A})=4$，因此齐次线性方程组 $\boldsymbol{Ax}=\boldsymbol{0}$ 的基础解系所含解向量的个数为 $5-r(\boldsymbol{A})=5-4=1$. 因为 $\boldsymbol{\alpha}_1,\boldsymbol{\alpha}_2$ 是非齐次线性方程组 $\boldsymbol{Ax}=\boldsymbol{b}$ 的两个不同解，所以 $\boldsymbol{\alpha}_1-\boldsymbol{\alpha}_2$ 是齐次线性方程组 $\boldsymbol{Ax}=\boldsymbol{0}$ 的非零解，从而 $\boldsymbol{\alpha}_1-\boldsymbol{\alpha}_2$ 是 $\boldsymbol{Ax}=\boldsymbol{0}$ 的一个基础解系. 于是，方程组 $\boldsymbol{Ax}=\boldsymbol{b}$ 的通解为 $k(\boldsymbol{\alpha}_1-\boldsymbol{\alpha}_2)+\boldsymbol{\alpha}_1=(k+1)\boldsymbol{\alpha}_1-k\boldsymbol{\alpha}_2$. 应选(A).

【例 5】

线性方程组 $\begin{cases}x_1+x_2=b_1,\\x_2+x_3=b_2,\\x_3+x_4=b_3,\\x_1+x_4=b_4\end{cases}$ 有解的充分必要条件是(　　).

(A) $b_1+b_2+b_3+b_4=0$　　(B) $b_1-b_2+b_3-b_4=0$

(C) $b_1+b_2-b_3-b_4=0$　　(D) $b_1-b_2-b_3+b_4=0$

(E) $b_1+b_2+b_3+b_4=1$

【答案】(B)

【解析】

对方程组的增广矩阵作初等行变换，将第 1 行与第 3 行分别乘以 -1 后，再将每行均加到第 4 行得

$$\left(\begin{array}{cccc:c}1&1&0&0&b_1\\0&1&1&0&b_2\\0&0&1&1&b_3\\1&0&0&1&b_4\end{array}\right)\xrightarrow[i=1,3]{r_i\cdot(-1)}\left(\begin{array}{cccc:c}-1&-1&0&0&-b_1\\0&1&1&0&b_2\\0&0&-1&-1&-b_3\\1&0&0&1&b_4\end{array}\right)\xrightarrow[i=1,2,3]{r_4+r_i}\left(\begin{array}{cccc:c}-1&-1&0&0&-b_1\\0&1&1&0&b_2\\0&0&-1&-1&-b_3\\0&0&0&0&\sum\limits_{i=1}^{4}(-1)^i b_i\end{array}\right),$$

故当 $-b_1+b_2-b_3+b_4=0$，即 $b_1-b_2+b_3-b_4=0$ 时，原方程组有解. 应选(B).

考向六：方程组的同解与公共解

考点 1：方程组同解

$\boldsymbol{Ax}=\boldsymbol{0}$ 与 $\boldsymbol{Cx}=\boldsymbol{0}$ 同解

$\Leftrightarrow \boldsymbol{Ax}=\boldsymbol{0}$ 的解全为 $\boldsymbol{Cx}=\boldsymbol{0}$ 的解, 且 $\boldsymbol{Cx}=\boldsymbol{0}$ 的解全为 $\boldsymbol{Ax}=\boldsymbol{0}$ 的解

$$\Leftrightarrow r(\boldsymbol{A})=r(\boldsymbol{C})=r\begin{pmatrix}\boldsymbol{A}\\ \boldsymbol{C}\end{pmatrix}.$$

考点2:方程组有公共解

$\boldsymbol{Ax}=\boldsymbol{b}$ 与 $\boldsymbol{Cx}=\boldsymbol{d}$ 有公共解 $\Leftrightarrow \boldsymbol{\alpha}$ 为 $\boldsymbol{Ax}=\boldsymbol{b}$ 的解, 也为 $\boldsymbol{Cx}=\boldsymbol{d}$ 的解 $\Leftrightarrow r\begin{pmatrix}\boldsymbol{A}\\ \boldsymbol{C}\end{pmatrix}=r\begin{pmatrix}\boldsymbol{A} & \boldsymbol{b}\\ \boldsymbol{C} & \boldsymbol{d}\end{pmatrix}$

$$\Leftrightarrow \begin{cases}\boldsymbol{Ax}=\boldsymbol{b},\\ \boldsymbol{Cx}=\boldsymbol{d}\end{cases}\text{有解}.$$

题型六:同解与公共解的考查

【解题方法】

(1)同解问题.

$\boldsymbol{Ax}=\boldsymbol{0}$ 与 $\boldsymbol{Cx}=\boldsymbol{0}$ 同解 $\Leftrightarrow r(\boldsymbol{A})=r(\boldsymbol{C})=r\begin{pmatrix}\boldsymbol{A}\\ \boldsymbol{C}\end{pmatrix}$.

(2)公共解问题.

若已知 $\boldsymbol{Ax}=\boldsymbol{b}$ 与 $\boldsymbol{Cx}=\boldsymbol{d}$, 求二者的公共解, 则 $\begin{cases}\boldsymbol{Ax}=\boldsymbol{b},\\ \boldsymbol{Cx}=\boldsymbol{d}\end{cases}$ 的通解即为所求公共解.

【例1】

已知齐次线性方程组(Ⅰ) $\begin{cases}x_1+2x_2+3x_3=0,\\ 2x_1+3x_2+5x_3=0,\\ x_1+x_2+ax_3=0\end{cases}$ 和(Ⅱ) $\begin{cases}x_1+bx_2+cx_3=0,\\ 2x_1+b^2x_2+(c+1)x_3=0\end{cases}$ 同解, 则 $a+b+c=$( ).

(A)1 (B)2 (C)3 (D)4 (E)5

【答案】(E)

【解析】

由两个同解方程组的系数矩阵的秩相等可求出 a, 再解出(Ⅰ)的基础解系, 并代入(Ⅱ)中, 从而解出 b,c.

记方程组(Ⅰ)和(Ⅱ)的系数矩阵分别为 $\boldsymbol{A}$ 和 $\boldsymbol{B}$, 由已知得 $r(\boldsymbol{A})=r(\boldsymbol{B})$, $r(\boldsymbol{B})\leqslant 2$, 可得

$r(\boldsymbol{A})\leqslant 2$, 又 $\boldsymbol{A}=\begin{pmatrix}1&2&3\\2&3&5\\1&1&a\end{pmatrix}\to\begin{pmatrix}1&2&3\\0&-1&-1\\0&-1&a-3\end{pmatrix}\to\begin{pmatrix}1&0&1\\0&1&1\\0&0&a-2\end{pmatrix}$, 故 $a-2=0$, 即 $a=2$.

将 $a=2$ 代入上述行阶梯形矩阵，可得方程组（Ⅰ）的基础解系为 $(-1,-1,1)^{\mathrm T}$，代入（Ⅱ）得

$$\begin{cases}-1-b+c=0,\\-2-b^2+c+1=0,\end{cases}\text{解得}\begin{cases}b=0,\\c=1\end{cases}\text{或}\begin{cases}b=1,\\c=2.\end{cases}$$

当 $b=0,c=1$ 时，$\boldsymbol{B}=\begin{pmatrix}1&0&1\\2&0&2\end{pmatrix},r(\boldsymbol{B})=1\neq 2=r(\boldsymbol{A})$，故（Ⅰ）和（Ⅱ）不同解；

当 $b=1,c=2$ 时，$\boldsymbol{B}=\begin{pmatrix}1&1&2\\2&1&3\end{pmatrix}\to\begin{pmatrix}1&1&2\\0&-1&-1\end{pmatrix}\to\begin{pmatrix}1&0&1\\0&1&1\end{pmatrix}$，得（Ⅱ）的基础解系为 $(-1,-1,1)^{\mathrm T}$，与（Ⅰ）的基础解系相同，故二者同解.

综上，$a=2,b=1,c=2$，故 $a+b+c=5$.

【例 2】

若齐次线性方程组 $\begin{cases}2x_1+x_2+3x_3=0,\\ax_1+3x_2+4x_3=0\end{cases}$ 与 $\begin{cases}x_1+2x_2+x_3=0,\\x_1+bx_2+2x_3=0\end{cases}$ 有公共非零解，则（　　）.

(A) $a=-2,b=1$　(B) $a=1,b=-3$　(C) $a=-3,b=1$　(D) $a=-1,b=-3$　(E) $a=3,b=-1$

【答案】(E)

【解析】

两方程组有公共非零解，即 $\begin{cases}2x_1+x_2+3x_3=0,\\ax_1+3x_2+4x_3=0,\\x_1+2x_2+x_3=0,\\x_1+bx_2+2x_3=0\end{cases}$ 有非零解，则系数矩阵的秩小于3.

$$\begin{pmatrix}2&1&3\\a&3&4\\1&2&1\\1&b&2\end{pmatrix}\to\begin{pmatrix}1&2&1\\a&3&4\\2&1&3\\1&b&2\end{pmatrix}\to\begin{pmatrix}1&2&1\\0&3-2a&4-a\\0&-3&1\\0&b-2&1\end{pmatrix}\to\begin{pmatrix}1&2&1\\0&1&-\frac{1}{3}\\0&3-2a&4-a\\0&b-2&1\end{pmatrix}\to\begin{pmatrix}1&2&1\\0&1&-\frac{1}{3}\\0&0&\frac{4-a}{3-2a}+\frac{1}{3}\\0&0&\frac{1}{b-2}+\frac{1}{3}\end{pmatrix},$$

故 $\begin{cases}\dfrac{4-a}{3-2a}+\dfrac{1}{3}=0,\\\dfrac{1}{b-2}+\dfrac{1}{3}=0,\end{cases}$ 得 $\begin{cases}a=3,\\b=-1,\end{cases}$ 故选(E).

第三部分

概率论

第8讲　随机事件与概率

本讲解读

本讲从内容上划分为随机事件与概率两个部分，共计4个考向、12个考点、3个题型，本讲定义和概念较多，在真题中占比较小，大约占1道题(试卷数学部分共35道题)，约占概率论部分的14%、数学部分的3%.

考生需掌握样本空间与随机事件、事件的关系与运算、概率的定义与性质、古典概型、几何概型、伯努利概型、事件的独立性、五大基本公式.

真题分析

年份/数量/考试清单		2021年	2022年	2023年	2024年	2025年
三大概型	伯努利概型			1		
	相互独立事件		1			
概率公式	减法公式	1				
	条件概率		1	1	2	1

考向一：随机事件的关系与运算

考点1：随机事件的关系

(1)包含：$A \subseteq B \Leftrightarrow$ 事件A发生一定导致事件B发生.

(2)相等：$A = B \Leftrightarrow$ 事件A，B同时发生或同时不发生.

(3)互斥(互不相容)：$AB = \varnothing \Leftrightarrow$ 事件A,B不能同时发生.

(4)对立：$A \cup B = \Omega$且$A \cap B = \varnothing \Leftrightarrow$ 事件A，B在一次试验中必然发生且只能发生一个.事件A的对立事件记为$\overline{A}$.

考点2：随机事件的运算

(1) 加法(和事件)：记为 $A\cup B$ 或 $A+B \Leftrightarrow$ 事件 A,B 至少有一个发生.

(2) 乘法(积事件)：记为 $A\cap B$ 或 $AB \Leftrightarrow$ 事件 A,B 同时发生.

(3) 减法(差事件)：记为 $A-B$ 或 $A\overline{B} \Leftrightarrow$ 事件 A 发生，事件 B 不发生.

考点3：随机事件的运算律

(1) 吸收律：若 $A\subseteq B$，则有 $A\cap B=A, A\cup B=B$.特别地，$A\cap A=A\cup A=A$.

(2) 交换律：$A\cup B=B\cup A$，$A\cap B=B\cap A$.

(3) 结合律：$A\cup(B\cup C)=(A\cup B)\cup C$；$(A\cap B)\cap C=A\cap(B\cap C)$.

(4) 分配律：$A\cup(B\cap C)=(A\cup B)\cap(A\cup C)$.

(5) 德•摩根律(对偶律)：$\overline{A\cup B}=\overline{A}\cap\overline{B}$，$\overline{A\cap B}=\overline{A}\cup\overline{B}$.

考向二：三大概型

考点1：古典概型（样本空间有限）

$$P(A)=\frac{\text{事件}A\text{中基本事件的个数}}{\Omega\text{中基本事件的个数}}=\frac{k}{n}(k\leqslant n).$$

考点2：几何概型（样本空间无限）

$P(A)=\dfrac{L(A)}{L(\Omega)}$(其中 $L(A)$，$L(\Omega)$ 分别表示 A，Ω 的几何度量).

考点3：伯努利概型（二项分布）

设在每次试验中，事件 A 发生的概率 $P(A)=p(0<p<1)$，则在 n 重伯努利试验中，事件 A 恰好发生 k 次的概率为 $P_n(k)=\mathrm{C}_n^k p^k(1-p)^{n-k}$.

题型一：三大概型求概率

【解题方法】

(1) 设事件，弄清楚基本事件包括哪些，所求事件是什么，并用相应的概率语言“翻译”出来，再套用有关公式；

(2)“数数”，计算样本空间中基本事件的总数以及所求事件包含的基本事件数.

【例 1】

某宾馆有6间客房，现要安排4位旅游者，每人可以住进任意一个房间，且住进各房间是等可能的. 求以下事件的概率.

事件$A=\{$指定的4个房间各有1人$\}$；

事件$B=\{$恰有4个房间各有1人$\}$；

事件$C=\{$指定的某房间中有2人$\}$；

事件$D=\{$一号房间有1人，二号房间有2人$\}$.

【解析】

A事件：4人选6间房，总情况数为6^4. 指定了4个房间，因此房间不用选择，4人与4间房一一对应，情况数为4!，所以概率为$\frac{4!}{6^4}=\frac{1}{54}$.

B事件：4人选6间房，总情况数为6^4. 恰有4个房间各有1人，因此需要从6间房中任选4间，情况数为C_6^4，4人与4间房一一对应，情况数为4!，所以概率为$\frac{C_6^4 4!}{6^4}=\frac{5}{18}$.

C事件：4人选6间房，总情况数为6^4. 指定了某房间，因此房间暂不用选择，先从4人中选2人进入指定房间，情况数为C_4^2，余下2人可以选择5间房，情况数为5^2，所以概率为$\frac{C_4^2 5^2}{6^4}=\frac{25}{216}$.

D事件：4人选6间房，总情况数为6^4. 先从4人中选1人进入一号房间，情况数为C_4^1，再从余下3人中选2人进入二号房间，情况数为C_3^2，余下1人可以有4个房间选择，情况数为C_4^1，所以概率为$\frac{C_4^1 C_3^2 C_4^1}{6^4}=\frac{1}{27}$.

【例 2】

盒子中有红色、绿色、黄色、蓝色四个大小相同的小球，现从盒子中每次取一个小球，有放回地取三次，随机变量X表示取到红球的次数，则$P\{X\leqslant 2\}=$(　　).

(A) $\frac{1}{64}$　　(B) $\frac{1}{16}$　　(C) $\frac{27}{64}$　　(D) $\frac{9}{16}$　　(E) $\frac{63}{64}$

【答案】(E)

【解析】

$$P\{X\leqslant 2\}=1-P\{X=3\}=1-\left(\frac{1}{4}\right)^3=\frac{63}{64}.$$

【例 3】

在区间 (0,1) 中随机地取两个数，则两数之和小于 $\frac{6}{5}$ 的概率为(　　).

(A) $\frac{17}{25}$　(B) $\frac{7}{25}$　(C) $\frac{10}{25}$　(D) $\frac{9}{25}$　(E) $\frac{8}{25}$

【答案】(A)

【解析】

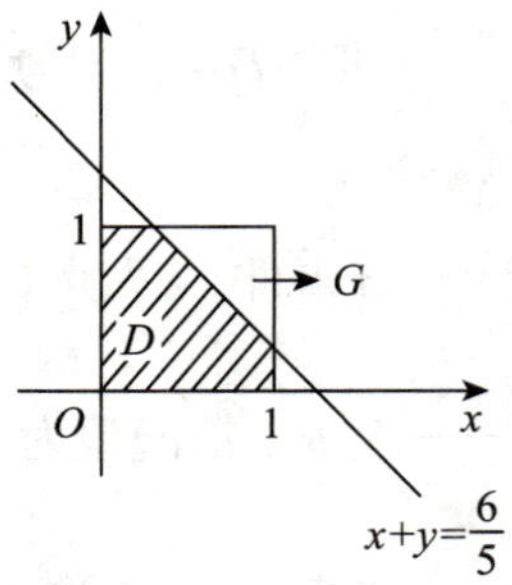

设这两个数分别为 x 和 y，则点 (x,y) 在如图所示的正方形区域 G 内，两数之和小于 $\frac{6}{5}$，即 $x+y<\frac{6}{5}$，则点 (x,y) 只能在图中阴影部分 D 中. 符合几何概型，故所求概率为 $P\left\{x+y<\frac{6}{5}\right\}=\dfrac{1-\frac{1}{2}\times\left(\frac{4}{5}\right)^2}{1^2}=\frac{17}{25}$.

【例 4】

设在三次独立重复试验中，事件 A 至少发生一次的概率为 $\frac{19}{27}$，则事件 A 至少发生两次的概率为(　　).

(A) $\frac{2}{9}$　(B) $\frac{7}{27}$　(C) $\frac{4}{9}$　(D) $\frac{5}{9}$　(E) $\frac{20}{27}$

【答案】(B)

【解析】

设在一次试验中事件 A 发生的概率为 p，则在三次独立重复试验中，事件 A 至少发生一次的概率为 $1-(1-p)^3$. 据题意，$1-(1-p)^3=\frac{19}{27}$，故 $p=\frac{1}{3}$. 于是，在三次独立重复试验中，事件 A 至少发生两次的概率为 $C_3^2p^2(1-p)+C_3^3p^3=3\times\left(\frac{1}{3}\right)^2\times\frac{2}{3}+\left(\frac{1}{3}\right)^3=\frac{7}{27}$.

考向三：概率公式

考点 1：概率规范性

若 $A=\varnothing$，则 $P(A)=0$；若 $A=\Omega$，则 $P(A)=1$.

考点2：对立公式

$P(\overline{A})=1-P(A),P(\overline{A}\overline{B})=1-P(A\cup B),P(\overline{AB})=1-P(AB)$.

考点3：条件概率公式

设 $P(A)>0,P(B)>0$，则

$P(B|A)=\dfrac{P(AB)}{P(A)}$；

$0\leqslant P(B|A)\leqslant 1$；

$P(\Omega|A)=1,P(\varnothing|A)=0$；

$P(\overline{A}|B)=1-P(A|B)$；

$P(A_1\cup A_2|B)=\dfrac{P(A_1B\cup A_2B)}{P(B)}$；

$P(\overline{A}|B)==\dfrac{P(B)-P(AB)}{P(B)}$；

$P(B-C|A)=P(B|A)-P(BC|A)$.

考点4：五大基本公式

（1）加法公式.

$P(A+B)=P(A)+P(B)-P(AB)$；

$P(A+B+C)=P(A)+P(B)+P(C)-[P(AB)+P(AC)+P(BC)]+P(ABC)$；

设 $A_1,A_2,\cdots,A_n$ 为两两互不相容的事件，则 $P(A_1+A_2+\cdots+A_n)=P(A_1)+P(A_2)+\cdots+P(A_n)$.

（2）减法公式.

$P(A-B)=P(A)-P(AB)$.若 $B\subseteq A$，则 $P(A-B)=P(A)-P(B)$.

（3）乘法公式.

当 $P(A)>0,P(B)>0$ 时，$P(AB)=P(A)\cdot P(B\mid A)=P(B)\cdot P(A\mid B)$；

当 $P(AB)>0$ 时，$P(ABC)=P(A)\cdot P(B\mid A)\cdot P(C\mid AB)$.

（4）全概率公式.

设 $A_1,A_2,\cdots,A_n$ 是 Ω 中的一个完备事件组，则

$$P(B)=P(A_1)P(B\mid A_1)+P(A_2)P(B\mid A_2)+\cdots+P(A_n)P(B\mid A_n) .$$

（5）贝叶斯公式.

设 $A_1,A_2,\cdots,A_n$ 是 Ω 中的一个完备事件组，且 $P(A_k)>0,k=1,2,\cdots,n$，B 是 Ω 中的任意随机事件，$P(B)>0$，则

$$P(A_i|B)=\frac{P(A_i)P(B|A_i)}{\sum_{k=1}^{n}P(A_k)P(B|A_k)}=\frac{P(A_i)\cdot P(B|A_i)}{P(B)},i=1,2,\cdots,n.$$

题型二：概率公式的考查

【解题方法】

（1）利用事件的运算法则和概率的性质，将复杂事件转化为简单事件；

（2）在求解此类问题时，熟练应用文氏图可以起到简化计算的作用.

【例 1】

设 A,B,C 是随机事件，$\overline{C}$ 是 C 的对立事件，若 $P(A)=P(B)=P(C)=\frac{1}{4}$，$P(AB)=P(BC)=P(AC)=\frac{1}{6}$，$P(A\cup B\cup C)=\frac{3}{8}$，则 $P(\overline{C}\mid AB)=$（　　）.

(A) $\frac{1}{16}$　　(B) $\frac{1}{4}$　　(C) $\frac{1}{2}$　　(D) $\frac{2}{3}$　　(E) $\frac{3}{4}$

【答案】(B)

【解析】

$$P(A\cup B\cup C)=P(A)+P(B)+P(C)-\left[P(AB)+P(BC)+P(AC)\right]+P(ABC)=\frac{3}{8},$$

代入题设条件，可得 $P(ABC)=\frac{1}{8}$，从而

$$P(\overline{C}\mid AB)=\frac{P(AB\overline{C})}{P(AB)}=\frac{P(AB)-P(ABC)}{P(AB)}=\frac{\frac{1}{6}-\frac{1}{8}}{\frac{1}{6}}=\frac{1}{4}.$$

【例 2】

设 A,B 是随机事件，$\overline{B}$ 是 B 的对立事件，若 $P(A|B)=0.4$，$P(B|A)=0.6$，$P(A\overline{B})=0.2$，则（　　）.

(A) $P(A)=0.3,P(B)=0.2$　　(B) $P(A)=0.4,P(B)=0.6$

(C) $P(A)=0.5, P(B)=0.3$　　　(D) $P(A)=0.6, P(B)=0.4$

(E) $P(A)=0.5, P(B)=0.75$

【答案】(E)

【解析】

由题意可知，$$P(A|B)=\frac{P(AB)}{P(B)}=0.4\Rightarrow 0.4P(B)=P(AB);$$

$$P(B|A)=\frac{P(AB)}{P(A)}=0.6\Rightarrow 0.6P(A)=P(AB);$$

$$P(A\bar{B})=P(A)-P(AB)=0.4P(A)=0.2.$$

故 $$P(A)=0.5, P(B)=0.75.$$

【例 3】

从数1,2,3,4中任取一个数，记为 X，再从 $1,2,\cdots,X$ 中任取一个数，记为 Y，则 $P\{Y=2\}=$ (　　).

(A) $\frac{13}{48}$　(B) $\frac{5}{24}$　(C) $\frac{1}{4}$　(D) $\frac{9}{48}$　(E) $\frac{11}{48}$

【答案】(A)

【解析】

X 表示从数1,2,3,4中任取的一个数，故 X 等可能取到1,2,3,4，所以 $P\{X=i\}=\frac{1}{4}$，$i=1,2,3,4$. 而 Y 表示从 $1,2,\cdots,X$ 中任取的一个数，故 Y 等可能取到 $1,2,\cdots,X$，也就是说 Y 在 X 的条件下等可能取值，即

$P\{Y=2|X=1\}=0$ (X 取1的条件下，Y 取2是不可能事件)；

$P\{Y=2|X=2\}=\frac{1}{2}$ (X 取2的条件下，Y 在1, 2等可能取值)；

$P\{Y=2|X=3\}=\frac{1}{3}$ (X 取3的条件下，Y 在1, 2, 3等可能取值)；

$P\{Y=2|X=4\}=\frac{1}{4}$ (X 取4的条件下，Y 在1, 2, 3, 4等可能取值).

故由全概率公式，得

$$P\{Y=2\}=P\{X=1\}P\{Y=2|X=1\}+P\{X=2\}P\{Y=2|X=2\}+$$

$$P\{X=3\}P\{Y=2|X=3\}+P\{X=4\}P\{Y=2|X=4\}$$
$$=\frac{1}{4}\times\left(0+\frac{1}{2}+\frac{1}{3}+\frac{1}{4}\right)=\frac{13}{48}.$$

【例 4】

袋中有黑球与白球各5个，甲、乙两人依次从中取球．若甲摸取1个球，然后乙再摸取2个球，则乙取得的两球均为白球的概率为(　　).

(A) $\frac{1}{6}$　(B) $\frac{2}{9}$　(C) $\frac{1}{4}$　(D) $\frac{5}{18}$　(E) $\frac{1}{3}$

【答案】(B)

【解析】

设 A 表示“甲取得白球”，B 表示“乙取得的两球均为白球”，则

$$P(A)=\frac{5}{10}=\frac{1}{2},\ P(B|A)=\frac{C_4^2}{C_9^2}=\frac{1}{6},\ P(B|\overline{A})=\frac{C_5^2}{C_9^2}=\frac{5}{18}.$$

由全概率公式，得

$$P(B)=P(A)P(B|A)+P(\overline{A})P(B|\overline{A})=\frac{1}{2}\times\frac{1}{6}+\frac{1}{2}\times\frac{5}{18}=\frac{2}{9}.$$

考向四：事件的独立性

考点1：随机事件的独立性

若事件 A,B 相互独立，则 $P(AB)=P(A)P(B)$，且

$$P(B)=P(B|A)=P(B|\overline{A}),$$
$$P(A)=P(A|B)=P(A|\overline{B}).$$

考点2：随机事件两两独立

若事件 A,B,C 两两独立，则 $\begin{cases}P(AB)=P(A)P(B),\\P(AC)=P(A)P(C),\\P(BC)=P(B)P(C).\end{cases}$

若事件 A,B,C 相互独立，则 $\begin{cases}P(AB)=P(A)P(B),\\P(AC)=P(A)P(C),\\P(BC)=P(B)P(C),\\P(ABC)=P(A)P(B)P(C).\end{cases}$

题型三：事件独立性的考查

【解题方法】

独立性有如下两种考查方式.

(1)检验事件的独立性；

(2)已知独立性计算事件的概率.

两者均直接利用等式 $P(AB)=P(A)P(B)$.

【例 1】

设 $0<P(A)<1,0<P(B)<1$, 则 $P(A|B)+P(\overline{A}|\overline{B})=1$, 则事件 A 和 B (　　).

(A) 互不相容　(B) 相互对立　(C) 不独立　(D) 相互独立　(E) 以上均不正确

【答案】(D)

【解析】

$$P(A|B)+P(\overline{A}|\overline{B})=1\Rightarrow P(A|B)=1-P(\overline{A}|\overline{B})=P(A|\overline{B}) .$$

事实上, 当 $0<P(B)<1$ 时, $P(A|B)=P(A|\overline{B})$ 是事件 A 与 B 相互独立的充分必要条件, 证明如下:

若 $P(A|B)=P(A|\overline{B})$, 则

$$\frac{P(AB)}{P(B)}=\frac{P(A\overline{B})}{1-P(B)},$$

$$P(AB)-P(B)P(AB)=P(B)P(A\overline{B}),$$

$$P(AB)=P(B)[P(AB)+P(A\overline{B})]=P(B)P(A),$$

由独立的定义, 即得事件 A 与 B 相互独立.

【例 2】

设随机事件 A 与 B 相互独立, A 与 C 相互独立, 且 $BC=\varnothing$, 若 $P(A)=P(B)=\frac{1}{2}$, $P(AC|AB\cup C)=\frac{1}{4}$, 则 $P(C)=$ (　　).

(A) $\frac{1}{8}$　(B) $\frac{1}{6}$　(C) $\frac{1}{4}$　(D) $\frac{1}{2}$　(E) $\frac{3}{4}$

【答案】(C)

【解析】

根据已知条件画出文氏图如图所示.

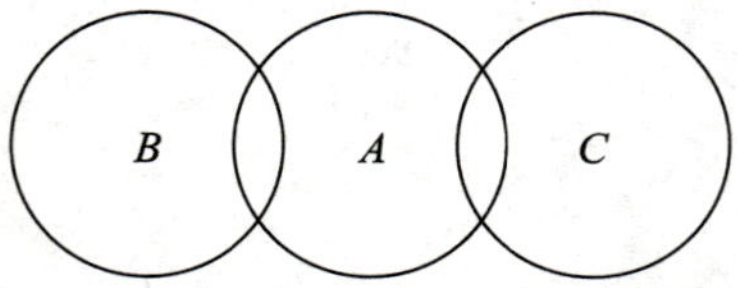

由 $P(AC|AB\cup C)=\dfrac{P[(AC)\cap(AB\cup C)]}{P(AB\cup C)}$，得

$$(AC)\cap(AB\cup C)=AC,ABC=\varnothing,$$

则

$$P(AC|AB\cup C)=\frac{P(AC)}{P(AB)+P(C)-P(ABC)}$$

$$=\frac{\frac{1}{2}\times P(C)}{\frac{1}{4}+P(C)}=\frac{1}{4},$$

故

$$P(C)=\frac{1}{4}.$$

第9讲　随机变量及其分布

本讲解读

本讲从内容上划分为随机变量及其分布两个部分，共计5个考向、13个考点、5个题型.从真题对考试大纲的实践来看，本讲在考试中大约占3道题(试卷数学部分共35道题)，约占概率论部分的43%、数学部分的9%.

考生需掌握随机变量的概念、随机变量分布函数的概念和性质、离散型随机变量的概率分布、连续型随机变量的概率密度、常见随机变量的分布.

真题分析

考试清单 \ 数量 \ 年份		2021年	2022年	2023年	2024年	2025年
连续型随机变量	已知概率密度求概率	1		1		
	已知概率密度求分布函数					1
七大分布	正态分布	1	1	1	1	
	泊松分布		1			
	指数分布		1			
	均匀分布				1	
二维离散型随机变量		1	1	1		2

考向一：分布函数

考点1：定义

设X是随机变量，记$F(x)=P\{X\leqslant x\}$ $(-\infty<x<+\infty)$，则称$F(x)$为随机变量X的分布函数.**分布函数本质上是一个累积函数，$F(x)$表示随机变量X落入区间$(-\infty,x]$内的概率.**

考点2：性质

（1）非负性：$0 \leqslant F(x) \leqslant 1$.

（2）规范性：$F(-\infty)=\lim\limits_{x \to -\infty} F(x)=0$ ，$F(+\infty)=\lim\limits_{x \to +\infty} F(x)=1$.

（3）单调不减性：对于任意 $x_1<x_2$ ，有 $F(x_1) \leqslant F(x_2)$.

（4）右连续性：$F(x)=F(x+0)$.（连续型随机变量的分布函数是连续的）

考点3：常用的计算公式

（1）$P\{X \leqslant a\}=F(a)$.

（2）$P\{X>a\}=1-F(a)$.

（3）$P\{X<a\}=F(a-0)=\lim\limits_{x \to a^-} F(x)$.

（4）$P\{X \geqslant a\}=1-P\{X<a\}=1-F(a-0)=1-\lim\limits_{x \to a^-} F(x)$.

（5）$P\{a<X \leqslant b\}=P\{X \leqslant b\}-P\{X \leqslant a\}=F(b)-F(a)$.

（6）$P\{a<X<b\}=P\{X<b\}-P\{X \leqslant a\}=F(b-0)-F(a)$.

（7）$P\{a \leqslant X \leqslant b\}=P\{X \leqslant b\}-P\{X<a\}=F(b)-F(a-0)$.

（8）$P\{a \leqslant X<b\}=P\{X<b\}-P\{X<a\}=F(b-0)-F(a-0)$.

题型一：分布函数的相关计算

【解题方法】

（1）掌握分布函数的定义、性质和基本公式，会用分布函数求概率.

（2）利用分布函数的性质：单调不减、0~1之间、右连续，判断函数是否为分布函数.

（3）已知分布函数求参数问题：利用 $F(-\infty)=0, F(+\infty)=1$ 及右连续来进行计算.

【例 1】

下列函数中，能够作为某个随机变量的分布函数的是（　　）.

(A) $F(x)=\begin{cases} 0, & x \leqslant -1, \\ -\dfrac{1}{2}x^2+\dfrac{1}{2}x+1, & -1<x \leqslant 1, \\ 1, & x>1 \end{cases}$

(B) $F(x)=\begin{cases} 0, & x \leqslant -1, \\ x^2-1, & -1<x \leqslant \sqrt{2}, \\ 1, & x>\sqrt{2} \end{cases}$

(C) $F(x)=\begin{cases}0, & x\leqslant 0,\\ x^2, & 0<x<1,\\ 1, & x>1\end{cases}$　　(D) $F(x)=\begin{cases}0, & x\leqslant 0,\\ \sin x, & 0<x\leqslant \dfrac{5\pi}{2},\\ 1, & x>\dfrac{5\pi}{2}\end{cases}$

(E) $F(x)=\dfrac{1}{2}+\dfrac{1}{\pi}\arctan x, -\infty<x<+\infty$

【答案】(E)

【解析】

选项(A), 在 $\left(\dfrac{1}{2},1\right)$ 内, $F'(x)=-x+\dfrac{1}{2}<0, F(x)$ 单调减少; 选项(B)、(D), $F(x)$ 出现负值; 选项(C), $F(x)$ 有无定义点 $x=1$, 因此选项(A)、(B)、(D) 均不满足分布函数的条件. 选项(E), $F(-\infty)=0, F(+\infty)=1$, $F'(x)=\dfrac{1}{\pi(1+x^2)}>0$, 满足分布函数的条件, 故选(E).

【例 2】

设 $F_1(x)$, $F_2(x)$ 分别为随机变量 X_1 与 X_2 的分布函数, 为使函数 $F(x)=aF_1(x)-bF_2(x)$ 为某一随机变量的分布函数, 则在下列给定的各组数值中应取(　　).

(A) $a=\dfrac{3}{5}, b=-\dfrac{2}{5}$　　(B) $a=\dfrac{2}{3}, b=\dfrac{2}{3}$

(C) $a=-\dfrac{1}{2}, b=\dfrac{3}{2}$　　(D) $a=\dfrac{1}{2}, b=-\dfrac{3}{2}$

(E) $a=\dfrac{1}{4}, b=\dfrac{3}{4}$

【答案】(A)

【解析】

一般地, 若 $F_1(x)$, $F_2(x)$ 是随机变量的分布函数, α,β 为任意非负常数, 且 α,β 满足 $\alpha+\beta=1$, 则 $\alpha F_1(x)+\beta F_2(x)$ 也必为某一随机变量的分布函数, 以此判断, 选项(A) 正确, 其余选项均不正确, 故选(A).

【例 3】

设连续型随机变量 X 的分布函数为 $F(x)=\begin{cases}0, & x<-2,\\ A+B\arcsin\dfrac{x}{2}, & -2\leqslant x<2,\\ C, & x\geqslant 2,\end{cases}$ 则

$P\{1<X<3\}=($　　$)$.

(A) $\frac{1}{6}$　　(B) $\frac{1}{3}$　　(C) $\frac{1}{2}$　　(D) $\frac{2}{3}$　　(E) $\frac{5}{6}$

【答案】(B)

【解析】

由分布函数的性质，得 $\begin{cases}F(+\infty)=1,\\F(-2-0)=F(-2+0),\\F(2-0)=F(2+0),\end{cases}$ 即 $\begin{cases}C=1,\\A-\frac{\pi}{2}B=0,\\A+\frac{\pi}{2}B=C.\end{cases}$ 解得 $A=\frac{1}{2},B=\frac{1}{\pi},C=1$.

于是,

$$F(x)=\begin{cases}0, & x<-2,\\\frac{1}{2}+\frac{1}{\pi}\arcsin\frac{x}{2}, & -2\leqslant x<2,\\1, & x\geqslant 2.\end{cases}$$

故 $P\{1<X<3\}=F(3-0)-F(1)=1-\left(\frac{1}{2}+\frac{1}{6}\right)=\frac{1}{3}$.

考向二：离散型随机变量

考点1：离散型随机变量的分布律

设离散型随机变量 X 的所有可能值为 $x_k(k=1,2,\cdots)$，并且 X 取 x_k 的概率为 p_k，即 $P\{X=x_k\}=p_k$，$k=1,2,\cdots$，称为随机变量 X 的概率分布，也称为分布律，简称为分布.

常用表格形式或矩阵形式来表示 X 的概率分布:

X	x_1	x_2	$\cdots$	x_n	$\cdots$
P	p_1	p_2	$\cdots$	p_n	$\cdots$

或 $X\sim\begin{pmatrix}x_1 & x_2 & \cdots\\p_1 & p_2 & \cdots\end{pmatrix}$.

考点2：常见的离散型随机变量的分布

①0–1分布.

$X\sim\begin{pmatrix}0 & 1\\1-p & p\end{pmatrix},0<p<1$.

②二项分布：$X \sim B(n,p)$.

$P\{X=k\}=C_n^k p^k q^{n-k}$，$k=0,1,2,\cdots,n$；$q=1-p$.

③几何分布：$X \sim G(p)$.

$P\{X=k\}=(1-p)^{k-1}p=q^{k-1}p$，$k=1,2,\cdots$；$q=1-p$.

④泊松分布：$X \sim P(\lambda)$.

$P\{X=k\}=\dfrac{\lambda^k e^{-\lambda}}{k!}$，$k=0,1,2,\cdots$；$\lambda>0$.

题型二：对离散型随机变量常见分布的考查

【解题方法】

(1) 如果分布律中含有未知参数，一般利用等式 $\sum_{k=1}^{\infty} p_k=1$ 并结合题目中其他条件列出方程.

(2) 如果要计算某随机变量的分布律，一般来说分为两步，首先写出各随机变量所有可能的取值，再一一计算概率即可，其中，随机变量的取值要全面，计算随机变量取各值概率的时候，一般要结合概率的基本公式以及其他随机变量的分布进行.

(3) 离散型随机变量的分布律 $P\{X=x_k\}=p_k$ 已知，又假设 $x_1,x_2,\cdots,x_n,\cdots$ 依次递增，则 X 的分布函数为如下的阶梯形函数：

$$F(x)=\begin{cases} 0, & x<x_1, \\ p_1, & x_1 \leqslant x<x_2, \\ p_1+p_2, & x_2 \leqslant x<x_3, \\ \quad\cdots\cdots & \\ p_1+p_2+\cdots+p_n, & x_n \leqslant x<x_{n+1}, \\ \quad\cdots\cdots & \end{cases}$$

(4) 掌握0−1分布、二项分布、几何分布和泊松分布的符号表示、分布律及其性质.

【例 1】

已知离散型随机变量 X 的概率分布为

$$X \sim \begin{pmatrix} -1 & 0 & 1 & 2 & 3 \\ 0.16 & 0.1a & a^2 & 0.2a & 0.3 \end{pmatrix},$$

则 $P\{1<X<3 \mid X \geqslant 0\}=(\quad)$.

(A) $\dfrac{6}{7}$ (B) $\dfrac{4}{7}$ (C) $\dfrac{2}{7}$ (D) $\dfrac{1}{7}$ (E) $\dfrac{5}{21}$

【答案】(D)

【解析】

由离散型随机变量X的分布律的性质，知a应满足的条件是

$$0.16+0.1a+a^2+0.2a+0.3=1,$$

即
$$a^2+0.3a-0.54=(a-0.6)(a+0.9)=0,$$

解得$a=0.6$或$a=-0.9$（舍去），于是

$$X\sim\begin{pmatrix}-1 & 0 & 1 & 2 & 3\\ 0.16 & 0.06 & 0.36 & 0.12 & 0.3\end{pmatrix},$$

因此
$$P\{1<X<3|X\geqslant 0\}=\frac{P\{1<X<3\}}{P\{X\geqslant 0\}}=\frac{0.12}{1-0.16}=\frac{1}{7}.$$

【例 2】

设$X\sim B(3,p),Y\sim B(6,p),0<p<1$，且$P\{X\geqslant 1\}=\dfrac{19}{27}$，则$P\{Y\leqslant 1\}=$(　　).

(A) $4\left(\dfrac{2}{3}\right)^6$　(B) $3\left(\dfrac{2}{3}\right)^6$　(C) $2\left(\dfrac{2}{3}\right)^6$　(D) $\left(\dfrac{2}{3}\right)^6$　(E) $\dfrac{1}{2}\left(\dfrac{2}{3}\right)^6$

【答案】(A)

【解析】

由题设得

$$P\{X\geqslant 1\}=\frac{19}{27}=1-P\{X=0\}=1-\mathrm{C}_3^0p^0(1-p)^3,$$

即$(1-p)^3=\dfrac{8}{27}$，$p=\dfrac{1}{3}$，故

$$P\{Y\leqslant 1\}=P\{Y=0\}+P\{Y=1\}=\mathrm{C}_6^0p^0(1-p)^6+\mathrm{C}_6^1p^1(1-p)^5=4\left(\frac{2}{3}\right)^6.$$

【例 3】

假设工作日上午10:00到11:00之间在某诊所就诊的人数服从期望为5的泊松分布，则该时间段就诊人数不少于2的概率为(　　).

(A) $2\mathrm{e}^{-5}$　(B) $4\mathrm{e}^{-5}$　(C) $5\mathrm{e}^{-5}$　(D) $1-4\mathrm{e}^{-5}$　(E) $1-6\mathrm{e}^{-5}$

【答案】(E)

【解析】

该题利用泊松分布计算概率.

记X为工作日上午10:00到11:00之间在该诊所就诊的人数，则$X \sim P(5)$，因此

$$P\{X \geqslant 2\}=1-P\{X=0\}-P\{X=1\}=1-\frac{5^0}{0!}\mathrm{e}^{-5}-\frac{5^1}{1!}\mathrm{e}^{-5}=1-6\mathrm{e}^{-5}.$$

【例 4】

将一个质点等可能地投入边长为2的正方形区域，曲线$y=\frac{1}{2}x^2$，$y=2x^2$将区域划分为三部分，如图所示，若设

$$X=\begin{cases}1, & \text{质点落入区域}A,\\ 2, & \text{质点落入区域}B,\\ 3, & \text{质点落入区域}C,\end{cases}$$

则X的分布律为(　　).

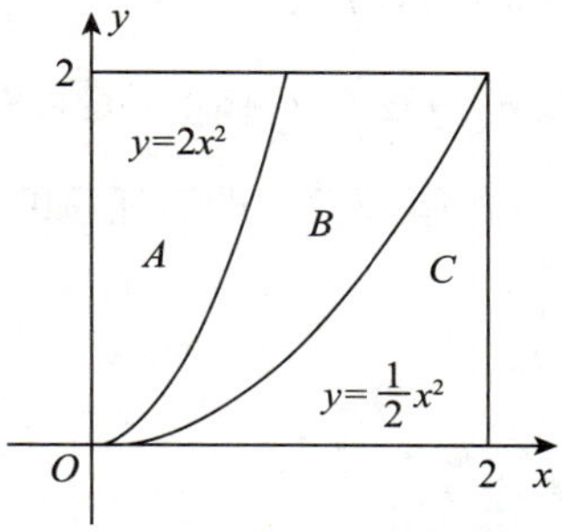

(A) $\begin{pmatrix}1 & 2 & 3\\ \frac{1}{4} & \frac{1}{4} & \frac{1}{2}\end{pmatrix}$　(B) $\begin{pmatrix}1 & 2 & 3\\ \frac{1}{5} & \frac{2}{5} & \frac{2}{5}\end{pmatrix}$　(C) $\begin{pmatrix}1 & 2 & 3\\ \frac{1}{3} & \frac{1}{3} & \frac{1}{3}\end{pmatrix}$　(D) $\begin{pmatrix}1 & 2 & 3\\ \frac{1}{6} & \frac{1}{3} & \frac{1}{2}\end{pmatrix}$　(E) $\begin{pmatrix}1 & 2 & 3\\ \frac{2}{7} & \frac{1}{7} & \frac{4}{7}\end{pmatrix}$

【答案】(C)

【解析】

依题设，X的可能取值为1,2,3，由于

$$P\{X=1\}=\frac{S(A)}{S(\Omega)}=\frac{1}{4}\int_0^1(2-2x^2)\mathrm{d}x=\frac{1}{3},$$

$$P\{X=3\}=\frac{S(C)}{S(\Omega)}=\frac{1}{4}\int_0^2\frac{1}{2}x^2\mathrm{d}x=\frac{1}{3},$$

$$P\{X=2\}=1-\frac{1}{3}\times 2=\frac{1}{3},$$

因此X的分布律为$\begin{pmatrix}1 & 2 & 3\\ \frac{1}{3} & \frac{1}{3} & \frac{1}{3}\end{pmatrix}$，故选(C).

考向三：连续型随机变量

考点1：概率密度的定义

对于随机变量X的分布函数$F(x)$，若存在非负可积函数$f(x)$，使得对任意实数x，有$F(x)=P\{X\leqslant x\}=\int_{-\infty}^{x}f(t)\mathrm{d}t$，则称$f(x)$为$X$的概率密度.

考点2：概率密度的性质

①非负性：$f(x)\geqslant 0$.

②归一性：$\int_{-\infty}^{+\infty}f(x)\mathrm{d}x=1$.

③若$f(x)$在点x处连续，则$F'(x)=f(x)$.

④连续型随机变量的分布函数$F(x)$在$(-\infty,+\infty)$上是连续函数.

⑤连续型随机变量X取单点值的概率为零，即对任意的a，$P\{X=a\}=0$.

⑥$P\{a<X<b\}=\int_{a}^{b}f(x)\mathrm{d}x$.

考点3：常见的连续型随机变量的分布

（1）均匀分布：$X\sim U(a,b)$.

①概率密度为

$$f(x)=\begin{cases}\dfrac{1}{b-a}, & a\leqslant x\leqslant b,\\ 0, & \text{其他}.\end{cases}$$

②分布函数为

$$F(x)=P\{X\leqslant x\}=\begin{cases}0, & x<a,\\ \dfrac{x-a}{b-a}, & a\leqslant x<b,\\ 1, & x\geqslant b.\end{cases}$$

③性质：

$$p\{c<X<d\}=\frac{\text{区间}[c,d]\cap[a,b]\text{的长度}}{b-a}.$$

（2）指数分布：$X\sim E(\lambda)(\lambda>0)$.

①概率密度为

$$f(x)=\begin{cases}\lambda e^{-\lambda x}, & x>0,\\ 0, & x\leqslant 0.\end{cases}$$

②分布函数为

$$F(x)=\begin{cases}1-e^{-\lambda x}, & x\geqslant 0,\\ 0, & x<0.\end{cases}$$

③性质: 无记忆性.

若 X 服从指数分布, 则对任意的 $s,t>0$, 有

$$P\{X>s+t|X>s\}=P\{X>t\} .$$

(3) 正态分布: $X\sim N(\mu,\sigma^2)$.

①概率密度为

$$f(x)=\frac{1}{\sqrt{2\pi}\sigma}e^{-\frac{(x-\mu)^2}{2\sigma^2}},\ -\infty<x<+\infty .$$

②分布函数为

$$F(x)=\int_{-\infty}^{x}\frac{1}{\sqrt{2\pi}\sigma}e^{-\frac{(t-\mu)^2}{2\sigma^2}}dt .$$

③ $$Y=\frac{X-\mu}{\sigma}\sim N(0,1).$$

④标准正态分布: 当 $\mu=0,\sigma=1$ 时称为标准正态分布, 此时概率密度为 $\varphi(x)=\frac{1}{\sqrt{2\pi}}e^{-\frac{x^2}{2}}$ $(-\infty<x<+\infty)$, 分布函数为 $\Phi(x)=\int_{-\infty}^{x}\frac{1}{\sqrt{2\pi}}e^{-\frac{t^2}{2}}dt$.

⑤标准正态分布函数性质:

$$\Phi(0)=\frac{1}{2},\Phi(x)+\Phi(-x)=1 .$$

题型三: 对连续型随机变量常见分布的考查

【解题方法】

(1) 如果概率密度中含有未知参数, 一般利用等式 $\int_{-\infty}^{+\infty}f(x)dx=1$ 并结合题目中的其他条

件列出方程；

(2) 如果连续型随机变量的概率密度 $f(x)$ 已知，则利用公式 $F(x)=\int_{-\infty}^{x}f(t)\mathrm{d}t$；

(3) 如果要计算概率密度，一般需知道该随机变量的分布函数，然后利用公式 $F'(x)=f(x)$ 进行计算；

(4) 已知概率密度计算概率，一般利用公式 $P\{a<X<b\}=\int_{a}^{b}f(x)\mathrm{d}x$ 进行计算；

(5) 掌握均匀分布、指数分布和正态分布的符号表示、概率密度和性质.

【例 1】

设随机变量 X 的概率密度是 $f(x)=\begin{cases}\frac{1}{2}x^3\mathrm{e}^{-\frac{x^2}{2}}, & x>0,\\ 0, & x\leqslant 0,\end{cases}$ 求 X 的分布函数 $F(x)$ 和 $P\{-2\leqslant X\leqslant 4\}$.

【解析】

由 $F(x)$ 定义知 $F(x)=\int_{-\infty}^{x}f(t)\mathrm{d}t$，当 $x<0$ 时，$F(x)=0$；

当 $x\geqslant 0$ 时，

$$F(x)=\int_{0}^{x}\frac{1}{2}t^3\mathrm{e}^{-\frac{t^2}{2}}\mathrm{d}t=1-\left(\frac{1}{2}x^2+1\right)\mathrm{e}^{-\frac{x^2}{2}}.$$

综上，

$$F(x)=\begin{cases}1-\left(\frac{1}{2}x^2+1\right)\mathrm{e}^{-\frac{x^2}{2}}, & x\geqslant 0,\\ 0, & x<0,\end{cases}$$

$$P\{-2\leqslant X\leqslant 4\}=F(4)-F(-2)=1-\frac{9}{\mathrm{e}^8}.$$

【例 2】

设随机变量 X 的概率密度与分布函数分别是 $f(x)$ 和 $F(x)$，若 $f(x)=f(-x)$，则 $F(-1)=$ (   ).

(A) $F(1)$

(B) $1-\int_{0}^{1}f(x)\mathrm{d}x$

(C) $\frac{1}{2}-\int_{0}^{1}f(x)\mathrm{d}x$

(D) $\frac{1}{4}-\int_{0}^{1}f(x)\mathrm{d}x$

(E) $2F(1)-1$

【答案】(C)

【解析】

由$f(x)=f(-x)$，可得

$$\begin{aligned}F(-1)&=P\{X\leqslant -1\}=P\{X\leqslant 0\}-P\{-1\leqslant X\leqslant 0\}\\&=F(0)-\int_{-1}^{0}f(x)\mathrm{d}x=\frac{1}{2}-\int_{-1}^{0}f(x)\mathrm{d}x\\&=\frac{1}{2}-\int_{0}^{1}f(x)\mathrm{d}x.\end{aligned}$$

【例3】

设$f_1(x)$为标准正态分布的概率密度，$f_2(x)$为$[-1,3]$上均匀分布的概率密度，若$f(x)=\begin{cases}af_1(x), & x<0,\\ bf_2(x), & x>0\end{cases}$ $(a>0,b>0)$，则a,b满足(　　).

(A) $2a+3b=4$　　(B) $3a+2b=4$　　(C) $a+b=1$

(D) $a+b=2$　　(E) $a+3b=2$

【答案】(A)

【解析】

根据概率密度的规范性，结合标准正态分布的性质和均匀分布的概率密度表达式计算，

$$\int_{-\infty}^{+\infty}f(x)\mathrm{d}x=\int_{-\infty}^{0}af_1(x)\mathrm{d}x+\int_{0}^{+\infty}bf_2(x)\mathrm{d}x=a\int_{-\infty}^{0}f_1(x)\mathrm{d}x+b\int_{0}^{+\infty}f_2(x)\mathrm{d}x=1. \quad ①$$

由$f_1(x)$为标准正态分布的概率密度，可知$f_1(x)$为偶函数，则

$$\int_{-\infty}^{0}f_1(x)\mathrm{d}x=\frac{1}{2}\int_{-\infty}^{+\infty}f_1(x)\mathrm{d}x=\frac{1}{2}. \quad ②$$

由$f_2(x)$为$[-1,3]$上均匀分布的概率密度，可知$f_2(x)=\begin{cases}\frac{1}{4}, & -1\leqslant x\leqslant 3,\\ 0, & 其他,\end{cases}$ 则

$$\int_{0}^{+\infty}f_2(x)\mathrm{d}x=\int_{0}^{3}\frac{1}{4}\mathrm{d}x=\frac{3}{4}. \quad ③$$

将式②和式③代入式①中，得$\frac{a}{2}+\frac{3}{4}b=1$，即$2a+3b=4$.

【例 4】

设随机变量 X 的概率密度为 $f(x)=\begin{cases}\frac{1}{3}, & 0\leqslant x\leqslant 1,\\ \frac{2}{9}, & 3\leqslant x\leqslant 6,\\ 0, & 其他,\end{cases}$ 若存在 k，使得 $P\{X\geqslant k\}=\frac{2}{3}$，则 k 的取值范围是(　　).

(A) $2\leqslant k\leqslant 4$　(B) $1\leqslant k\leqslant 3$　(C) $3\leqslant k\leqslant 4$　(D) $3\leqslant k\leqslant 6$　(E) $0\leqslant k\leqslant 1$

【答案】(B)

【解析】

由题设 $P\{X\geqslant k\}=\frac{2}{3}$，可知 $P\{X<k\}=1-\frac{2}{3}=\frac{1}{3}$，而 $P\{X<k\}=\int_{-\infty}^{k}f(x)\mathrm{d}x$，再对照概率密度的定义，可见上式成立的充要条件是 $1\leqslant k\leqslant 3$.

此时
$$P\{X<k\}=\int_0^1\frac{1}{3}\mathrm{d}x=\frac{1}{3}.$$

【例 5】

设随机变量 X 服从区间 $[-2,2]$ 上的均匀分布，事件 $A=\{0<X<1\}$，$B=\left\{|X|<\frac{1}{2}\right\}$，则 $P(A)P(B)=$(　　).

(A) $\frac{1}{4}P(AB)$　(B) $\frac{1}{2}P(AB)$　(C) $P(AB)$　(D) $2P(AB)$　(E) $4P(AB)$

【答案】(B)

【解析】

由于 X 服从区间 $[-2,2]$ 上的均匀分布，故 X 的概率密度为 $f(x)=\begin{cases}\frac{1}{4}, & -2\leqslant x\leqslant 2,\\ 0, & 其他.\end{cases}$

于是　$P(A)=P\{0<X<1\}=\int_0^1\frac{1}{4}\mathrm{d}x=\frac{1}{4}$，$P(B)=P\left\{|X|<\frac{1}{2}\right\}=\int_{-\frac{1}{2}}^{\frac{1}{2}}\frac{1}{4}\mathrm{d}x=\frac{1}{4}$，

$$P(AB)=P\left\{0<X<1,|X|<\frac{1}{2}\right\}=P\left\{0<X<\frac{1}{2}\right\}=\int_0^{\frac{1}{2}}\frac{1}{4}\mathrm{d}x=\frac{1}{8},$$

故 $P(A)P(B)=\frac{1}{2}P(AB)$. 应选(B).

【例6】

设随机变量X的概率密度为$f(x)=\begin{cases}2e^{-2x}, & x\geqslant 0,\\ 0, & x<0.\end{cases}$记$a=P\{X>11\mid X>1\}$，$b=P\{X>20\mid X>10\}$，$c=P\{X>100\mid X>90\}$，则(　　).

(A) $a>b>c$　　(B) $a=c>b$　　(C) $c>a=b$　　(D) $a=b=c$　　(E) $b>a=c$

【答案】(D)

【解析】

该题考查指数分布的无记忆性，由X的概率密度为$f(x)=\begin{cases}2e^{-2x}, & x\geqslant 0,\\ 0, & x<0,\end{cases}$得$X\sim E(2)$，由指数分布的无记忆性知，当$s>0,t>0$时，$P\{X>s+t\mid X>s\}=P\{X>t\}$，因此

$$a=P\{X>11\mid X>1\}=P\{X>10\},$$

$$b=P\{X>20\mid X>10\}=P\{X>10\},$$

$$c=P\{X>100\mid X>90\}=P\{X>10\},$$

故$a=b=c$.

【例7】

设随机变量$X\sim N(1,9)$，$Y\sim N(2,4)$，记$p_1=P\{X>4\}$，$p_2=P\{Y>4\}$，$p_3=P\{X<0\}$，$p_4=P\{Y<0\}$，则(　　).

(A) $p_1=p_2=p_4<p_3$　　(B) $p_1=p_2=p_3<p_4$

(C) $p_1=p_3<p_2=p_4$　　(D) $p_1=p_2<p_3=p_4$

(E) $p_1<p_2=p_3=p_4$

【答案】(A)

【解析】

由$X\sim N(1,9)$知$\dfrac{X-1}{3}\sim N(0,1)$，则

$$p_1=P\{X>4\}=P\left\{\frac{X-1}{3}>1\right\}=1-\Phi(1);$$

$$p_3=P\{X<0\}=P\left\{\frac{X-1}{3}<-\frac{1}{3}\right\}=1-\Phi\left(\frac{1}{3}\right).$$

由 $Y\sim N(2,4)$ 知 $\frac{Y-2}{2}\sim N(0,1)$，于是

$$p_2=P\{Y>4\}=P\left\{\frac{Y-2}{2}>1\right\}=1-\Phi(1);$$

$$p_4=P\{Y<0\}=P\left\{\frac{Y-2}{2}<-1\right\}=1-\Phi(1).$$

故有 $p_1=p_2=p_4<p_3$.

【例 8】

设随机变量 X 服从正态分布 $N(2,4)$，$\Phi(x)$ 为标准正态分布的分布函数，则函数 $f(x)=\sqrt{x^2+Xx+X}$ 在 $(-\infty,+\infty)$ 内处处有定义的概率为(　　).

(A) $\Phi(1)$　　(B) $1-\Phi(1)$　　(C) $2\Phi(1)-1$　　(D) $\Phi(1)-\Phi(0)$　　(E) $2-2\Phi(1)$

【答案】(C)

【解析】

函数 $f(x)=\sqrt{x^2+Xx+X}$ 在 $(-\infty,+\infty)$ 内处处有定义，当且仅当 $x^2+Xx+X\geqslant 0$ 在 $(-\infty,+\infty)$ 内处处成立，即 $\Delta=X^2-4X\leqslant 0$，也即 $0\leqslant X\leqslant 4$.因此，函数 $f(x)$ 在 $(-\infty,+\infty)$ 内处处有定义的概率为

$$P\{0\leqslant X\leqslant 4\}=F(4)-F(0)=\Phi\left(\frac{4-2}{2}\right)-\Phi\left(\frac{0-2}{2}\right)=\Phi(1)-\Phi(-1)=2\Phi(1)-1.$$

考向四：一维随机变量函数的分布

考点 1：一维离散型随机变量函数的分布

设 X 为离散型随机变量，其概率分布为 $p_i=P\{X=x_i\}(i=1,2,\cdots)$，则 X 的函数 $Y=g(X)$ 也是离散型随机变量，其概率分布为 $P\{Y=g(x_i)\}=p_i$，即

$$Y\sim\begin{pmatrix} g(x_1) & g(x_2) & \cdots \\ p_1 & p_2 & \cdots \end{pmatrix}.$$

如果有若干个 $g(x_k)$ 相同，则合并诸项为一项 $g(x_k)$，并将相应概率相加作为 Y 取 $g(x_k)$ 值的概率.

考点2：一维连续型随机变量函数的分布

设 X 为连续型随机变量，其分布函数、概率密度分别 $F_X(x)$ 与 $f_X(x)$，随机变量 $Y=g(X)$ 是 X 的函数，则 Y 的分布函数可用分布函数的定义法求得，$F_Y(y)=P\{Y\leqslant y\}=P\{g(X)\leqslant y\}=\int_{g(x)\leqslant y} f_X(x)\mathrm{d}x$，进而可得 Y 的概率密度为 $f_Y(y)=F_Y'(y)$．

题型四：对一维随机变量函数分布的考查

【解题方法】

（1）若 $Y=g(X)$ 为离散型随机变量，求 Y 的分布律：求出 Y 的取值及相应的概率．

（2）若 $Y=g(X)$ 为连续型随机变量，求 Y 的分布函数 $F_Y(y)$ 或概率密度 $f_Y(y)$：按分布函数定义求出 Y 的分布函数，再对分布函数求导即得概率密度．一般步骤如下：$F_Y(y)=P\{Y\leqslant y\}=P\{g(X)\leqslant y\}$，先由 $f_X(x)>0$ 的自变量区间(称为正密度区间)得到 X 的取值范围，进而确定出 $g(X)$ 的取值范围，不妨设为 $a<g(X)<b$，则当 $y<a$ 时，$P\{g(X)\leqslant y\}=0$；当 $a\leqslant y<b$ 时，$P\{g(X)\leqslant y\}=P\{c(y)\leqslant X\leqslant d(y)\}=\int_{c(y)}^{d(y)} f_X(x)\mathrm{d}x$，其中 $c(y)\leqslant X\leqslant d(y)$ 是把 y 视为常数解不等式 $g(X)\leqslant y$ 所得的结果；当 $y\geqslant b$ 时，$P\{g(X)\leqslant y\}=1$．

综上，
$$F_Y(y)=\begin{cases}0, & y<a,\\ \int_{c(y)}^{d(y)} f_X(x)\mathrm{d}x, & a\leqslant y<b,\\ 1, & y\geqslant b.\end{cases}$$

【例1】

设随机变量 X 的分布律为 $P\{X=-1\}=\frac{1}{2},P\{X=0\}=\frac{1}{3},P\{X=3\}=\frac{1}{6}$，则 $Y=(X-1)^2$ 的分布律为(　　)．

(A) $\begin{pmatrix}1 & 4\\ \frac{2}{3} & \frac{1}{3}\end{pmatrix}$　(B) $\begin{pmatrix}1 & 4\\ \frac{1}{3} & \frac{2}{3}\end{pmatrix}$　(C) $\begin{pmatrix}1 & 4\\ \frac{1}{2} & \frac{1}{2}\end{pmatrix}$　(D) $\begin{pmatrix}1 & 4\\ \frac{1}{6} & \frac{5}{6}\end{pmatrix}$　(E) $\begin{pmatrix}1 & 4\\ \frac{1}{4} & \frac{3}{4}\end{pmatrix}$

【答案】(B)

【解析】

作离散型随机变量X和随机变量函数$Y=g(X)$的概率分布对照表，如表所示.

X	-1	0	3
$Y=(X-1)^2$	4	1	4
P	$\frac{1}{2}$	$\frac{1}{3}$	$\frac{1}{6}$

因此$Y\sim\begin{pmatrix}1 & 4\\ \frac{1}{3} & \frac{2}{3}\end{pmatrix}$.

【例 2】

设随机变量X服从$(0,2)$上的均匀分布，则随机变量$Y=X^2$在$(0,4)$内的概率密度$f_Y(y)=$ ________.

【答案】$\frac{1}{4\sqrt{y}}$

【解析】

用分布函数定义法，即先求出分布函数，再求导得到概率密度.

由已知条件，X在区间$(0,2)$上服从均匀分布，得X的概率密度为

$$f_X(x)=\begin{cases}\frac{1}{2}, & 0<x<2,\\ 0, & \text{其他}.\end{cases}$$

先求Y的分布函数 $F_Y(y)=P\{Y\leqslant y\}=P\{X^2\leqslant y\}$.

当$y<0$时，$F_Y(y)=0$；当$y\geqslant 4$时，$F_Y(y)=1$；当$0\leqslant y<4$时，

$$\begin{aligned}F_Y(y)&=P\{Y\leqslant y\}=P\{X^2\leqslant y\}=P\{-\sqrt{y}\leqslant X\leqslant\sqrt{y}\}\\&=\int_{-\sqrt{y}}^{\sqrt{y}}f_X(x)\mathrm{d}x=\int_{-\sqrt{y}}^{0}0\mathrm{d}x+\int_0^{\sqrt{y}}\frac{1}{2}\mathrm{d}x=\frac{\sqrt{y}}{2}.\end{aligned}$$

故
$$F_Y(y)=\begin{cases}0, & y<0,\\ \frac{\sqrt{y}}{2}, & 0\leqslant y<4,\\ 1, & y\geqslant 4,\end{cases}$$

于是，对分布函数求导得概率密度

$$f_Y(y)=F_Y'(y)=\begin{cases}\dfrac{1}{4\sqrt{y}}, & 0<y<4,\\ 0, & 其他.\end{cases}$$

【例 3】

设 X 的概率密度为 $f_X(x)=\begin{cases}e^{-x}, & x\geqslant 0,\\ 0, & x<0,\end{cases}$ 求 $Y=e^X$ 的概率密度 $f_Y(y)$.

【解析】

用分布函数定义法: 先求 Y 的分布函数 $F_Y(y)$.

当 $y\leqslant 1$ 时, $F_Y(y)=0$; 当 $y>1$ 时,

$$F_Y(y)=P\{Y\leqslant y\}=P\{e^X\leqslant y\}=P\{X\leqslant \ln y\}=\int_0^{\ln y}e^{-x}dx=-e^{-x}\Big|_0^{\ln y}=1-\frac{1}{y}.$$

所以对分布函数 $F_Y(y)$ 求导, 得

$$f_Y(y)=F_Y'(y)=\begin{cases}\dfrac{1}{y^2}, & y>1,\\ 0, & y\leqslant 1.\end{cases}$$

考向五：二维离散型随机变量及其分布

考点 1：联合分布律

如果二维离散型随机变量 (X,Y) 所有可能取值为 $(x_i,y_j),i,j=1,2,\cdots$, 且

$$P\{X=x_i,Y=y_j\}=p_{ij},i,j=1,2,\cdots,$$

其中 $p_{ij}\geqslant 0,\sum\limits_i\sum\limits_j p_{ij}=1$, 则称上式为随机变量 (X,Y) 的联合分布律, 亦可记为

$X \backslash Y$	y_1	y_2	$\cdots$	y_j	$\cdots$
x_1	p_{11}	p_{12}	$\cdots$	p_{1j}	$\cdots$
x_2	p_{21}	p_{22}	$\cdots$	p_{2j}	$\cdots$
$\vdots$	$\vdots$	$\vdots$	$\vdots$	$\vdots$	$\vdots$
x_i	p_{i1}	p_{i2}	$\cdots$	p_{ij}	$\cdots$
$\vdots$	$\vdots$	$\vdots$	$\vdots$	$\vdots$	$\vdots$

考点2：边缘分布律

设二维离散型随机变量 (X,Y) 的概率分布为

$$P\{X=x_i,Y=y_j\}=p_{ij},i,j=1,2,\cdots,$$

则 X 的边缘分布为

$$P\{X=x_i\}=P\{X=x_i,Y<+\infty\}=\sum_{j=1}^{\infty}P\{X=x_i,Y=y_j\}=\sum_{j=1}^{\infty}p_{ij}=p_{i\cdot}(i=1,2,\cdots),$$

Y 的边缘分布为

$$P\{Y=y_j\}=P\{X<+\infty,Y=y_j\}=\sum_{i=1}^{\infty}P\{X=x_i,Y=y_j\}=\sum_{i=1}^{\infty}p_{ij}=p_{\cdot j}(j=1,2,\cdots).$$

考点3：二维离散型随机变量的独立性

如果 (X,Y) 是二维离散型随机变量，则随机变量 X 和 Y 相互独立的充分必要条件是

$$P\{X=x_i,Y=y_j\}=P\{X=x_i\}P\{Y=y_j\},i,j=1,2,\cdots,$$

即 $p_{ij}=p_{i\cdot}p_{\cdot j}$.

题型五：对二维离散型随机变量独立性的考查

【解题方法】

已知 (X,Y) 是二维离散型随机变量，且 X,Y 相互独立，则用定义法求概率或分布律，即

$$P\{X=x_i,Y=y_j\}=P\{X=x_i\}P\{Y=y_j\},i,j=1,2,\cdots,$$

即 $p_{ij}=p_{i\cdot}p_{\cdot j}$.

【例 1】

已知随机变量 X，Y 独立同分布，且分布律为

X	-1	0	1
P	0.3	0.4	0.3

则 $P\{X+Y\geqslant 0\}=(\quad)$.

(A)0.09 (B)0.24 (C)0.67 (D)0.84 (E)0.91

【答案】(C)

【解析】

$$P\{X+Y\geqslant 0\}=1-P\{X+Y<0\}=1-(0.3\times 0.3+0.3\times 0.4+0.4\times 0.3)=0.67\ .$$

【例 2】

已知随机变量X,Y相互独立，且$X\sim U(-1,1)$，$Y\sim B\left(3,\dfrac{1}{3}\right)$，则$P\{X+Y\leqslant 2\}=($　　$)$.

(A) $\dfrac{1}{27}$　(B) $\dfrac{10}{27}$　(C) $\dfrac{13}{27}$

(D) $\dfrac{23}{27}$　(E) $\dfrac{26}{27}$

【答案】(D)

【解析】

$$\begin{aligned}P\{X+Y\leqslant 2\}&=1-P\{X+Y>2\}=1-P\{Y=2,X>0\}-P\{Y=3,X>-1\}\\&=1-P\{Y=2\}P\{X>0\}-P\{Y=3\}P\{X>-1\}\\&=1-C_3^2\left(\frac{1}{3}\right)^2\times\frac{2}{3}\times\frac{1}{2}-\left(\frac{1}{3}\right)^3=\frac{23}{27}.\end{aligned}$$

【例 3】

设离散型随机变量X,Y 相互独立，其分布列分别为

X	0	1	2
P	$\frac{1}{2}$	$\frac{3}{8}$	$\frac{1}{8}$

Y	0	1
P	$\frac{1}{3}$	$\frac{2}{3}$

则随机变量$Z=X+Y$ 的分布列为(　　).

(A)

Z	0	1	2	3
P	$\frac{1}{8}$	$\frac{1}{4}$	$\frac{5}{16}$	$\frac{5}{16}$

(B)

Z	0	1	2	3
P	$\frac{1}{7}$	$\frac{3}{7}$	$\frac{5}{14}$	$\frac{1}{14}$

(C)

Z	0	1	2	3
P	$\frac{1}{6}$	$\frac{11}{24}$	$\frac{7}{24}$	$\frac{1}{12}$

(D)

Z	0	1	2	3
P	$\frac{1}{5}$	$\frac{2}{5}$	$\frac{3}{10}$	$\frac{1}{10}$

(E)

Z	0	1	2	3
P	$\frac{2}{9}$	$\frac{1}{3}$	$\frac{1}{3}$	$\frac{1}{9}$

【答案】(C)

【解析】

随机变量$Z=X+Y$的正概率点为0, 1, 2, 3, 于是

$$P\{Z=0\}=P\{X=0,Y=0\}=\frac{1}{2}\times\frac{1}{3}=\frac{1}{6},$$

$$P\{Z=1\}=P\{X=0,Y=1\}+P\{X=1,Y=0\}=\frac{1}{2}\times\frac{2}{3}+\frac{3}{8}\times\frac{1}{3}=\frac{11}{24},$$

$$P\{Z=2\}=P\{X=1,Y=1\}+P\{X=2,Y=0\}=\frac{3}{8}\times\frac{2}{3}+\frac{1}{8}\times\frac{1}{3}=\frac{7}{24},$$

$$P\{Z=3\}=P\{X=2,Y=1\}=\frac{1}{8}\times\frac{2}{3}=\frac{1}{12}.$$

因此, $Z=X+Y$的分布列为

Z	0	1	2	3
P	$\frac{1}{6}$	$\frac{11}{24}$	$\frac{7}{24}$	$\frac{1}{12}$

第10讲 随机变量的数字特征

本讲解读

本讲从内容上划分为数学期望与方差两个部分，共计2个考向、10个考点、3个题型.从真题对考试大纲的实践来看，本讲在考试中大约占3道题(试卷数学部分共35道题)，约占概率论部分的43%、数学部分的9%.

考生要理解随机变量的数字特征(数学期望、方差)的定义，掌握一维随机变量函数的数学期望、方差的计算，熟记常见分布的数字特征.

真题分析

考试清单 \ 数量 \ 年份		2021年	2022年	2023年	2024年	2025年
定义法求数学期望和方差	离散型随机变量的数学期望和方差	1			1	1
	连续型随机变量的数学期望和方差			1		2
七大分布的数学期望和方差	泊松分布				1	
	均匀分布	1	1			
	指数分布			1		
	正态分布				1	

考向一：随机变量的数学期望

考点1：离散型随机变量的数学期望

设X是离散型随机变量，其分布律为$P\{X=x_k\}=p_k$，$k=1,2,\cdots$，则随机变量X的数学期望为

$$E(X)=\sum_{k=1}^{\infty}x_k p_k .$$

考点2: 离散型随机变量函数的数学期望

设离散型随机变量X的分布律为$P\{X=x_k\}=p_k(k=1,2,\cdots)$，且$Y=g(X)$，则随机变量$Y$的数学期望为$E(Y)=E[g(X)]=\sum_{k=1}^{\infty}g(x_k)p_k$.

考点3: 连续型随机变量的数学期望

设连续型随机变量X的概率密度为$f(x)$，则随机变量X的数学期望为$E(X)=\int_{-\infty}^{+\infty}xf(x)\mathrm{d}x$.

考点4: 连续型随机变量函数的数学期望

设X为连续型随机变量，其概率密度为$f(x)$，且$Y=g(X)$，则随机变量Y的数学期望为$E(Y)=E[g(X)]=\int_{-\infty}^{+\infty}g(x)f(x)\mathrm{d}x$.

考点5: 数学期望的性质

（1）$E(C)=C$（C为常数）.

（2）$E(CX)=CE(X)$（C为常数）.

（3）$E(aX+b)=aE(X)+b$（a，b为常数）.

（4）$E(aX\pm bY)=aE(X)\pm bE(Y)$（$a$，$b$为常数）.

（5）若X和Y独立，则$E(XY)=E(X)E(Y)$.

考点6: 常见随机变量的数学期望

（1）0−1分布：$E(X)=p$.

（2）二项分布：$E(X)=np$.

（3）泊松分布：$E(X)=\lambda$.

（4）几何分布：$E(X)=\frac{1}{p}$.

（5）均匀分布：$E(X)=\frac{a+b}{2}$.

（6）指数分布：$E(X)=\frac{1}{\lambda}$.

（7）正态分布：$E(X)=\mu$.

题型一：对随机变量数学期望的考查

【解题方法】

(1)利用数学期望的公式计算；

(2)利用数学期望的性质进行化简计算.

【例 1】

设离散型随机变量X的分布函数为

$$F(x)=\begin{cases}0, & x<0,\\ \frac{1}{3}, & 0\leqslant x<1,\\ \frac{1}{2}, & 1\leqslant x<a,\\ 1, & x\geqslant a.\end{cases}$$

已知$E(X)=\frac{7}{6}$，则$P\left\{1<X\leqslant\frac{5}{2}\right\}=($　　$)$.

(A) $\frac{1}{2}$　　(B) $\frac{1}{3}$　　(C) $\frac{1}{4}$　　(D) $\frac{1}{6}$　　(E)0

【答案】(A)

【解析】

由分布函数$F(x)$可得分布律

X	0	1	a
P	$\frac{1}{3}$	$\frac{1}{6}$	$\frac{1}{2}$

由$E(X)=\frac{7}{6}$可知，$E(X)=0\times\frac{1}{3}+1\times\frac{1}{6}+a\times\frac{1}{2}=\frac{7}{6}$，得$a=2$.

故$P\left\{1<X\leqslant\frac{5}{2}\right\}=P\{X=2\}=\frac{1}{2}$.

【例 2】

已知随机变量X的分布律为$P\{X=k\}=\frac{1}{6}(k=1,2,\cdots,6)$，设$f(x)=x^2+ax+12$，若$E[f(X)]=\frac{8}{3}$，则$a=($　　$)$.

(A)-4　　(B)-5　　(C)-6　　(D)-7　　(E)-8

【答案】(D)

【解析】

$$E[f(X)]=\sum_{k=1}^{6}f(k)\cdot P\{X=k\}=\frac{1}{6}\left(\sum_{k=1}^{6}k^2+a\sum_{k=1}^{6}k+72\right)=\frac{8}{3}\Rightarrow a=-7.$$

【例 3】

设连续型随机变量X的概率密度为$f(x)=\begin{cases}\dfrac{a}{x^4}, & x\geqslant 2,\\ 0, & x<2,\end{cases}$则$P\{|X|\leqslant E(X)\}=$(　　).

(A) $\frac{1}{27}$　(B) $\frac{8}{27}$　(C) $\frac{19}{27}$　(D) $\frac{23}{27}$　(E) $\frac{26}{27}$

【答案】(C)

【解析】

由概率密度的性质，$\int_{-\infty}^{+\infty}f(x)\mathrm{d}x=\int_{2}^{+\infty}\frac{a}{x^4}\mathrm{d}x=-\frac{a}{3x^3}\Big|_2^{+\infty}=\frac{a}{24}=1$，得$a=24$.

故$E(X)=\int_{-\infty}^{+\infty}xf(x)\mathrm{d}x=\int_{2}^{+\infty}\frac{24}{x^3}\mathrm{d}x=-\frac{12}{x^2}\Big|_2^{+\infty}=3$. 于是

$$P\{|X|\leqslant E(X)\}=P\{|X|\leqslant 3\}=\int_{-3}^{3}f(x)\mathrm{d}x=\int_{2}^{3}\frac{24}{x^4}\mathrm{d}x=-\frac{8}{x^3}\Big|_2^3=\frac{19}{27}.$$

【例 4】

设随机变量X的概率密度为$f(x)=\begin{cases}ax, & 0\leqslant x<1,\\ b(x-1), & 1\leqslant x\leqslant 3,\\ 0, & \text{其他},\end{cases}$若$E(X)=\frac{3}{2}$，则常数$a,b$的值分别为(　　).

(A) $1,\frac{1}{4}$　(B) $\frac{1}{2},\frac{3}{8}$　(C) $\frac{2}{3},\frac{1}{3}$　(D) $\frac{3}{2},\frac{1}{8}$　(E) $\frac{1}{3},\frac{5}{10}$

【答案】(A)

【解析】

由概率密度的性质得

$$\int_{-\infty}^{+\infty}f(x)\mathrm{d}x=\int_0^1 ax\mathrm{d}x+\int_1^3 b(x-1)\mathrm{d}x=\frac{1}{2}a+2b=1.$$

又

$$E(X)=\int_{-\infty}^{+\infty}xf(x)\mathrm{d}x=\int_0^1 ax^2\mathrm{d}x+\int_1^3 b(x^2-x)\mathrm{d}x=\frac{1}{3}a+\frac{14}{3}b=\frac{3}{2}.$$

由以上两式解得$a=1$，$b=\frac{1}{4}$.

【例 5】

设连续型随机变量 X 的概率密度为

$$f(x)=\frac{1}{\pi(1+x^2)}(-\infty<x<+\infty),$$

则 $E(\min\{|X|,1\})$（　　）.

(A) 等于 0　　(B) 等于 1　　(C) 等于 π

(D) 等于 $\frac{1}{\pi}\ln 2+\frac{1}{2}$　　(E) 不存在

【答案】(D)

【解析】

由对称性, 得

$$\begin{aligned}E(\min\{|X|,1\})&=\int_{-\infty}^{+\infty}\min\{|x|,1\}f(x)\mathrm{d}x=2\int_0^{+\infty}\min\{x,1\}f(x)\mathrm{d}x\\&=2\left[\int_0^1 xf(x)\mathrm{d}x+\int_1^{+\infty}f(x)\mathrm{d}x\right]=\frac{2}{\pi}\left(\int_0^1\frac{x}{1+x^2}\mathrm{d}x+\int_1^{+\infty}\frac{1}{1+x^2}\mathrm{d}x\right)\\&=\frac{1}{\pi}\ln(1+x^2)\Big|_0^1+\frac{2}{\pi}\arctan x\Big|_1^{+\infty}=\frac{1}{\pi}\ln 2+\frac{1}{2}.\end{aligned}$$

考向二：随机变量的方差

考点 1：随机变量方差的定义

设随机变量 $[X-E(X)]^2$ 的数学期望存在, 则称 $E\{[X-E(X)]^2\}$ 为随机变量 X 的方差, 记作 $D(X)=E\{[X-E(X)]^2\}$, 且 $\sqrt{D(X)}$ 为标准差.

考点 2：随机变量方差的计算公式

$$D(X)=E(X^2)-[E(X)]^2.$$

考点 3：方差的性质

(1) $D(C)=0$（C 为常数).

(2) $D(aX+b)=a^2D(X)$（a, b 为常数).

(3) 若 X 和 Y 独立, 则 $D(X\pm Y)=D(X)+D(Y)$.

考点4：常见随机变量的方差

（1）0−1分布：$D(X)=p(1-p)$.

（2）二项分布：$D(X)=np(1-p)$.

（3）泊松分布：$D(X)=\lambda$.

（4）几何分布：$D(X)=\dfrac{1-p}{p^2}$.

（5）均匀分布：$D(X)=\dfrac{(b-a)^2}{12}$.

（6）指数分布：$D(X)=\dfrac{1}{\lambda^2}$.

（7）正态分布：$D(X)=\sigma^2$.

题型二：对随机变量方差的考查

【解题方法】

（1）利用方差的公式进行计算；

（2）利用方差的性质进行化简计算.

【例 1】

已知随机变量X的分布函数为$F(x)=\begin{cases}0, & x<0,\\ \dfrac{1}{2}x(1+x), & 0\leqslant x<1,\\ 1, & x\geqslant 1,\end{cases}$ 则 $D(X)=$（　　）.

(A) $\dfrac{5}{12}$　　(B) $\dfrac{7}{12}$　　(C) $\dfrac{11}{144}$　　(D) $\dfrac{49}{144}$　　(E)1

【答案】(C)

【解析】

由题意可知X的概率密度为$f(x)=\begin{cases}x+\dfrac{1}{2}, & 0<x<1,\\ 0, & 其他,\end{cases}$ 则有

$$E(X)=\int_0^1 x\left(x+\frac{1}{2}\right)dx=\frac{7}{12},\ E(X^2)=\int_0^1 x^2\left(x+\frac{1}{2}\right)dx=\frac{5}{12},$$

故
$$D(X)=E(X^2)-[E(X)]^2=\frac{11}{144}.$$

【例 2】

已知随机变量 X 和 Y 服从相同的分布，且 $P\{X=-1\}=\frac{1}{6}$，$P\{X=0\}=\frac{1}{3}$，$P\{X=1\}=\frac{1}{2}$，若 $P\{X+Y\neq 0\}=1$，则(　　).

(A) $E(XY)=\frac{1}{3},D(XY)=\frac{1}{9}$　　(B) $E(XY)=\frac{1}{9},D(XY)=\frac{1}{9}$

(C) $E(XY)=\frac{1}{3},D(XY)=\frac{2}{9}$　　(D) $E(XY)=\frac{1}{9},D(XY)=\frac{5}{9}$

(E) $E(XY)=\frac{1}{9},D(XY)=\frac{25}{81}$

【答案】(C)

【解析】

由 $P\{X+Y\neq 0\}=1$，则 $P\{X+Y=0\}=0$，即

$$P\{X=-1, Y=1\}=P\{X=0, Y=0\}=P\{X=1,\ Y=-1\}=0,$$

如表所示.

X \ Y	-1	0	1	$p_{i\cdot}$
-1			0	$\frac{1}{6}$
0		0		$\frac{1}{3}$
1	0			$\frac{1}{2}$
$p_{\cdot j}$	$\frac{1}{6}$	$\frac{1}{3}$	$\frac{1}{2}$	1

设 $P\{X=-1, Y=-1\}=a$，则可将联合分布表格补充完整，如表所示.

X \ Y	-1	0	1	$p_{i\cdot}$
-1	a	$\frac{1}{6}-a$	0	$\frac{1}{6}$
0	$\frac{1}{6}-a$	0	$\frac{1}{6}+a$	$\frac{1}{3}$
1	0	$\frac{1}{6}+a$	$\frac{1}{3}-a$	$\frac{1}{2}$
$p_{\cdot j}$	$\frac{1}{6}$	$\frac{1}{3}$	$\frac{1}{2}$	1

故

$$P\{XY=1\}=P\{X=-1, Y=-1\}+P\{X=1, Y=1\}=\frac{1}{3},$$

$$P\{XY=-1\}=P\{X=1, Y=-1\}+P\{X=-1, Y=1\}=0,$$

$$P\{XY=0\}=1-\frac{1}{3}-0=\frac{2}{3},$$

故 XY 的概率分布为 $XY\sim\begin{pmatrix}0 & 1\\ \frac{2}{3} & \frac{1}{3}\end{pmatrix}$，则

$$E(XY)=\frac{1}{3}, D(XY)=\frac{2}{9}.$$

【例 3】

设随机变量 X 的概率密度为 $f(x)=\begin{cases}\cos x, & 0\leqslant x\leqslant\frac{\pi}{2},\\ 0, & \text{其他},\end{cases}$ 若 $E(aX+b)=\pi+1$，$D(aX+b)=4\pi-12$，$a>0$，则常数 a,b 的值分别为（　　）.

(A) 1,3　　(B) 2,3　　(C) 2,4　　(D) 3,1　　(E) 3,2

【答案】(B)

【解析】

由于

$$E(X)=\int_{-\infty}^{+\infty}xf(x)\,\mathrm{d}x=\int_0^{\frac{\pi}{2}}x\cos x\mathrm{d}x=\int_0^{\frac{\pi}{2}}x\,\mathrm{d}(\sin x)=x\sin x\Big|_0^{\frac{\pi}{2}}-\int_0^{\frac{\pi}{2}}\sin x\mathrm{d}x=\frac{\pi}{2}-1,$$

$$E(X^2)=\int_{-\infty}^{+\infty}x^2f(x)\mathrm{d}x=\int_0^{\frac{\pi}{2}}x^2\cos x\mathrm{d}x=\int_0^{\frac{\pi}{2}}x^2\,\mathrm{d}(\sin x)=x^2\sin x\Big|_0^{\frac{\pi}{2}}-2\int_0^{\frac{\pi}{2}}x\sin x\mathrm{d}x$$

$$=\frac{\pi^2}{4}+2\int_0^{\frac{\pi}{2}}x\,\mathrm{d}(\cos x)=\frac{\pi^2}{4}+2x\cos x\Big|_0^{\frac{\pi}{2}}-2\int_0^{\frac{\pi}{2}}\cos x\mathrm{d}x=\frac{\pi^2}{4}-2,$$

因此 $$D(X)=E(X^2)-[E(X)]^2=\frac{\pi^2}{4}-2-\left(\frac{\pi}{2}-1\right)^2=\pi-3.$$

故 $$E(aX+b)=aE(X)+b=\frac{a}{2}\pi-a+b,\ D(aX+b)=a^2D(X)=a^2(\pi-3),$$

由 $E(aX+b)=\pi+1$，$D(aX+b)=4\pi-12$，得 $\begin{cases}\dfrac{a}{2}\pi-a+b=\pi+1,\\ a^2(\pi-3)=4\pi-12,\end{cases}$ 故 $a=2$，$b=3$．

题型三：七大分布的数学期望和方差

【解题方法】

利用七大分布的数学期望和方差公式，再结合数学期望和方差的性质进行化简计算．

【例 4】

设随机变量 X 服从参数为 λ 的泊松分布，且 $E(X^2)-5E(X)+4=0$，则 $\lambda=$（　　）．

(A)1　　(B)2　　(C)3　　(D)4　　(E)5

【答案】(B)

【解析】

泊松分布的期望和方差为 $E(X)=\lambda, D(X)=\lambda$，又由 $E(X^2)=D(X)+[E(X)]^2=\lambda+\lambda^2$，可得

$$E(X^2)-5E(X)+4=0\Rightarrow\lambda+\lambda^2-5\lambda+4=\lambda^2-4\lambda+4=(\lambda-2)^2=0\Rightarrow\lambda=2.$$

【例 5】

设随机变量 X 的概率密度为 $f(x)=\begin{cases}ae^{-\frac{1}{3}x}, & x\geqslant 0,\\ 0, & x<0,\end{cases}$ 其中 a 为常数，则 $D(X)=$（　　）．

(A) $\dfrac{1}{9}$　　(B) $\dfrac{1}{3}$　　(C)3　　(D)9　　(E)18

【答案】(D)

【解析】

根据归一性，有 $1=\int_{-\infty}^{+\infty}f(x)\mathrm{d}x=\int_0^{+\infty}ae^{-\frac{1}{3}x}\mathrm{d}x=3a$，解得 $a=\dfrac{1}{3}$，于是随机变量 X 服从参数为 $\dfrac{1}{3}$ 的指数分布，故方差 $D(X)=\dfrac{1}{\lambda^2}=9$．

【例 6】

设随机变量 X_1,X_2,X_3 相互独立，其中 X_1 在区间 $[2,5]$ 上服从均匀分布，X_2 服从正态分布 $N(-1,2^2)$，X_3 服从参数为 3 的泊松分布，记 $Y=X_1-2X_2+3X_3$，则 $D(Y)=$（　　）．

(A) $\frac{17}{2}$　　(B) $\frac{21}{2}$　　(C) $\frac{125}{4}$　　(D) $\frac{133}{2}$　　(E) $\frac{175}{4}$

【答案】(E)

【解析】

由方差的性质, 有

$$D(Y)=D(X_1)+(-2)^2D(X_2)+3^2D(X_3)=\frac{(5-2)^2}{12}+4\times4+9\times3=\frac{175}{4}.$$

【例 7】

设随机变量 $X\sim N(1,4)$，$\Phi(x)$ 为标准正态分布的分布函数，$Y=\begin{cases}-1, & X<-1,\\ 1, & -1\leqslant X\leqslant 3,\\ 3, & X>3,\end{cases}$ 则 $D(Y)=$(　　).

(A) $10-9\Phi(1)$　　(B) $10-8\Phi(1)$　　(C) $9-8\Phi(1)$

(D) $8-9\Phi(1)$　　(E) $8-8\Phi(1)$

【答案】(E)

【解析】

Y的概率分布为

$$P\{Y=-1\}=P\{X<-1\}=\Phi\left(\frac{-1-1}{2}\right)=\Phi(-1)=1-\Phi(1),$$

$$P\{Y=1\}=P\{-1\leqslant X\leqslant 3\}=\Phi\left(\frac{3-1}{2}\right)-\Phi\left(\frac{-1-1}{2}\right)=\Phi(1)-\Phi(-1)=2\Phi(1)-1,$$

$$P\{Y=3\}=P\{X>3\}=1-\Phi\left(\frac{3-1}{2}\right)=1-\Phi(1).$$

于是

$$E(Y)=(-1)\cdot[1-\Phi(1)]+1\cdot[2\Phi(1)-1]+3\cdot[1-\Phi(1)]=1,$$

$$E(Y^2)=(-1)^2\cdot[1-\Phi(1)]+1^2\cdot[2\Phi(1)-1]+3^2\cdot[1-\Phi(1)]=9-8\Phi(1),$$

$$D(Y)=E(Y^2)-[E(Y)]^2=9-8\Phi(1)-1=8-8\Phi(1).$$